FIT FÜRS abi

CHEMIE WISSEN

Schroedel

Fit fürs Abi – Chemie ▶ Wissen

für Schülerinnen und Schüler zur Vorbereitung auf das Abitur

Wolfgang Kirsch
Marietta Mangold
Brigitte Schlachter

ISBN 978-3-507-23024-8

Druck [2] / Jahr 2008

Umschlaggestaltung: Janssen Kahlert Design & Kommunikation, Hannover
Gesamtherstellung: imprint, Zusmarshausen
Druck und Bindung: Westermann Druck GmbH, Zwickau

Begriffe im Text, die blau gedruckt sind, finden Sie im Glossar erläutert.

Chemie besser verstehen mit Basiskonzepten

Fachbegriffe und Lerninhalte des Fachs Chemie in der Oberstufe lassen sich den folgenden **sechs** übergeordneten Prinzipien zuordnen, die als **Basiskonzepte** bezeichnet werden. Sie stellen eine Wissensbasis dar, auf deren Fundament die grundlegenden Strukturen der Wissenschaft Chemie besser begriffen werden können.
Neues Wissen kann mithilfe der Basiskonzepte besser in größere Zusammenhänge eingeordnet werden und wird somit verständlicher. Basiskonzepte dienen als Systematisierungshilfen.
Die Basiskonzepte können als Leitfäden für die Betrachtung und Analyse chemischer Phänomene dienen und sind hilfreich bei der Lösung chemischer Problem- und Aufgabenstellungen (→ Seite 6).

1. Konzept der Stoff-Teilchen-Beziehungen

Chemie ist die Wissenschaft von den Stoffen und den Stoffänderungen. Stoffe wie auch Stoffänderungen sind mit Sinnesorganen erfahrbar. Erklärbar sind sie jedoch nur mit submikroskopischen Teilchen wie Atomen, Molekülen und Ionen. Der Bau von Atomen, Molekülen und Ionen und deren Verbänden und damit auch das Stoff-Teilchen-Konzept stehen im Mittelpunkt des Themas „Atombau und chemische Bindung".

2. Konzept der Struktur-Eigenschafts-Beziehungen

Stoffe haben unterschiedliche Schmelz- und Siedetemperaturen. Sie zeigen ein unterschiedliches Reaktionsverhalten. Physikalische wie chemische Eigenschaften hängen davon ab, wie die Teilchen aufgebaut sind, wie sie angeordnet sind und welche Wechselwirkungen zwischen den Teilchen existieren. Kurzum, die Strukturen auf der Teilchenebene sind für die Eigenschaften eines Stoffes bestimmend. Bei den Themen „Chemische Bindung", „Zwischenmolekulare Wechselwirkungen" und „Organische Chemie" steht das Struktur-Eigenschafts-Konzept im Vordergrund.

3. Energie-Konzept

In allen Stoffen ist Energie gespeichert. Somit sind alle Stoffänderungen, das heißt alle chemischen Reaktionen, auch mit messbaren Energieänderungen verbunden. Stoffe können bei chemischen Reaktionen Energie abgeben oder auch aufnehmen. Ihr Energiegehalt kann sich somit ändern. Bei freiwillig ablaufenden Reaktionen wird Energie an die Umgebung abgegeben. Der Ordnungszustand des reagierenden Systems nimmt dabei in der Regel ab, was einer Entropie-Zunahme entspricht. Energie-Abgabe sowie Entropie-Zunahme sind die Triebkräfte chemischer Reaktionen.

4. Konzept der Reaktionsgeschwindigkeiten

Manche Stoffe können innerhalb von Sekundenbruchteilen miteinander reagieren, andere Stoffe brauchen für eine chemische Umsetzung Jahre. Ausschlaggebend hierfür sind – neben der Natur der beteiligten Stoffen – Faktoren wie Zerteilungsgrad, Temperatur, Konzentration und Katalysator.

5. Konzept des chemischen Gleichgewichts

In geschlossenen Systemen laufen bei vielen umkehrbaren chemischen Reaktionen Hin- und Rückreaktion gleichzeitig nebeneinander ab. Dabei stellt sich bei konstanten Bedingungen ein mathematisch beschreibbarer, stabiler Gleichgewichtszustand zwischen Ausgangs- und Endstoffen ein. Vorhersagen über den quantitativen Verlauf einer chemischen Reaktion sind somit möglich.

6. Donator-Akzeptor-Konzept

Teilchen können bei einer chemischen Reaktion Energie, aber auch Partikel wie Protonen oder Elektronen miteinander austauschen. Dabei wird das abgebende Teilchen als Donator, das aufnehmende Teilchen als Akzeptor bezeichnet. Werden bei einer chemischen Reaktion Elektronen ausgetauscht, handelt es sich um eine Redoxreaktion, bei einer Protonenabgabe bzw. -aufnahme spricht man von einer Säure-Base-Reaktion oder Protolyse.

WISSEN: Basiskonzepte

Die Fachinhalte der Chemie lassen sich übergeordneten Prinzipien, den Basiskonzepten zuordnen. Die Basiskonzepte gewährleisten einen strukturierten Wissensaufbau, sind Systematisierungshilfen und helfen bei der Lösung chemischer Fragestellungen.

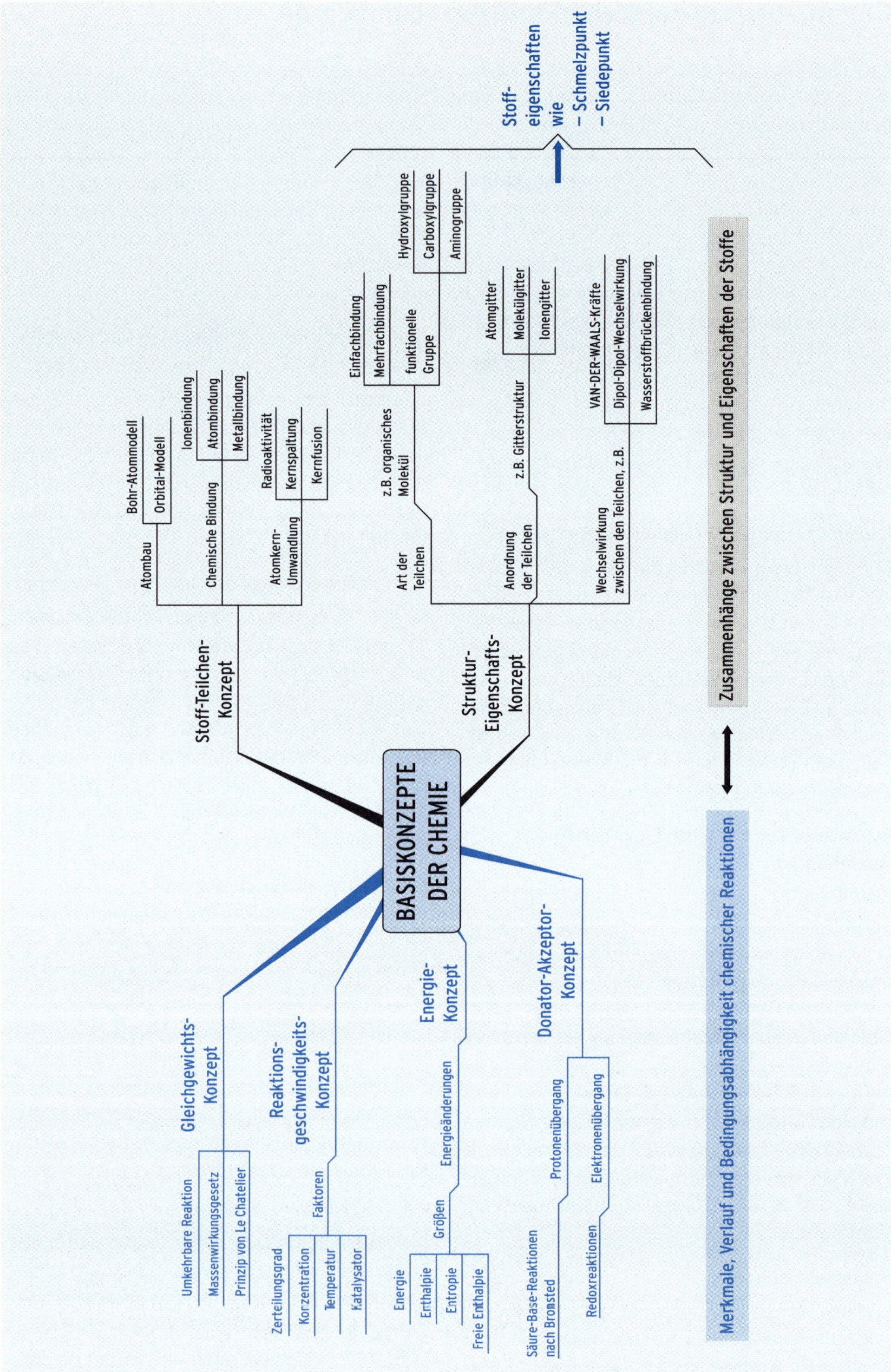

Basiskonzepte der Chemie im Überblick

1__Atombau und Periodensystem

BASISKONZEPT: Stoff-Teilchen-Beziehungen

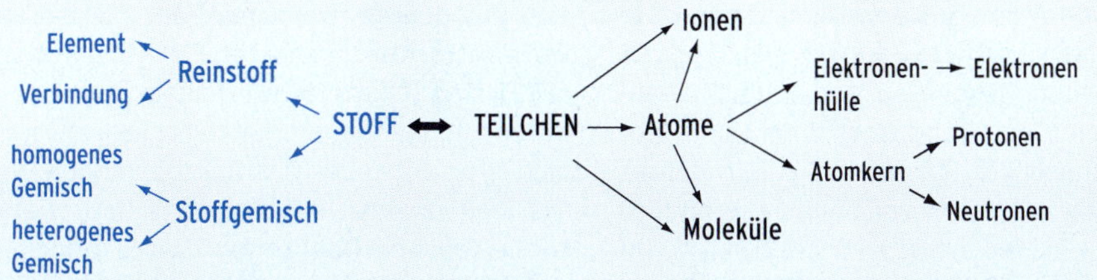

Abb. 1.1 Schlüsselbegriffe des Stoff-Teilchen-Konzepts im Überblick

- In der Chemie ist unter dem Begriff **Stoff** wahrnehmbare Materie zu verstehen, die durch ihre eigentümlichen, gleichbleibend kennzeichnendenden Eigenschaften wie Dichte, Farbe, Schmelztemperatur ... charakterisiert ist – unabhängig von Größe, Gestalt und Form.
- Auf der Stoffebene sind chemische Reaktionen an ihren Begleiterscheinungen wie Wärme- und Geruchsentwicklungen sowie anhand von Stoffänderungen erkennbar.
- Stoffe kann man in Reinstoffe und Stoffgemische untergliedern, wobei Reinstoffe wiederum in Elemente und Verbindungen unterteilt werden. Bei Stoffgemischen unterscheidet man zwischen homogenen und heterogenen Gemischen (→ Abb. 1.1).
- Stoffe sind aus kleinsten **Teilchen**, den **Atomen**, Molekülen und Ionen aufgebaut. Die Existenz von Atomen wird aufgrund experimenteller Untersuchungen nicht mehr bezweifelt. Atome können heutzutage sogar indirekt mithilfe neuerer mikroskopischer Methoden wie die der Rasterkraftmikroskopie auf dem Computerbildschirm dargestellt werden, obwohl sie nur einen Durchmesser von ungefähr einem Zehnmilliardstel Meter haben.
- Alle Atome unterliegen denselben Bauprinzipen, die in verschiedenen Atommodellen, wie dem BOHR'schen Atommodell oder dem Orbitalmodell, unterschiedlich beschrieben und ausformuliert worden sind.
- Entsprechend ihrem Atombau sind die verschiedenen Elemente im Periodensystem der Elemente (→ Seite 158) nach der Protonenzahl angeordnet.
- Atome können einzeln vorliegen und können als **Ionen** positiv oder negativ geladen sein. Sie können sich entsprechend ihren Eigenschaften zu unterschiedlichen Aggregaten (Verbänden) wie **Molekülen** oder Ionengittern verbinden oder organisieren.

Merke: Die erfahrbaren Phänomene der stofflichen Welt können auf der Teilchenebene gedeutet werden.

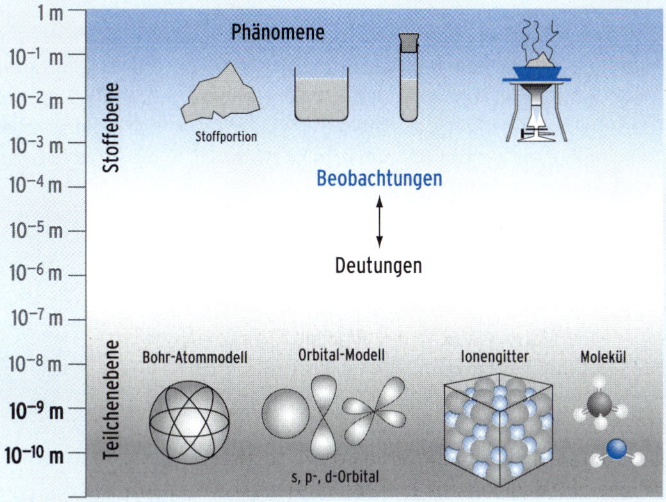

Abb. 1.2: Stoff-Teilchen-Konzept im Überblick

1.1 Einfache Atommodelle

DALTON (1808): Jedem Element entspricht eine Art von Atomen. Sie sind unveränderlich, untereinander in einem Element gleich und in verschiedenen Elementen von unterschiedlicher Masse. Chemische Reaktionen sind Umgruppierungen von Atomen. DALTON führte bereits Symbole zur Bezeichnung chemischer Elemente ein. Die heutige Schreibweise von Formeln geht auf BERZELIUS (1815) zurück.

THOMSON (1904): Atome stellen Massenteilchen (Kugeln) dar. Die positive Ladung ist über das gesamte Volumen verteilt. Negativ geladene Teilchen, die Elektronen, sind in diese Grundmaterie eingebettet und gleichen die positive Ladung aus. Ein positiv geladenes Ion entsteht, wenn Elektronen abgegeben werden, ein negativ geladenes, wenn Elektronen aufgenommen werden.

RUTHERFORD (1911): Atome bestehen aus einem sehr kleinen positiv geladenem Massenzentrum (Atomkern) und einer negativ geladenen Elektronenhülle. Die Elektronen bewegen sich mit großer Geschwindigkeit um den Kern.

BOHR (1913): Die negativen Elektronen der Atomhülle umkreisen planetenähnlich den positiven Atomkern.
Postulate:

1. Die Elektronen können sich nur auf ganz bestimmten, einzelnen Bahnen um den Kern bewegen. Dieser Bewegung entspricht ein ganz bestimmtes Energieniveau.
2. Der Umlauf auf diesen Bahnen erfolgt strahlungslos mit konstanter Energie.
3. Das Elektron absorbiert oder emittiert Energie nur beim sprunghaften Übergang zwischen zwei Energieniveaus.

Durch Energiezufuhr kann ein Elektron auf eine kernfernere Bahn angehoben werden. Nach kurzer Zeit fällt das Elektron auf die kernnähere zurück. Dabei wird Licht einer bestimmten Wellenlänge ausgesandt. Die Energie des emittierten Lichts entspricht dabei genau der Energiedifferenz der beiden Bahnen. Regt man daher Atome durch Energiezufuhr an, so erhält man ein charakteristisches Linienspektrum.

1.2 Orbitalmodell

Bestimmte Experimente mit Elektronen lassen sich nur deuten, wenn man das Elektron als Welle betrachtet. In anderen Experimenten verhalten sich Elektronen wie Teilchen. Je nach zu beobachtender Eigenschaft des Elektrons muss man also entweder das Teilchenmodell oder das Wellenmodell des Elektrons heranziehen (**Welle-Teilchen-Dualismus**). Da es prinzipiell nicht möglich ist, gleichzeitig den Ort und die Geschwindigkeit eines Elektrons exakt anzugeben (HEISENBERG, 1927), lassen sich keine Aussagen über den momentanen Aufenthaltsort des Elektrons im Atom machen. Die Vorstellung, dass sich Elektronen auf Elektronenbahnen (Orbits) bewegen, wird daher aufgegeben. Stattdessen werden die Elektronen durch Orbitalfunktionen im dreidimensionalen Raum beschrieben.
Ein **Orbital** ist damit der **Aufenthaltsbereich**, in dem ein Elektron mit großer Wahrscheinlichkeit anzutreffen ist.
Vier **Quantenzahlen** charakterisieren den Zustand des Elektrons im Atom:

- Die **Hauptquantenzahl** n (n = 1, 2, 3, ...) gibt die Größe des Orbitals an.
- Die **Nebenquantenzahl** ℓ ($\ell \leq n - 1$) gibt die Form des Orbitals an:
  $\ell = 0$: s-Orbital, kugelförmig
  $\ell = 1$: p-Orbitale, hantelförmig
  $\ell = 2$: d-Orbitale, kleeblattförmig
  ($\ell = 3$: f-Orbitale, $\ell = 4$: g-Orbitale)
- Die **Magnetquantenzahl** m ($-\ell \leq m \leq +\ell$) gibt die Lage des Orbitals im Raum an.
- Die **Spinquantenzahl** s $\left(s = +\frac{1}{2}, s = -\frac{1}{2}\right)$ gibt die Eigenrotation des Elektrons an.

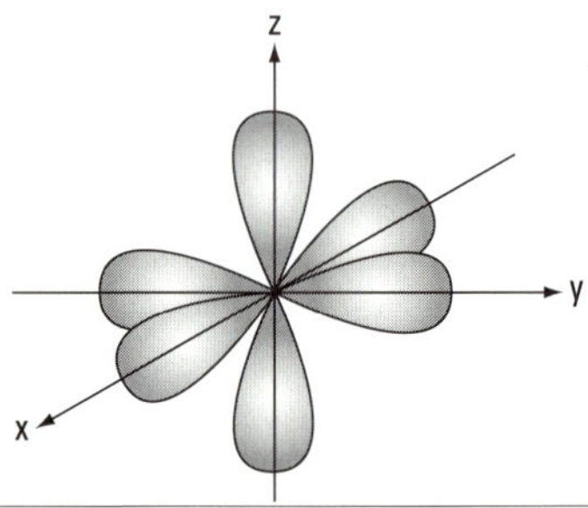

Abb. 1.3: Die Form der p-Orbitale
Die $2p_x$- und $2p_y$-Orbitale liegen in der Zeichenebene, das $2p_z$-Orbital steht senkrecht darauf

Beispiele:
Hauptquantenzahl 1:
nur ein kugelförmiges s-Orbital (1s)
Hauptquantenzahl 2:
- ein kugelförmiges s-Orbital (2s), das größer ist als das 1s-Orbital
- drei hantelförmige p-Orbitale, die senkrecht aufeinander stehen ($2p_x$, $2p_y$, $2p_z$), → Abb. 1.3

Hauptquantenzahl 3:
- ein kugelförmiges s-Orbital (3s), das größer ist als das 1s- und das 2s-Orbital
- drei hantelförmige p-Orbitale, die senkrecht aufeinanderstehen ($3p_x$, $3p_y$, $3p_z$) und größer sind als die 2p-Orbitale
- fünf 3d-Orbitale

1.3 Elektronenkonfigurationen

Die **Elektronenkonfiguration** eines Atoms erhält man, indem man alle Elektronen des Atoms Orbitalen zuordnet. In der **PAULING-Schreibweise** wird das Orbital als Kästchen dargestellt, die Elektronen werden durch Pfeile symbolisiert, wobei die entgegengesetzte Pfeilrichtung für die entgegengesetzte Rotationsrichtung (Spin) des Elektrons steht.
Beispiel: [↑↓] symbolisiert ein Orbital, das mit zwei Elektronen mit entgegengesetztem Spin besetzt ist.
Beim Aufstellen von Elektronenkonfigurationen sind folgende Prinzipien zu beachten:
- **Energieprinzip:** Energieärmere Zustände werden vor energiereicheren besetzt.
- **HUND'sche Regel:** Energiegleiche Orbitale gleicher Nebenquantenzahl werden zunächst einfach besetzt.
- **PAULI-Prinzip:** Elektronen eines Atoms dürfen nicht in allen vier Quantenzahlen übereinstimmen, das heißt ein Orbital kann maximal zwei Elektronen (unterschiedlichen Spins) aufnehmen.

Beim Aufstellen von Elektronenkonfigurationen ist Folgendes zu beachten:
- Die Orbitale müssen nach dem Energieprinzip (Energieniveauschema) besetzt werden.
- Es gibt jeweils:
  - ein s-Orbital,
  - drei energiegleiche p-Orbitale,
  - fünf energiegleiche d-Orbitale.
- p- und d-Orbitale einer Hauptquantenzahl werden zunächst einfach besetzt (HUND'sche-Regel).
- Ein Orbital kann mit höchstens zwei Elektronen besetzt sein, die dann einen entgegengesetzten Spin haben.

Beispiel: **Kurzschreibweise** für die Elektronenkonfiguration von Phosphor (P): $1s^2\ 2s^2\ 2p^6\ 3s^2\ 3p^3$ ($1s^2$ gesprochen: „eins-s-zwei"), → Abb. 1.4. Als Merkhilfe für das Energieniveauschema der Orbitale eignet sich das **Schachbrett.** Es wird zeilenweise von links nach rechts gelesen, wobei man mit der unteren Zeile anfängt (→ Abb. 1.5).
- s-Orbitale sind mit maximal 2 Elektronen,
- die drei p-Orbitale einer Hauptquantenzahl mit maximal 6 Elektronen,
- die fünf d-Orbitale einer Hauptquantenzahl mit maximal 10 Elektronen und
- die sieben f-Orbitale einer Hauptquantenzahl mit maximal 14 Elektronen besetzt.

Beispiel: Die Elektronenkonfiguration für Arsen (As) mit 33 Elektronen lautet also in Kurzschreibweise: $1s^2\ 2s^2\ 2p^6\ 3s^2\ 3p^6\ 4s^2\ 3d^{10}\ 4p^3$

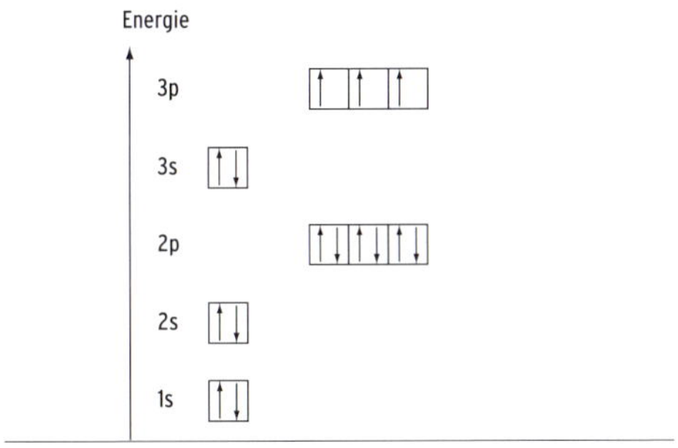

Abb. 1.4: Die Elektronenkonfiguration von Phosphor (P) im Grundzustand

Abb. 1.5: Das Schachbrett als Merkhilfe für das Energieniveauschema der Orbitale

1.4 Periodensystem

Aufbau

Die Stellung eines Elements im Periodensystem ist auf seine Elektronenkonfiguration zurückzuführen. Die **Ordnungszahl** entspricht der Protonenzahl, beim Atom auch der Elektronenzahl.
Elektronen mit gleicher Hauptquantenzahl werden als **Schale** zusammengefasst. Elektronen mit der Hauptquantenzahl $n = 1$ gehören dabei zur K-Schale, die Elektronen mit der Hauptquantenzahl $n = 2$ bilden die L-Schale. Es folgen dann M-, N-, O-, P- und Q-Schale. Je größer die Hauptquantenzahl ist, desto größer ist auch der Radius der Kugelschale. Die maximale Elektronenbesetzung für die n-te Schale ist mit $2n^2$ Elektronen erreicht. Alle Elemente einer **Periode** (horizontale Reihe) besitzen dieselbe Schalenzahl. Die Elemente einer **Gruppe** (vertikale Reihe) besitzen die gleiche Anzahl an Elektronen auf der äußeren Schale (**Valenzelektronen**). Bei den Hauptgruppen stimmt dabei die Zahl der Valenzelektronen mit der Gruppennummer überein.

Name der Gruppe	Elektronenkonfiguration der Valenzelektronen
Alkalimetalle	s^1
Erdalkalimetalle	s^2
Borgruppe	s^2p^1
C-Si-Gruppe	s^2p^2
Stickstoffgruppe	s^2p^3; stabil
Chalkogene	s^2p^4
Halogene	s^2p^5
Edelgase	s^2p^6; sehr stabil (Edelgaskonfiguration)

Tab. 1.1: Hauptgruppen des Periodensystems

Atomradien und Ionenradien

Kationen haben einen kleineren Radius als Atome, da sie eine Schale weniger besitzen. **Anionen** haben einen größeren Radius als Atome, da sich die Elektronen der äußeren Schale untereinander stärker abstoßen. Innerhalb einer **Gruppe** nehmen die **Atomradien** mit zunehmender Ordnungszahl (von oben nach unten) zu, da neue Schalen aufgebaut werden. Innerhalb einer **Periode** nehmen die Atomradien mit zunehmender Ordnungszahl ab, da die Elemente einer Periode dieselbe Schalenzahl besitzen, die Kernladung aber zunimmt und die Elektronen daher stärker angezogen werden. Die **Radien** der **Kationen** und **Anionen** nehmen ebenfalls innerhalb der Gruppe von oben nach unten zu, innerhalb der Periode von links nach rechts ab.

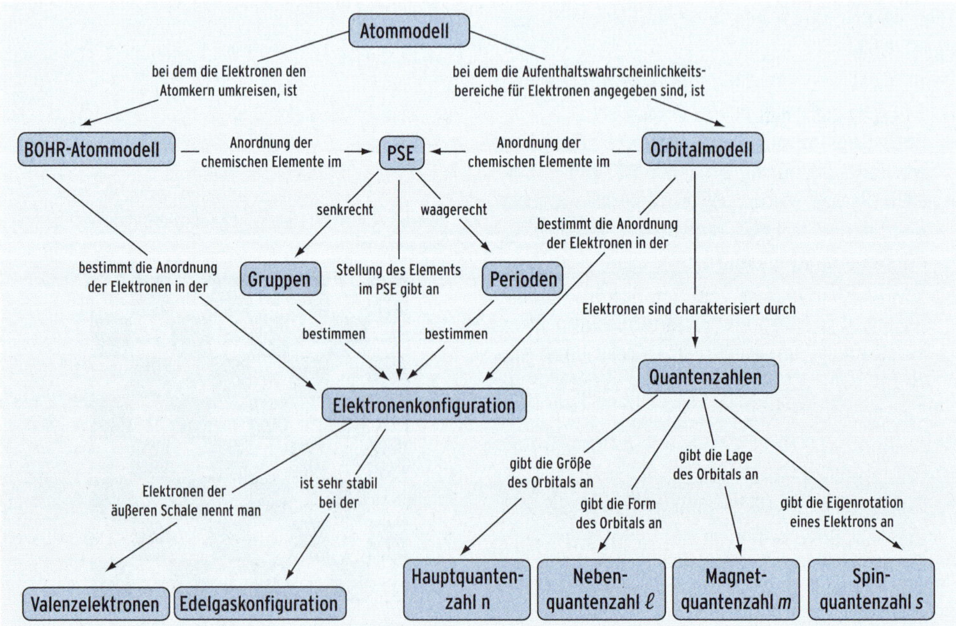

Abb. 1.6: Zusammenfassung zum Kapitel Atombau und Periodensystem

2_Chemische Bindung

BASISKONZEPT: Struktur-Eigenschafts-Beziehungen

- **Salze** haben aufgrund ihrer Ionenbindung andere typische physikalische und chemische Eigenschaften als Stoffe, die aus Molekülen aufgebaut sind. So liegen Schmelz- und Siedetemperaturen bei Salzen wegen der starken, ungerichteten elektrostatischen Anziehungskräfte der geladenen Teilchen im Ionengitter in der Regel einige hundert Kelvin höher als bei Stoffen, die aus Molekülen bestehen.
- **Moleküle** setzen sich aus Atomen zusammen, die durch Elektronenpaarbindung (Atombindung) miteinander verbunden sind. Da in Molekülen aufgrund der mehr oder weniger polaren Atombindungen höchstens Teilladungen vorhanden sind, sind die elektrostatischen zwischenmolekularen Anziehungskräfte sehr viel geringer ausgeprägt als die Anziehungskräfte bei Ionen. Daraus resultieren unter anderem auch die niedrigeren Siede- und Schmelztemperaturen bei molekularen Stoffen.
- **Metalle** zeichnen sich durch elektrische Leitfähigkeit, Wärmeleitfähigkeit, gute Verformbarkeit und eine metallisch glänzende Oberfläche aus. Diese Eigenschaften beruhen auf der metallischen Bindung: Die Atome sind im Metallgitter dicht gepackt; zwischen den positiv geladenen Atomrümpfen existieren frei bewegliche Valenzelektronen.

Merke: Art, Anordnung und Wechselwirkung der Teilchen bestimmen die Eigenschaften eines Stoffes.

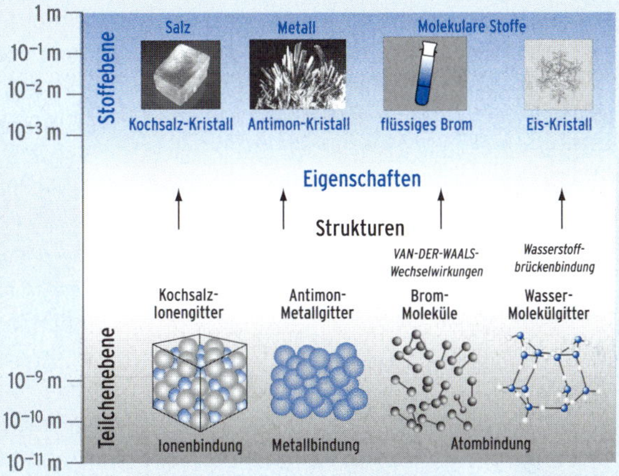

Abb. 2.1: Chemische Bindung und Struktur-Eigenschafts-Konzept

2.1 Ionenbindung

2.1.1 Bildung der Ionen

In der Reaktion zwischen Metallen und Nichtmetallen erreichen **Metalle** die stabile (= energiearme) **Edelgaskonfiguration**, indem sie ihre Valenzelektronen abgeben. **Nichtmetalle** erreichen die Edelgaskonfiguration, indem sie ihre äußere Schale durch Elektronenaufnahme zum Oktett (s^2p^6) auffüllen (→ Abb. 2.2).

WISSEN: Regel von KOSSEL

Die Reaktionsfähigkeit von Atomen beruht auf deren Bestreben, durch Abgabe oder Aufnahme von Elektronen in der Reaktion mit anderen Atomen Edelgaskonfiguration zu erreichen.

Metalle geben Elektronen ab und werden zu Kationen.
Nichtmetalle nehmen Elektronen auf und werden zu Anionen.

DEFINITION

Kation = positiv geladenes Teilchen
Anion = negativ geladenes Teilchen

Typische Nichtmetalle sind: Halogene (F, Cl, Br, I), und die Elemente O, S, N, P, C, H. Die Ionen bilden ein **Ionengitter** (→ Abb. 2.3). Ionenverbindungen werden als salzartige Stoffe bezeichnet. Bei der Bildung des Ionengitters aus den Ionen der Gasphase wird ein großer Energiebetrag (**Gitterenergie**) frei. Die Gitterenergie liefert die Energie für die energieverbrauchenden Teilschritte der Salzbildung.

!!! VORSICHT FALLE

Die **Gitterenergie** – und nicht etwa das Entstehen einer Edelgaskonfiguration – ermöglicht die Bildung eines Salzes. Es gibt auch stabile Kationen, die auf der äußeren Schale keine s^2p^6-Konfiguration besitzen.

>> BEISPIEL

$2\,Na + Cl_2 \rightarrow 2\,NaCl;\ \Delta H < 0$ (exotherm)

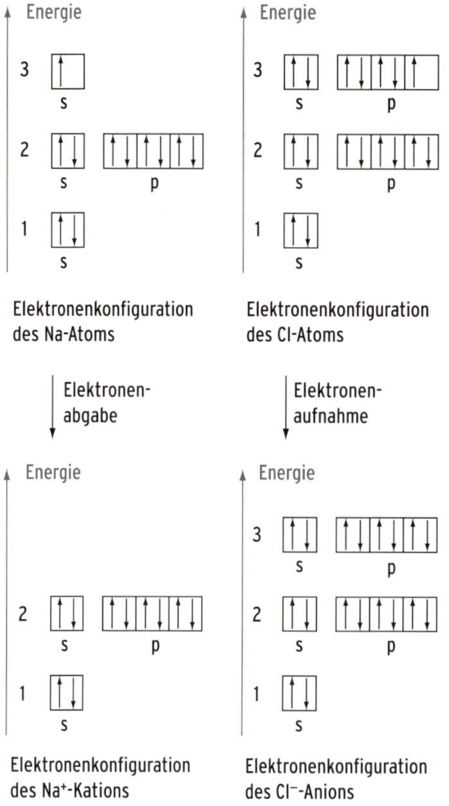

Abb. 2.2: Bildung von Na^+- und Cl^--Ionen

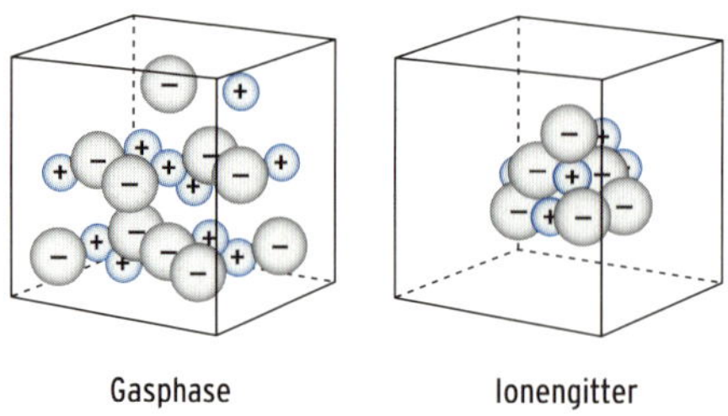

Abb. 2.3: Bildung des Ionengitters

Die **Gitterenergie** kann über den **BORN-HABER-Kreisprozess** bestimmt werden. Dazu zerlegt man gedanklich die Bildung eines salzartigen Stoffes aus den Elementen in Teilschritte.

Beispiel: Bildung von NaCl

1. Das Na-Metall wird sublimiert (verdampft), sodass isolierte Na-Atome als Dampf vorliegen (benötigte Energie: Sublimationsenergie).
2. Die Chlor-Moleküle werden in Atome gespalten (benötigte Energie: **Bindungsenergie**).
3. Na-Atome geben je ein Elektron ab (benötigte Energie: Ionisierungsenergie).
4. Cl-Atome nehmen je ein Elektron auf (umgesetzte Energie: **Elektronenaffinität**).
5. Die in der Gasphase vorliegenden Na^+- und Cl^--Ionen lagern sich zu einem Ionengitter zusammen (freiwerdende Energie: **Gitterenergie**).

2.1.2 Ionengitter und Gitterenergie

Die **Gitterenergie** gibt an, wie viel Energie frei wird, wenn Ionen aus der Gasphase heraus ein Ionengitter bilden. Die Kationen und Anionen im Kristallverband werden durch elektrostatische Anziehungskräfte (COULOMB-Kräfte) zusammengehalten. Diese Kräfte sind ungerichtet und wirken gleichmäßig nach allen Seiten. Die Anionen sind größer als die Kationen und bilden eine **dichteste Kugelpackung**. Die kleineren Kationen liegen in den Lücken zwischen den Anionen.

Beispiel: NaCl (Kochsalz)

Die großen Cl^--Anionen bilden die dichteste Kugelpackung, in deren Lücken die kleinen Na^+-Kationen liegen (→ Abb. 2.4). Jedes Kation ist von sechs Anionen umgeben, jedes Anion von sechs Kationen. Die **Koordinationszahl** (= Anzahl der nächsten Nachbarn im Ionengitter) beträgt daher für jede Ionenart 6.

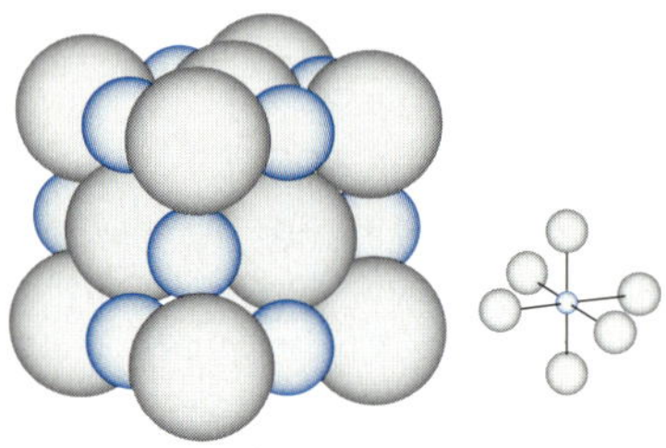

Abb. 2.4: NaCl-Ionengitter

Formeln von Ionenverbindungen sind **Verhältnisformeln**. Sie geben das Zahlenverhältnis von Kationen und Anionen im Ionengitter an.
Die Gitterenergie ist im Wesentlichen abhängig:

1. von der Ladung der Ionen: Je höher die Ladung ist, desto stärker ziehen sich Kationen und Anionen an.
2. vom Radius der Ionen: Je kleiner der Radius ist, desto größer ist die Ladungsdichte des Ions, desto stärker ziehen sich Kationen und Anionen an.

Da beim Schmelzen und Sieden von salzartigen Verbindungen die Ionen aus dem Gitter gelöst werden und die elektrostatische Anziehung der Ionen überwunden werden muss, sind Schmelz- und Siedetemperatur von der Gitterenergie abhängig.

>> BEISPIEL: Ordnen von Salzen

NaCl, CaS, Al_2O_3, KBr, MgO nach steigender Schmelz- und Siedetemperatur geordnet:
1. Ordnen nach der Ladung: Die Ladung der Kationen (Metalle) entspricht bei den Hauptgruppenmetallen der Gruppennummer, bei den Anionen (Nichtmetallen) der Differenz zwischen acht Elektronen und der Gruppennummer.
$Al_2^{3+}O_3^{2-}$; $Ca^{2+}S^{2-}$; $Mg^{2+}O^{2-}$; Na^+Cl^-; K^+Br^-
2. Ordnen nach dem Ionenradius: Da innerhalb einer Gruppe im Periodensystem die Ionenradien mit steigender Ordnungszahl (von oben nach unten) zunehmen (→ Seite 10), ergibt sich die Reihenfolge:

Al_2O_3, MgO, CaS, NaCl, KBr
→
Abnahme von Schmelz- und Siedetemperatur

2.1.3 Übersicht: salzartige Stoffe

Eine **Ionenbindung** liegt vor, wenn in einer Verbindung **Metall und Nichtmetall** enthalten sind. Wichtige salzartige Verbindungen sind daher:
Metall + Nichtmetall (binäre Verbindungen):
Oxide (O^{2-}) Sulfide (S^{2-})
Nitride (N^{3-}) Halogenide (F^-, Cl^-, Br^-, I^-)
Hydroxide (OH^-)
Metall + Säurerest:
Sulfate (SO_4^{2-}) Sulfite (SO_3^{2-})
Nitrate (NO_3^-) Nitrite (NO_2^-)
Phosphate (PO_4^{3-}) Carbonate (CO_3^{2-})

Hinweis: Das NH_4^+-Ion (Ammonium-Ion) verhält sich wie ein Metall-Kation. Bei Ammonium-Verbindungen handelt es sich daher um salzartige Stoffe.

2.2 Atombindung

2.2.1 LEWIS-Formeln und Oktettregel

Die Bindung zwischen Nichtmetall-Atomen beruht auf der Bildung **gemeinsamer Elektronenpaare**. Es entstehen **Moleküle**.

Solche **bindenden Elektronenpaare** werden aus ungepaarten Valenzelektronen der Atome gebildet. Durch die gemeinsamen Elektronenpaare erreichen die Atome **Edelgaskonfiguration**. Valenzelektronen, die nicht an der Bindung beteiligt sind, bezeichnet man als **freie Elektronenpaare**.

In den **LEWIS-Formeln** (Valenzstrichformeln) werden Elektronenpaare als Strich, einzelne Elektronen als Punkte dargestellt.
Beispiel: HCl-Molekül
LEWIS-Formel: H–$\overline{\underline{Cl}}$|
Durch das gemeinsame Elektronenpaar erreicht das Chlor-Atom Edelgaskonfiguration (s^2p^6), das Wasserstoff-Atom erreicht die Edelgaskonfiguration von Helium (s^2). Das Chlor-Atom hat drei freie Elektronenpaare.

Oktettregel: Jedem Atom werden vier Elektronenpaare zugeordnet.

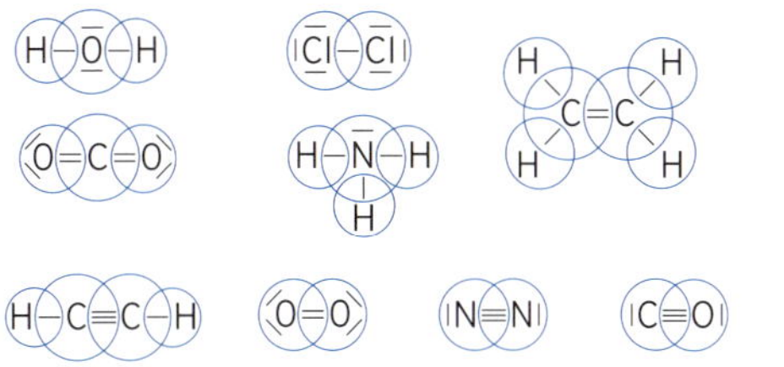

Abb. 2.5: LEWIS-Formeln und Oktettregel

Strategie zum Aufstellen von LEWIS-Formeln

1. Summe der Valenzelektronen aller Atome bestimmen.
2. Oktettbedarf für alle Atome berechnen (für H-Atome zwei Elektronen, für alle anderen Atome acht Elektronen).

3 $\frac{(\Sigma \text{ Oktettbedarf} - \Sigma \text{ Valenzelektronen})}{2}$ = Anzahl gemeinsamer Elektronenpaare. Bei Molekül-Anionen und -Kationen muss die Ladung der Teilchen zu den Valenzelektronen addiert bzw. von der Zahl der Valenzelektronen subtrahiert werden.

4 Wasserstoff bindet in der Regel an Sauerstoff.

5 Mit freien Elektronen zum Oktett ergänzen.

Beispiel: HClO-Molekül

Summe Oktettbedarf = 2 + 8 + 8 = 18;
Summe Valenzelektronen = 1 + 7 + 6 = 14
$\frac{18-14}{2}$ = 2 gemeinsame Elektronenpaare,
Wasserstoff bindet an Sauerstoff.
LEWIS-Formel: H–O–Cl|

Ausnahmen: Die Oktettregel ist eine Regel, von der es natürlich Ausnahmen gibt.

Formalladungen eines Atoms in einer Verbindung erhält man, indem man von der Anzahl der Valenzelektronen des freien Atoms die freien Elektronen und die Hälfte der Bindungselektronen des Atoms im Molekül subtrahiert.

Beispiel: CO-Molekül

C-Atom: 4 Valenzelektronen;
in der Bindung:
2 freie Elektronen + 3 Elektronen: 4 – 5 = –1;
O-Atom: 6 Valenzelektronen;
in der Bindung:
2 freie Elektronen + 3 Elektronen: 6 – 5 = +1

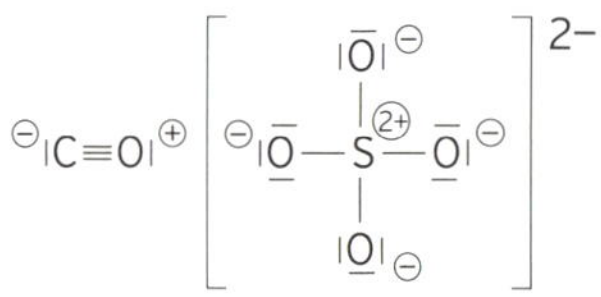

Abb. 2.6: LEWIS-Formeln und Formalladungen

2.2.2 Modell: Elektronenpaarabstoßung

LEWIS-Formeln ermöglichen keine Aussage über die Gestalt eines Teilchens. Dies ist erst mit dem **Elektronenpaarabstoßungs-Modell** möglich:

- Elektronenpaare stoßen sich ab und nehmen einen möglichst großen Abstand voneinander ein.
- Freie Elektronenpaare beanspruchen einen etwas größeren Raum als bindende Elektronenpaare.
- Elektronen einer Mehrfachbindung werden als Einheit betrachtet. Sie beanspruchen etwas mehr Raum als Elektronen einer Einfachbindung.
- Jede Einfachbindung, jede Mehrfachbindung und jedes freie Elektronenpaar stellt eine Elektroneneinheit dar.

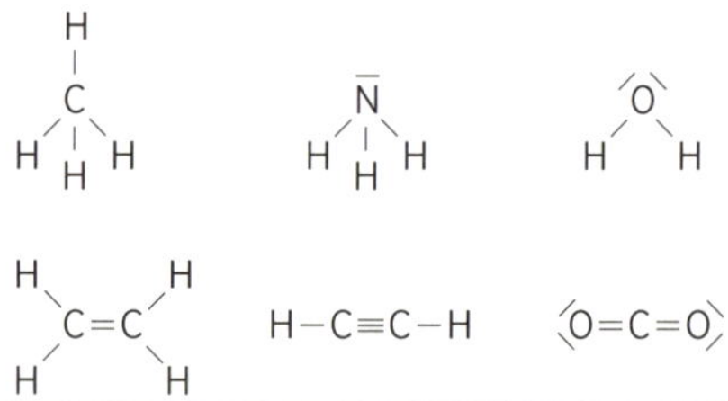

Abb. 2.7: Molekülstrukturen nach der Elektronenpaarabstoßung

Das C-Atom in CH_4, das N-Atom in NH_3 und das O-Atom in H_2O sind jeweils von vier Einheiten umgeben.
Jedes C-Atom in C_2H_4 ist von drei Einheiten umgeben.
Das C-Atom in C_2H_2 und das C-Atom in CO_2 sind jeweils von zwei Einheiten umgeben. Durch die Abstoßung der Elektronenpaare ergibt sich eine bestimmte Molekülgeometrie.

*	Struktur	Bindungswinkel	Beispiele
4	Zentralatom liegt im Zentrum eines Tetraeders, die vier Elektronenpaare ragen in die Ecken des Tetraeders	109° tetraedrisch	CH_4, NH_3, H_2O
3	Zentralatom liegt in der Mitte eines gleichseitigen Dreiecks, die Elektroneneinheiten ragen in die Ecken des Dreiecks	120° trigonal-planar	Ethen (C_2H_4)
2	lineare Anordnung der Elektroneneinheiten des Zentralatoms	180° linear	Ethin (C_2H_2), CO_2

* Anzahl der Elektroneneinheiten, die das Zentralatom umgeben

Tab. 2.1: Übersicht über die Molekülstruktur

2.2.3 Modell: Molekülorbitale

Molekülorbitale entstehen durch Überlappen benachbarter Atomorbitale.
Beispiel: H_2-Molekül

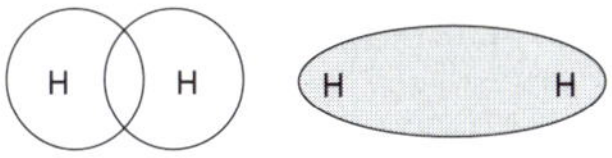

Abb. 2.8: Überlappende Atomorbitale beim Wasserstoff

Die beiden einfach besetzten s-Orbitale des Wasserstoffs überlappen zu einem Molekülorbital: s-s-Überlappung. Man bezeichnet dieses Molekülorbital als s-Orbital, die Bindung als **σ-Bindung** (sigma-Bindung).
Die σ-Bindung ist rotationssymmetrisch zur Bindungsachse der beiden Atomkerne und ermöglicht daher eine **freie Drehbarkeit** der Atome um die Bindungsachse. Molekülorbitale gehorchen dem **PAULI-Prinzip** (zwei Elektronen mit entgegengesetztem Spin).

a) sp^3-Hybridisierung

Ein Kohlenstoff-Atom besitzt zwei einfach besetzte 2p-Orbitale. Die einfachste (stabile) C–H-Verbindung müsste daher die Formel CH_2 haben; Kohlenstoff müsste also zweibindig sein.
Um die vier energetisch gleichen Bindungen des Kohlenstoffs – z.B. im Methan (CH_4) – zu beschreiben, muss das Orbital-Modell „angepasst" werden, damit aus zwei einfach besetzten Orbitalen vier einfach besetzte Orbitale entstehen, die zudem untereinander energetisch gleich sind.

- **Promotion**: Ein Elektron wird vom 2s-Niveau auf das (energiereichere) 2p-Niveau angehoben. Es entstehen vier einfach besetzte Orbitale, die aber nicht energiegleich sind (angeregter Zustand).
- **Hybridisierung**: Vier gleiche Orbitale entstehen, indem sich das 2s- und die drei 2p-Orbitale mischen (Valenzzustand).

sp^3-Hybridisierung: Ein s- und drei p-Orbitale mischen sich.

Orbitale, die durch Hybridisierung entstanden sind, werden als **Hybridorbitale** bezeichnet. Sie bestehen aus einem großen und einem kleinen Orbitallappen (→ Abb. 2.12).
sp^3-Hybridorbitale ordnen sich tetraedrisch an.

Methan
Überlappungen:
4 x C–H-σ-Bindung: sp^3-s-Überlappung.
Die Bindungswinkel betragen 109°. Die vier Molekülorbitale ragen in die vier Ecken des Tetraeders, in dessen Zentrum das C-Atom liegt.

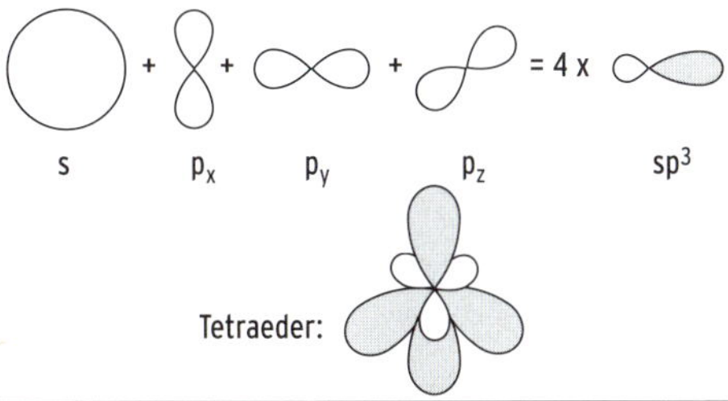

Abb. 2.9: Hybridorbitale und Molekülorbitalmodell von Methan

Im **Ammoniak (NH_3)** bindet Stickstoff drei Wasserstoff-Atome. Da drei einfach besetzte Orbitale vorhanden sind, entfällt die Promotion (→ Abb. 2.13).
Überlappungen:
3 x N–H-σ-Bindung: sp^3-s-Überlappung
Die Bindungswinkel betragen 107°.
Der Tetraederwinkel ist verringert, da das Orbital des freien Elektronenpaars mehr Raum in Anspruch nimmt und die Molekülorbitale daher zusammendrückt.

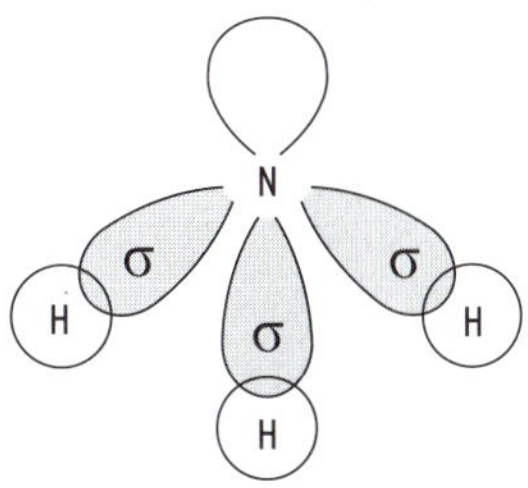

Abb. 2.10: Molekülorbitalmodell von Ammoniak (NH_3)

Der Sauerstoff im **Wasser-Molekül** bindet zwei Wasserstoff-Atome. Da zwei einfach besetzte Orbitale vorhanden sind, entfällt die Promotion (→ Abb. 2.14).
Überlappungen:
2 x O–H-σ-Bindung: sp^3-s-Überlappung
Der Bindungswinkel beträgt 104,5°.
Der Tetraederwinkel ist verringert, da die Orbitale der freien Elektronenpaare mehr Raum in Anspruch nehmen und die Molekülorbitale daher zusammendrücken.

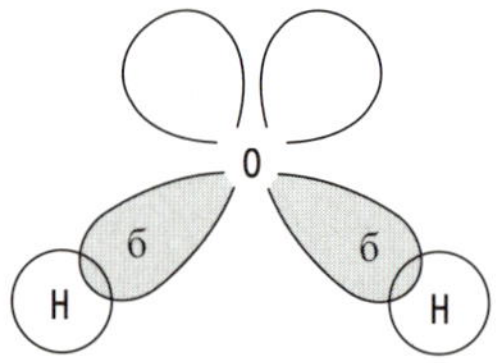

Abb. 2.11: Molekülorbitalmodell von Wasser (H_2O)

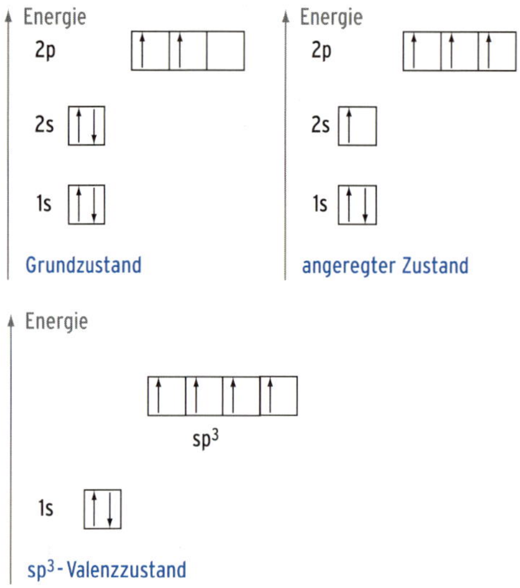

Abb. 2.12: sp^3-Hybridisierung des Kohlenstoffs

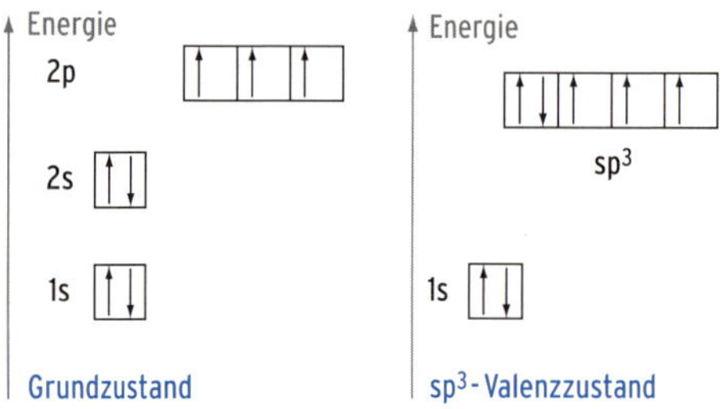

Abb. 2.13: sp^3-Hybridisierung des Stickstoffs

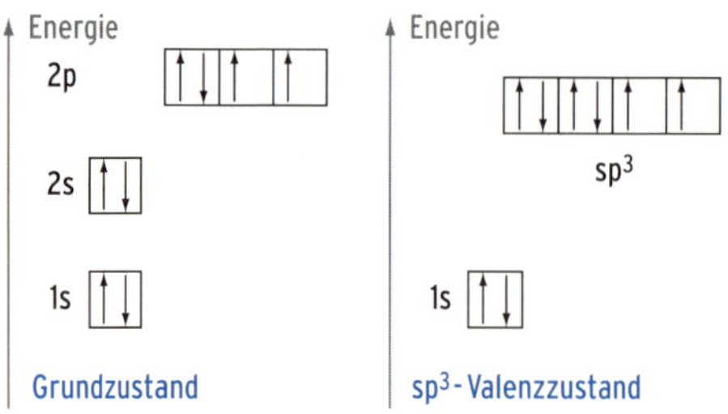

Abb. 2.14: sp^3-Hybridisierung des Sauerstoffs

b) sp^2-Hybridisierung

Im Ethen ($H_2C{=}CH_2$) betragen die Bindungswinkel 120° (→ Seite 93). Der Kohlenstoff kann daher nicht sp^3-hybridisiert sein.

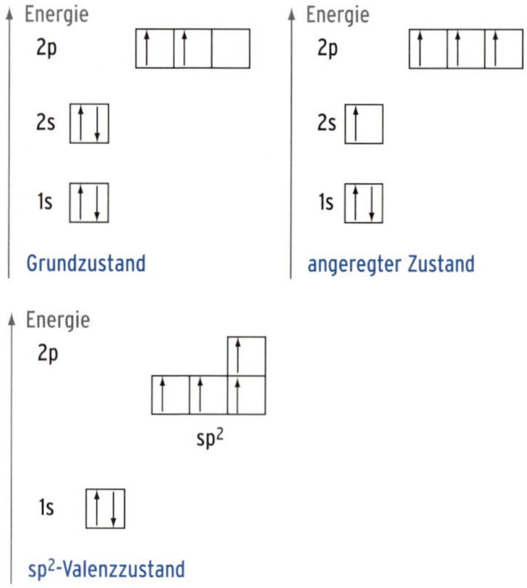

Abb. 2.15: sp^2-Hybridisierung des Kohlenstoffs

Ein s- und zwei p-Orbitale mischen sich (**sp^2-Hybridisierung**). Die drei sp^2-Hybridorbitale bilden σ-Bindungen aus. Beide C-Atome im Ethen besitzen je ein p-Orbital, das an der Hybridisierung nicht teilgenommen hat.

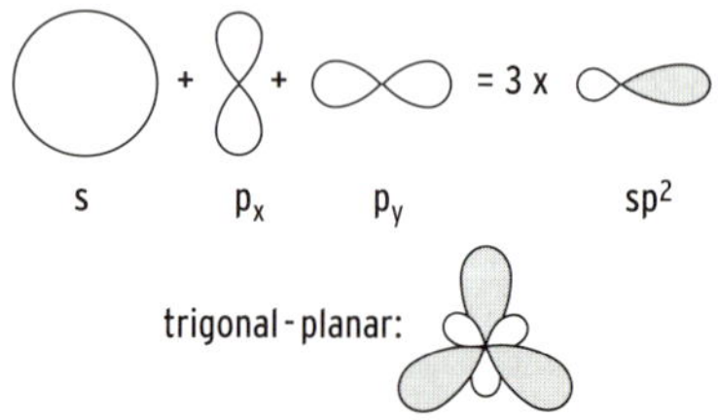

Abb. 2.16: Hybridorbitale/Molekülorbitalmodell von Ethen

Eine Überlappung von p-Orbitalen, die nicht hybridisiert sind, bezeichnet man als **π-Bindung (pi-Bindung).**

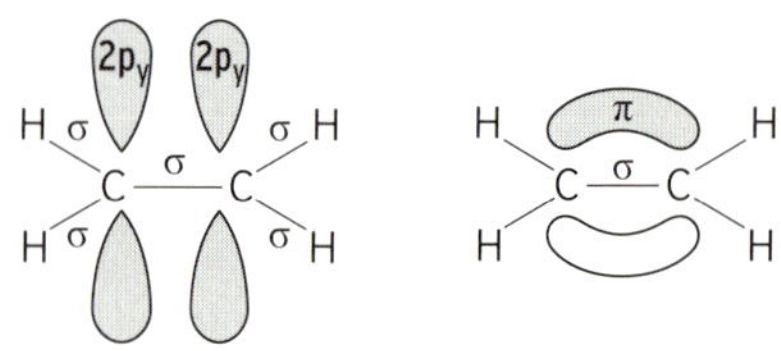

Abb. 2.17: Bildung der π-Bindung

Überlappungen:

4 x C–H-σ-Bindung: sp^2-s-Überlappung

1 x C – C-σ-Bindung: sp^2-sp^2-Überlappung
1 x C – C-π-Bindung: $2p_y$-$2p_y$-Überlappung
Alle Atome liegen in einer Ebene, die Bindungswinkel betragen etwa 120°. Die π-Bindung steht senkrecht auf der σ-Bindungsebene.
Die 2p-Orbitale der beiden C-Atome überlappen ober- und unterhalb der σ-Bindungsebene zur π-Bindung. Da sich die p-Orbitale nur gering durchdringen, benötigt man zum Aufspalten der π-Bindung weniger Energie als zur Aufspaltung der σ-Bindung.
Damit p-Orbitale überlappen können, müssen sie dieselbe Orientierung im Raum haben.

c) sp-Hybridisierung

Die Bindungswinkel im Ethin (HC≡CH) betragen 180° (→ Seite 95). Kohlenstoff ist im Ethin **sp-hybridisiert.** sp-Hybridorbitale entstehen durch Mischung von einem s- und einem p-Orbital.

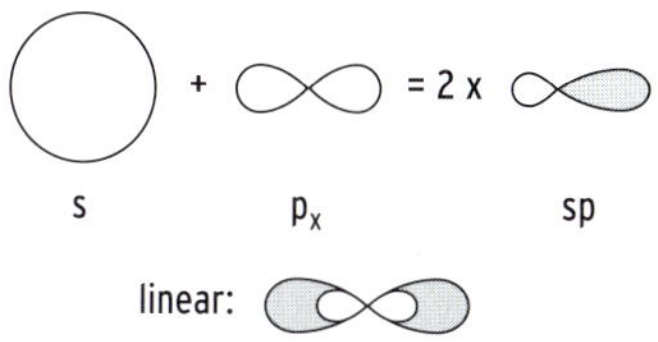

Abb. 2.18: Hybridorbitale/Molekülorbitalmodell von Ethin

sp-Hybridisierung: Ein s- und ein p-Orbital mischen sich. Die beiden sp-Hybridorbitale sind linear angeordnet.

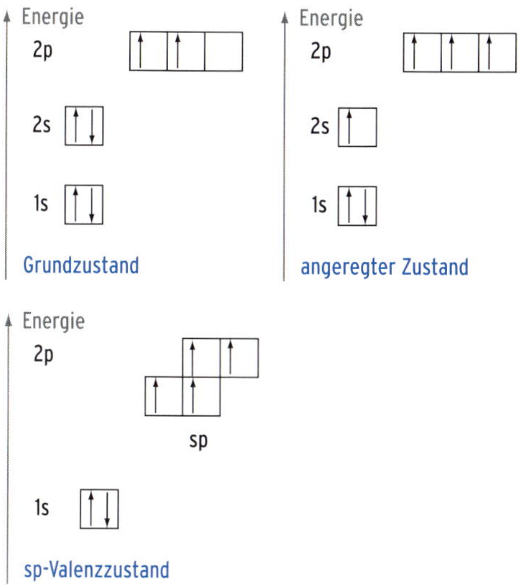

Abb. 2.19: sp-Hybridisierung des Kohlenstoffs

Überlappungen:
2 x C – H-σ-Bindung: sp-s-Überlappung
1 x C – C-σ-Bindung: sp-sp-Überlappung
1 x C – C-π-Bindung: $2p_y$-$2p_y$-Überlappung
1 x C – C-π-Bindung: $2p_z$-$2p_z$-Überlappung
Die beiden π-Bindungen stehen senkrecht aufeinander. Die Bindungswinkel betragen 180°.

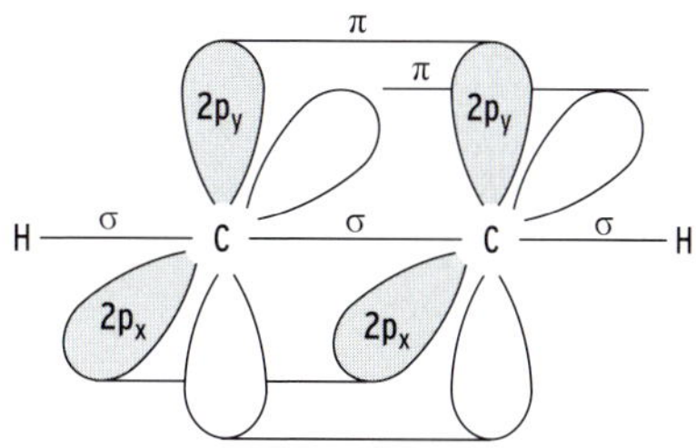

Abb. 2.20: σ- und π-Bindungen in Ethin

Da p-Orbitale nicht so stark überlappen, benötigt man zur Aufspaltung einer π-Bindung weniger Energie als zur Aufspaltung einer σ-Bindung.

Bindung	Bindungslänge [pm = 10^{-12} m]	Bindungsenergie [$kJ \cdot mol^{-1}$]
C – C	154	348
C = C	135	614
C ≡ C	120	839

Tab. 2.2: Vergleich von Einfach-, Doppel-, Dreifachbindung

Tipp:

Strategie zur Anwendung des Molekülorbital-Modells

- LEWIS-Formel unter Beachtung der Oktettregel aufstellen. Nach dem Elektronenpaarabstoßungsmodell den ungefähren Bindungswinkel ermitteln.
- Bindungswinkel ≈ 109°: sp^3-Hybridisierung
  Bindungswinkel ≈ 120°: sp^2-Hybridisierung
  Bindungswinkel ≈ 180°: sp-Hybridisierung
- Elektronenkonfiguration für das Atom im Grundzustand aufstellen. Ist die Zahl einfach besetzter Orbitale geringer als die der Bindungen, so muss vor dem Hybridisieren promoviert werden.

Bindungswinkel	109°	120°	180°
Hybridisierung	sp^3	sp^2	sp
Molekülgeometrie	Tetraeder	trigonal-planar	linear
Anzahl der Elektroneneinheiten	4 z. B. nur Einfachbindungen am Atom	3 z. B. eine Doppelbindung am Atom	2 z. B. eine Dreifachbindung oder zwei Doppelbindungen am Atom
Beispiele	CH_4 (alle Alkane), NH_3, H_2O	Ethen (alle C-Atome der Alkene mit C=C-Doppelbindung), C-Atom und O-Atom der Carbonyl-Gruppe	Ethin, C-Atom im CO_2-Molekül

Abb. 2.21: Übersicht über die Hybridisierungen

2.2.4 Mesomerie

Für das Carbonat-Ion (CO_3^{2-}) ergibt sich unter Berücksichtigung des Elektronenpaarabstoßungsmodells als LEWIS-Formel:

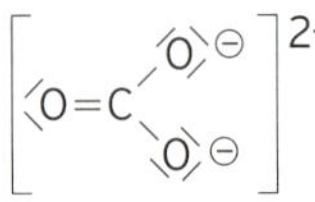

Experimentell wurde aber nachgewiesen, dass alle C–O-Bindungen gleich lang sind. Die Bindungswinkel betragen 120°. Der Kohlenstoff muss aufgrund des Bindungswinkels sp^2-hybridisiert sein. Da aber alle C–O-Bindungen gleichartig sind, lässt sich die Doppelbindung nicht lokalisieren:

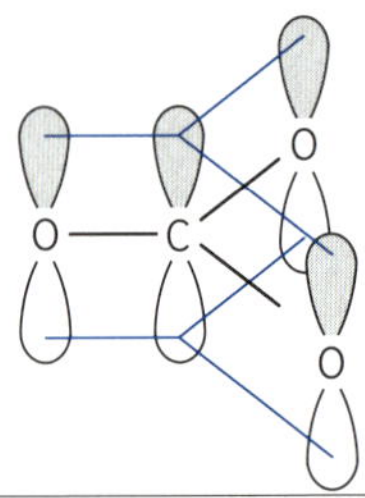

Abb. 2.22: Molekülorbitalmodell des Carbonat-Ions

Das 2p-Orbital des C-Atoms überlappt mit den 2p-Orbitalen der O-Atome zu einem π-Bindungssystem, das alle Atome des Carbonat-Ions umfasst. Die π-Elektronen sind **delokalisiert**. Diesen Bindungszustand bezeichnet man als **Mesomerie**. Er kann nicht mit nur einer LEWIS-Formel dargestellt werden. Mesomerie beschreibt man im Formelbild, indem man (fiktive) **mesomere Grenzformeln** angibt und sie mit einem **Mesomeriepfeil** (↔) verbindet. Formal erhält man die mesomeren Grenzformeln einer Verbindung, indem man für eine der Grenzformeln die LEWIS-Formel aufstellt und Elektronenpaare der π-Bindung durch „Umklappen" zwischen den Atomen verschiebt.

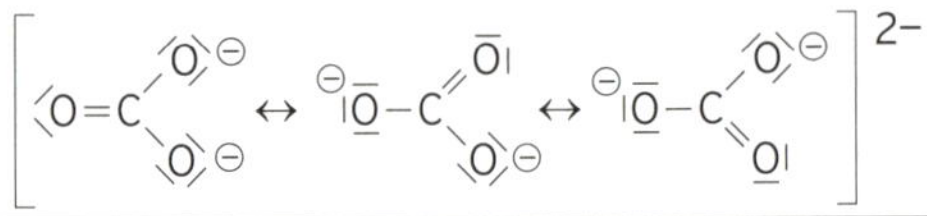

Abb. 2.23: Mesomere Grenzformeln des Carbonat-Ions

Teilchen mit delokalisierten π-Elektronen sind **mesomeriestabilisiert**, da den delokalisierten π-Elektronen mehr Raum zur Verfügung steht. Das mesomere System ist daher energieärmer als jede seiner (fiktiven) Grenzformeln. Je mehr mesomere Grenzformeln sich für ein Teilchen schreiben lassen, desto energieärmer und damit stabiler ist es.

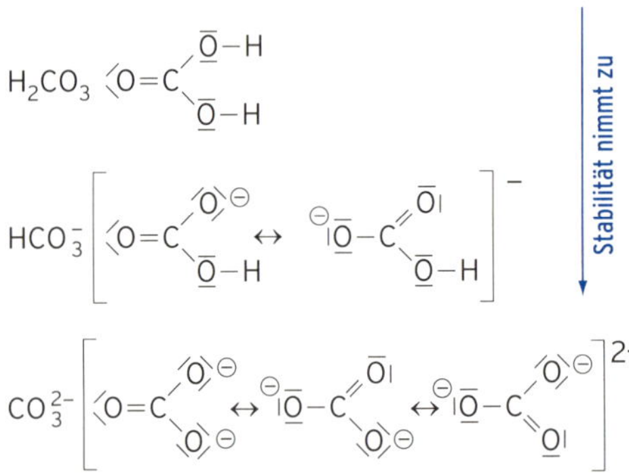

Abb. 2.24: Stabilität von H_2CO_3, HCO_3^- und CO_3^{2-}

HINWEIS:

Mesomerie gibt es nur, wenn Doppel- und Einfachbindung, die an der Delokalisierung der Elektronen beteiligt sind, in einer Ebene liegen.

2.2.5 Polare Atombindung und Dipolmoleküle

Besteht ein Molekül aus verschiedenen Atomen, so zieht oft eines der Atome die Bindungselektronen stärker an. Es erhält einen Überschuss an negativer Ladung, die jedoch kleiner ist als eine Elementarladung. Man nennt solche Teilladungen **Partialladungen**. Die positive **Partialladung** wird mit δ+ (delta plus), die negative mit δ− (delta minus) bezeichnet. Bei der Bindung handelt es sich dann um eine **polare Atombindung**.

WISSEN: Elektronegativität

Die Elektronegativität ist ein Maß für die Fähigkeit eines Atoms, Bindungselektronen anzuziehen. Eine Bindung ist umso polarer, je größer die Elektronegativitäts-Differenz ist. Bindungen zwischen zwei gleichen Atomen sind stets unpolar.

>> BEISPIELE

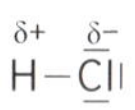

Elektronegativität (Cl) = 3,0
Elektronegativität (H) = 2,1
Elektronegativitäts-Differenz = 0,9
⇒ polare Atombindung

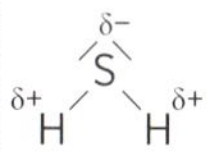

Elektronegativität (S) = 2,5
Elektronegativität (H) = 2,1
Elektronegativitäts-Differenz = 0,4
⇒ schwach polare Atombindung

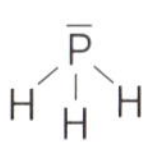

Elektronegativität (P) = 2,1
Elektronegativität (H) = 2,1
Elektronegativitäts-Differenz = 0
⇒ unpolare Atombindung

Die Elektronegativitäts-Werte und damit das Bestreben, Bindungselektronen anzuziehen, nehmen innerhalb einer Gruppe des Periodensystems mit zunehmender Ordnungszahl ab, innerhalb einer Periode mit zunehmender Ordnungszahl zu.
Elemente mit hoher Elektronegativität sind: F, O, N, Cl, Br. Fluor hat den höchsten Elektronegativitäts-Wert, da es sich bei F-Atomen um kleine, hoch geladene Atomrümpfe handelt.

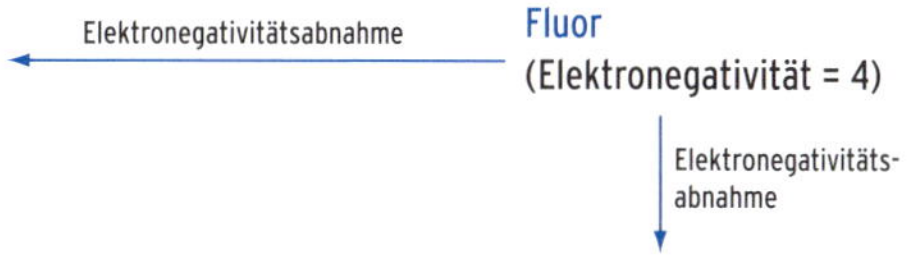

Abb. 2.25: Veränderung der Elektronegativitäts-Werte innerhalb des Periodensystems

Moleküle mit Zentren positiver und negativer Ladung sind (permanente) **Dipole**.

MERKE: Ein Molekül ist ein Dipol, wenn

1. **polare Atombindungen vorliegen.**
2. **das Molekül unsymmetrisch gebaut ist und daher die Ladungsschwerpunkte der positiven und negativen Partialladungen nicht zusammenfallen.**

>> BEISPIELE

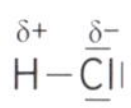

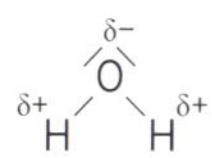

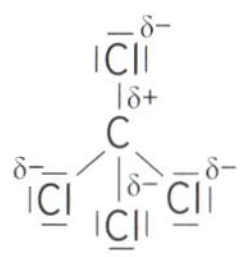

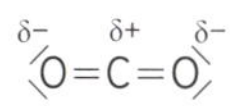

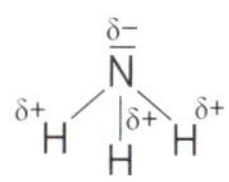

HCl, H_2O und NH_3 sind Dipolmoleküle, da die **Atombindungen** polar sind und der Ladungsschwerpunkt der positiven Partialladungen nicht mit dem Ladungsschwerpunkt der negativen Partialladungen zusammenfällt.
CCl_4 und CO_2 sind trotz polarer Atombindungen keine Dipole, da die Ladungsschwerpunkte zusammenfallen: Bei CCl_4 liegen beide Ladungsschwerpunkte im Zentrum des Tetraeders, bei CO_2 in der Mitte des linearen Moleküls.

2.3 Metallische Bindung

In den Metallen sind die Atome als dichteste Kugelpackung angeordnet. Nach dem **Elektronengas-Modell** bewegen sich die Valenzelektronen wie Gasmoleküle frei zwischen den positiv geladenen Atomrümpfen.

2.4 Zwischenmolekulare Kräfte

2.4.1 Dipol-Dipol-Wechselwirkungen

Dipolmoleküle ziehen sich an. Solche Anziehungskräfte zwischen **permanenten Dipolen** bezeichnet man als **Dipol-Dipol-Wechselwirkungen**.
Je größer der Dipolcharakter eines Dipols ist, desto stärker ziehen sich die Moleküle an.

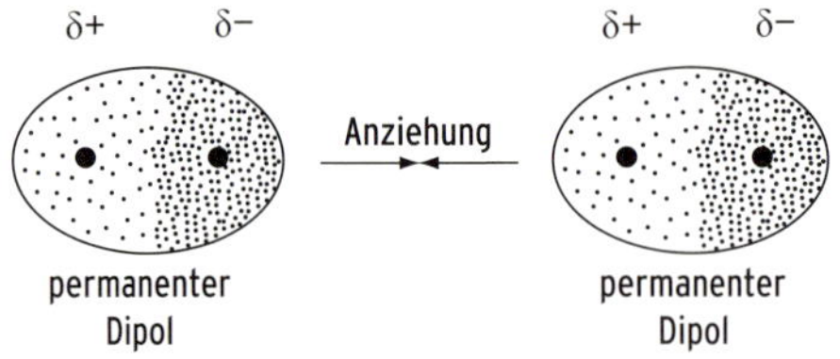

Abb. 2.26: Dipol-Dipol-Wechselwirkungen

2.4.2 VAN-DER-WAALS-Kräfte

In Molekülen, die keine Dipole sind, verteilen sich die Elektronen nicht immer symmetrisch. Durch eine unsymmetrische Elektronenverteilung kann für kurze Zeit spontan ein schwacher Dipol entstehen, der die Elektronen benachbarter Moleküle verschiebt und die Moleküle dadurch polarisiert. Die schwachen Anziehungskräfte zwischen diesen **induzierten** Dipolen nennt man **VAN-DER-WAALS-Kräfte**, die Moleküle – im Gegensatz zu den permanenten Dipolen – **temporäre** Dipole.
VAN-DER-WAALS-Kräfte sind schwache zwischenmolekulare Kräfte, die bei allen Molekülen auftreten. Bei großer Elektronenzahl der Teilchen – also bei großer Molekülmasse – können sie allerdings sehr groß sein, da große Moleküle leichter polarisierbar sind.

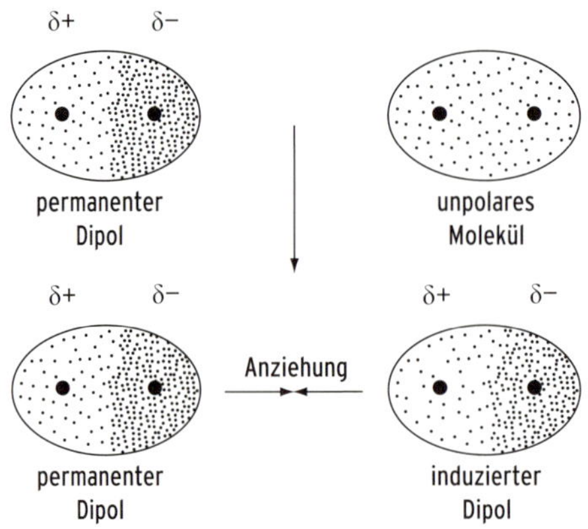

Abb. 2.27: VAN-DER-WAALS-Kräfte

>> BEISPIEL

Das Iod-Molekül (I_2) besitzt aufgrund seiner hohen Molekülmasse starke VAN-DER-WAALS-Kräfte und ist daher bei Raumtemperatur fest.

Dipol-Dipol-Wechselwirkungen und VAN-DER-WAALS-Kräfte werden auch unter dem Oberbegriff **VAN-DER-WAALS-Bindung** zusammengefasst.

2.4.3 Wasserstoffbrückenbindungen

Zwischen Molekülen, in denen **H-Atome** an **F-, O- oder N-Atomen** (= Elemente mit hoher Elektronegativität) gebunden sind, kommt es zur Ausbildung von **Wasserstoffbrückenbindungen**. Fluor, Sauerstoff und Stickstoff ziehen die Bindungselektronen so weit an, dass der Wasserstoff sehr stark positiv polarisiert wird. Die hohe positive Partialladung am H-Atom eines Moleküls und die hohe negative Partialladung am F-, O- oder N-Atom eines anderen Moleküls ziehen sich sehr stark an.
Wasserstoffbrückenbindungen treten z. B. auf zwischen H_2O-, NH_3- und HF-Molekülen.
Wasserstoffbrückenbindungen stabilisieren die Sekundär- und Tertiärstruktur der Proteine und sind verantwortlich für die Basenpaarungen in der DNA.
Jedes Wassermolekül kann zu Nachbarmolekülen zwei Wasserstoffbrückenbindungen ausbilden.
Die Wasserstoffbrücke wird zwischen einem H-Atom und einem freien Elektronenpaar des Sauerstoff-Atoms gebildet (→ Abb. 2.28).

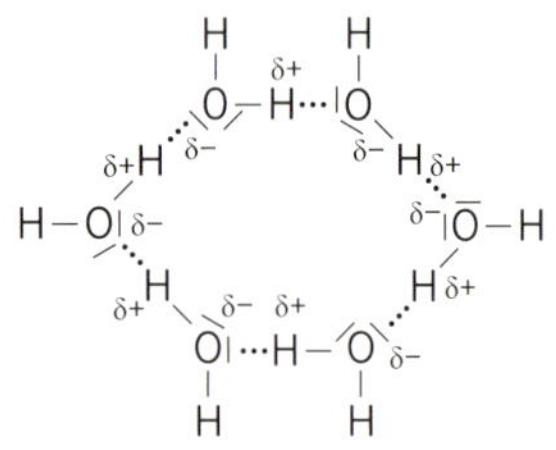

Abb. 2.28: Wasserstoffbrücken zwischen H_2O-Molekülen

2.5 Struktur-Eigenschafts-Konzept am Beispiel der Schmelz- und Siedetemperaturen

Art, Anordnung und Wechselwirkung der Teilchen bestimmen die Eigenschaften eines Stoffes. Dies entspricht dem **Struktur-Eigenschafts-Konzept**.

So müssen beim Schmelzen und Sieden von Verbindungen, die aus Molekülen bestehen, die Anziehungskräfte zwischen den Molekülen überwunden werden. Schmelz- und Siedetemperaturen hängen daher bei diesen Verbindungen von den VAN-DER-WAALS-Kräften, den Dipol-Dipol-Wechselwirkungen und den Wasserstoffbrückenbindungen ab.

!!! VORSICHT FALLE

Die zwischenmolekularen Kräfte dürfen nicht mit der Bindungsenergie (= Energie, die benötigt wird, um Atombindungen aufzuspalten) verwechselt werden.

WISSEN:

Moleküle, bei denen nur VAN-DER-WAALS-Kräfte als zwischenmolekulare Kräfte auftreten, schmelzen und sieden in der Regel bereits bei tieferen Temperaturen als Dipole mit ähnlicher Masse.
Moleküle, die Wasserstoffbrückenbindungen ausbilden, haben hohe Schmelz- und Siedetemperaturen.

VAN-DER-WAALS-Kräfte ▪ geringe Molekülmasse ▪ hohe Molekülmasse Dipol-Dipol-Wechselwirkungen Wasserstoffbrückenbindungen	Zunahme von Siede- und Schmelztemperatur ↓

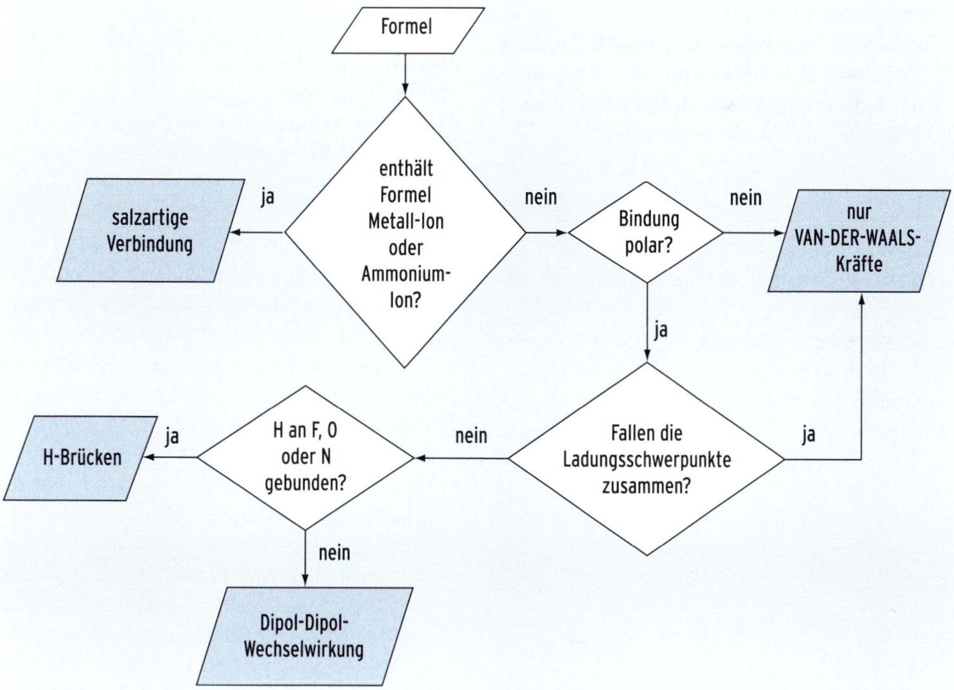

Abb. 2.29: Flussdiagramm zum Abschätzen der Siede- und Schmelztemperatur

Tipp:

Strategie zum Ordnen von Verbindungen nach Schmelz- und Siedetemperaturen

- Enthält die chemische Formel der Verbindung **Metall und Nichtmetall**, so handelt es sich um eine salzartige Verbindung, deren Schmelz- und Siedetemperatur von der **Gitterenergie** und damit der Ladung und dem Radius der Ionen abhängt (→ Ionenbindung, Seite 11 f.). Ionenverbindungen schmelzen und sieden bei **hohen Temperaturen.**
- Enthält die chemische Formel der Verbindung **nur Nichtmetalle**, so hängen Schmelz- und Siedetemperatur von den zwischenmolekularen Kräften ab.
- Sind H-Atome an F-, O- oder N-Atome gebunden, existieren **Wasserstoffbrückenbindungen.**
- Handelt es sich bei dem Molekül um einen permanenten Dipol (polare Atombindungen und unsymmetrischer Bau des Moleküls), so herrschen **Dipol-Dipol-Wechselwirkungen** zwischen den Molekülen.
- Ist das Molekül symmetrisch gebaut oder sind die Atombindungen unpolar, so kommen nur **VAN-DER-WAALS-Kräfte** zwischen den Molekülen vor. Je größer die Molekülmasse ist, desto höher liegen Schmelz- und Siedetemperatur.

>> BEISPIEL

Die Verbindungen H_2O, CaO, KI, CH_4, HBr, H_2 und NaCl sollen nach der Siedetemperatur geordnet werden.

Salzartige Verbindungen

CaO, NaCl, KI (geordnet nach Ladung und Ionenradius, → Ionenbindung, Seite 11 f.)

Moleküle

H_2O	Wasserstoffbrückenbindung
HCl	Dipol-Dipol-Wechselwirkungen
CH_4	VAN-DER-WAALS-Kräfte
H_2	$m(CH_4) = 16\,u$, $m(H_2) = 2\,u$

CaO, NaCl, KI, H_2O, HCl, CH_4, H_2

$\longrightarrow$ Siedetemperatur nimmt ab

2.6 Löslichkeit

Lösen von Salzen in Wasser

Beim Lösen salzartiger Stoffe in Wasser muss die Anziehung der entgegengesetzt geladenen Ionen im Ionengitter (Gitterenergie) überwunden werden. Die Dipole des Wassers lagern sich an den Ionen der Gitteroberfläche an und lösen sie aus dem Kristall heraus. In wässriger Lösung sind alle Ionen von einer Hülle aus Wassermolekülen, der Hydrathülle, umgeben: Sie sind **hydratisiert.** Bei der Bildung des **Hydrat-Ions** wird die **Hydratationsenergie** frei. Bei einem exothermen Lösevorgang erwärmt sich die Lösung (Beispiel: NaOH), bei einem endothermen Vorgang kühlt sich die Lösung ab (Beispiel: NH_4Cl).

Polare und unpolare Lösemittel

Verbindungen, die aus Molekülen bestehen, lösen sich dann gut in einem Lösemittel, wenn die Anziehungskräfte zwischen den Lösemittelteilchen von gleicher Größenordnung sind wie die Anziehungskräfte zwischen den Molekülen des zu lösenden Stoffes.

MERKE: Gleiches löst sich in Gleichem

Dipole sind gut löslich in **polaren Lösemitteln** (z. B. Wasser).
Stoffe mit **unpolaren Atombindungen** oder **symmetrischem Molekülbau** sind gut löslich in **unpolaren Lösemitteln** (z. B. Hexan).

- Ethanol (C_2H_5OH, → Seite 105) ist gut wasserlöslich: Zwischen den Ethanol- und den Wasserteilchen können Wasserstoffbrückenbindungen ausgebildet werden. Die Anziehungskräfte zwischen den Ethanol- und den Wasserteilchen sind daher von derselben Größenordnung wie die Anziehungskräfte zwischen den einzelnen Wassermolekülen.
- Iod (I_2) ist schlecht wasserlöslich: Iod-Moleküle sind keine Dipole. Daher bestehen nur schwache Anziehungskräfte zwischen den Iod- und den Wassermolekülen, während zwischen den einzelnen Wasserteilchen die starken Wasserstoffbrückenbindungen herrschen. Iod ist hingegen gut löslich in Hexan, da zwischen Hexan-Molekülen nur schwache VAN-DER-WAALS-Kräfte existieren.

2.7 Zusammenfassung: chemische Bindung

Die Ionenbindung kann als Extremfall einer polaren Atombindung aufgefasst werden. Die meisten Bindungen sind weder reine Ionenbindungen noch reine polare Atombindungen: Je größer die Elektronegativitäts-Differenz ist, desto mehr überwiegt einerseits der ionische Anteil der Bindung. Andererseits ziehen kleine hochgeladene Kationen (z. B. Al^{3+}-Ionen) die Elektronen der benachbarten (großen) Anionen an, sodass eine stark polare Atombindung entsteht.

Elemente in der Verbindung	Teilchen	Bindung	Siede- und Schmelztemperatur abhängig von:
Metall + Nichtmetall	**Kationen und Anionen** (in einem Ionengitter angeordnet)	**Ionenbindung** (elektrostatische Anziehung der Ionen)	**Gitterenergie** (Ladung und Radius der Ionen)
nur Nichtmetalle	Moleküle	**Atombindung** (gemeinsame Elektronenpaare, Molekülorbitale)	**zwischenmolekulare Kräfte:** Wasserstoffbrückenbindungen (wenn ein H-Atom an F-, O- oder N-Atome gebunden ist) Dipol-Dipol-Wechselwirkungen (wenn die Atombindung polar ist und das Molekül unsymmetrisch gebaut ist) VAN-DER-WAALS-Kräfte
nur Metalle	**Atomrümpfe und Elektronengas**	metallische Bindung	**Atomrümpfe** (Ladung und Radius)

Tab. 2.3: Übersicht chemische Bindungen

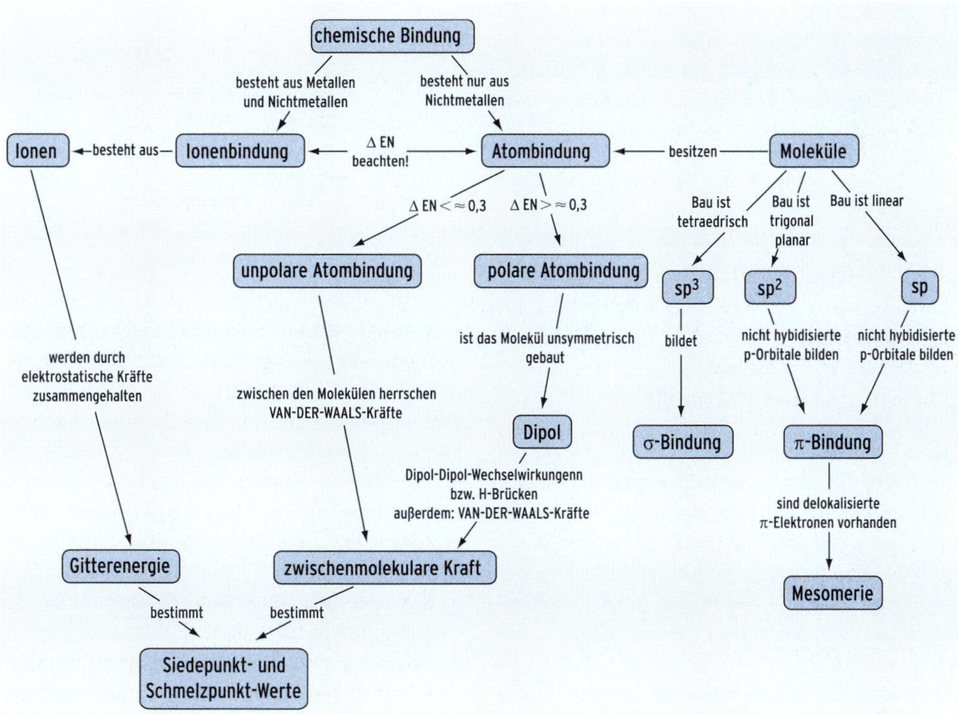

Abb. 2.30: Zusammenfassung „Chemische Bindung“

3_Chemische Reaktionen – energetisch betrachtet

BASISKONZEPT: Energie

Alle chemischen Reaktionen sind mit Energieänderungen verknüpft. Daher sind Betrachtungen zum Energieumsatz einer chemischen Reaktion sowie die damit verbundenen Gesetzmäßigkeiten und Größen von wesentlicher Bedeutung für das Verständnis einer chemischen Reaktion. Sie werden im **Basiskonzept „Energie"** zusammengefasst.

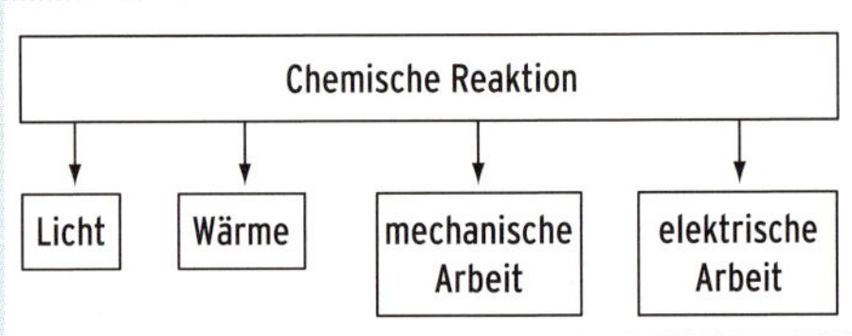

Abb. 3.1: Energieformen bei chemischen Reaktionen

Mithilfe des Energie-Konzepts können alle chemischen Reaktionen unter dem Aspekt der Energieänderung und einer damit verbundenen Veränderung des Ordnungszustandes (Entropie) des chemischen Systems analysiert und klassifiziert werden.

- Man kann vorhersagen, ob Hin- oder Rückreaktion einer chemischen Reaktion begünstigt ist, ob die Reaktion vollständig abläuft und mit welchen Energieänderungen zu rechnen ist.
- Die Frage, ob Energie-Abgabe und/oder nur Entropiezunahme die Ursache für eine spontan ablaufende Reaktion ist, kann ebenfalls beantwortet werden.
- Das Energie-Konzept verhilft zu einem tieferen Verständnis der chemischen Bindung.

Das Basiskonzept Energie basiert auf der experimentellen Erkenntnis, dass Energie von einer Energieform in eine andere Energieform umgewandelt, aber weder erzeugt noch vernichtet werden kann. Eine weitere Grundlage ist die Tatsache, dass in einem von der Umwelt isolierten System der Ordnungszustand bei chemischen Prozessen konstant bleibt oder sich in Richtung Unordnung (Entropiezunahme) verändert.

Merke: Alle chemischen Reaktionen sind mit Energieumsatz verbunden, dabei tendieren chemische Systeme zu einem Zustand, der möglichst energiearm und ungeordnet ist.

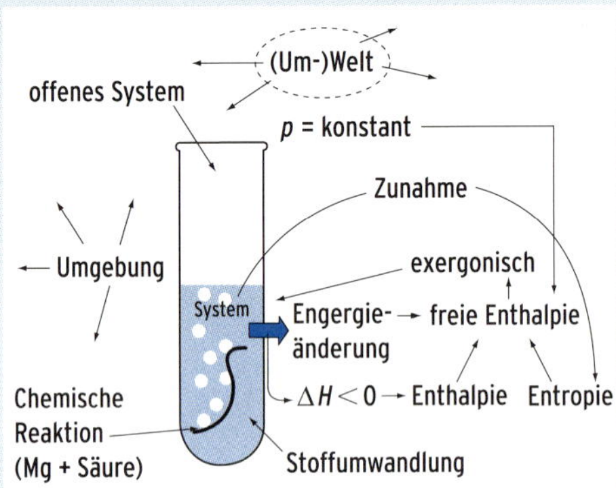

Abb. 3.2: Das Energiekonzept im Überblick

3.1 Enthalpie

3.1.1 Energie und Enthalpie

Bei allen chemischen Reaktionen sind neben Stoffumwandlungen auch **Energieänderungen** zu beobachten. Um Energieänderungen exakt messen zu können, müssen Experimente unter genau festgelegten Bedingungen ablaufen. Dabei wird immer nur ein genau begrenzter Teil der (Um-)Welt betrachtet, der als **System** bezeichnet wird.

Alles, was sich außerhalb des Systems befindet, nennt man **Umgebung**. So können 50 ml Zuckerlösung in einem Reagenzglas als System angesehen werden, wobei die Reagenzglaswände selbst schon der Umgebung zuzurechnen sind.

Man unterscheidet prinzipiell offene, geschlossene und isolierte Systeme (→ Abb. 3.3).

- Ein **offenes System** kann mit seiner Umgebung sowohl Energie als auch Materie austauschen, z. B. ein Becherglas mit kochendem Wasser.
- Ein **geschlossenes System** kann mit seiner Umgebung zwar keine Materie, aber Energie austauschen, beispielsweise eine Lösung in einem mit einem dichten Stopfen verschlossenen Reagenzglas, die man erhitzt und wieder abkühlen lässt.

- Ein **isoliertes oder abgeschlossenes System** kann mit seiner Umgebung weder Energie noch Materie austauschen. So stellt eine gasdicht verschlossene Thermoskanne ein annähernd isoliertes System dar.

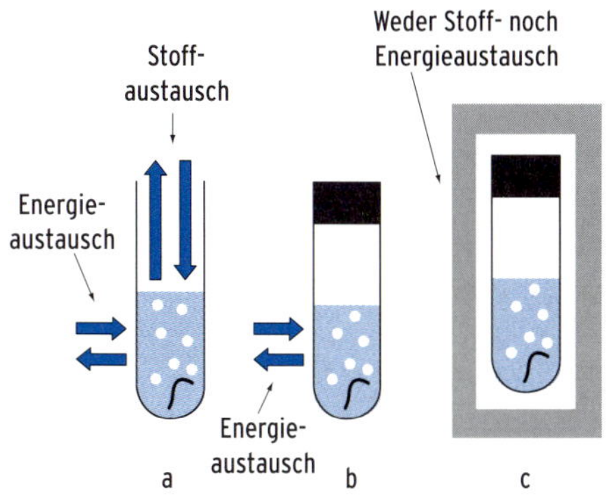

Abb. 3.3: Reaktion von Magnesiumdraht mit Salzsäure ($2\,HCl\,(aq) + Mg\,(s) \rightarrow H_2\,(g) + MgCl_2\,(aq)$) im offenen (a), geschlossenen (b) und isolierten System (c)

Bei chemischen Reaktionen können **Reaktionswärmen** entweder bei **konstantem Volumen** oder bei **konstantem Druck** gemessen werden.

- Wird bei konstantem Volumen gemessen, erhält man die **Reaktionsenergie** ΔU.
- Wird der Druck konstant gehalten, so misst man die **Reaktionsenthalpie** ΔH.

Da die meisten chemischen Reaktionen bei konstantem Druck – in der Regel bei Atmosphärendruck – ablaufen, werden vorzugsweise Reaktionsenthalpien gemessen und angegeben.

Aufgrund der Tatsache, dass der absolute Energieinhalt bzw. Enthalpieinhalt eines Systems sich weder messen noch berechnen lässt und somit nicht definiert ist, kann man nur Enthalpie**änderungen** angeben. Das Symbol „Δ“ im Größenzeichen ΔH weist auf eben diese Enthalpie-**Differenz** hin.

Die Reaktionsenthalpie ΔH ist somit die Reaktionswärme bei konstantem Druck.

Ihr Wert erhält bei **exothermen** Reaktionen ein negatives Vorzeichen: $\Delta H < 0$. Das System verliert Wärme Q an die Umgebung. Bei **endothermen** Reaktionen hat die Reaktionsenthalpie ein positives Vorzeichen: $\Delta H > 0$. Das System nimmt also Wärme Q aus der Umgebung auf.

Reaktionsenthalpien lassen sich z. B. mithilfe eines Kalorimeters (→ Abb. 3.4) bestimmen.

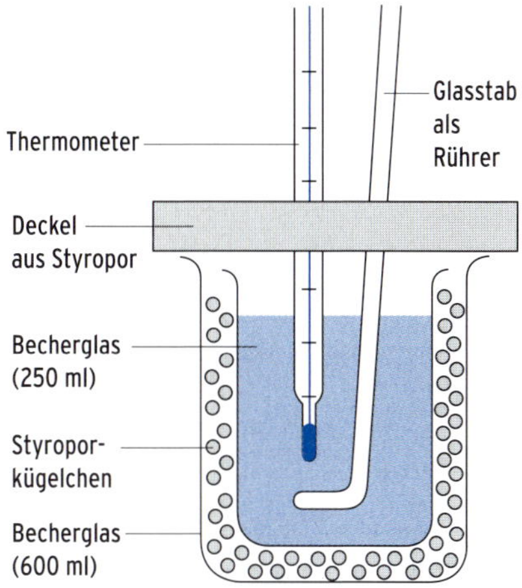

Abb. 3.4: Einfaches Kalorimeter

3.1.2 Berechnung von Reaktionsenthalpien

Enthalpieänderungen von Reaktionen können mit Werten der **molaren Standard-Bildungsenthalpien** $\Delta_f H_m^0$ („f“: engl. formation = Bildung; „m“: molar) berechnet werden, die aus Tabellenwerken entnommen werden können (→ Tab. 3.1).

Stoff	$\frac{\Delta_f H_m^0}{kJ \cdot mol^{-1}}$
$H_2O\,(g)$	−242
$H_2O\,(l)$	−285
$O_2\,(g)$	0
$H_2\,(g)$	0
$H\,(g)$	+218
$CaCO_3\,(s)$	−1207
$CaO\,(s)$	−635
$CO_2\,(g)$	+393
$Cu^{2+}\,(aq)$	+65
$Ag^{+}\,(aq)$	+106
$SO_2\,(g)$	−297
$SO_3\,(g)$	−396

Tab. 3.1: Molare Standardbildungsenthalpien

WISSEN: Energie

Energie kann weder geschaffen noch vernichtet werden. Energiearten können ineinander umgewandelt werden.

Die **Energie eines Systems** ist ein Maß für die Fähigkeit dieses Systems, Arbeit zu verrichten oder Wärme abzugeben.

Einheit der Energie ist das Joule: 1 J = 1 N·m.

Unter **Wärme** versteht man die Energie, die aufgrund einer Temperaturdifferenz zwischen einem System und seiner Umgebung übertragen wird.

Erhaltungssatz: Während einer chemischen Reaktion verändern sich weder Gesamtmasse noch die Gesamtenergie von Ausgangs- und Endstoffen.

Einige Energiearten:

Chemische Energie: Teil der Energie des Systems, der in chemischen Bindungen und zwischenmolekularen Wechselwirkungen gespeichert ist. Im Verlauf einer chemischen Reaktion wird durch Abbau und Neuaufbau von Bindungen ein Teil dieser chemischen Energie in andere Energiearten umgewandelt.

Kinetische Energie: Energie, die ein Objekt aufgrund seiner Bewegung besitzt.

Wärmeenergie: Energie, die ein Objekt aufgrund seiner Temperatur besitzt.

Molare Standard-Bildungsenthalpie

Die molare Standard-Bildungsenthalpie $\Delta_f H_m^0$ einer Verbindung entspricht der bei der Bildung von einem Mol der Verbindung bei Standardbedingungen aus den Elementen freigesetzten oder aufgenommenen Wärme.
Die Standardbedingungen („^{0}") beinhalten einen Druck von p = 1000 hPa und eine Temperatur von T = 298 K; die Einheit der molaren Standard-Bildungsenthalpie ist kJ·mol^{-1}.
Die molaren Standard-Bildungsenthalpien der **Elemente** sind für die stabilste Modifikation per definitionem auf Null gesetzt worden, da absolute Enthalpiewerte nicht messbar sind. Dabei ist auch zu beachten, dass die Werte der molaren Standard-Bildungsenthalpie immer für bestimmte Aggregatzustände der beteiligten Stoffe gelten. Ferner sind gebrochene Koeffizienten bei Reaktionsgleichungen erlaubt.
Zur Berechnung der molaren Standard-Bildungsenthalpie einer Verbindung wird die Summe der molaren Standard-Bildungsenthalpien der Edukte von der molaren Standard-Bildungsenthalpie des Produkts subtrahiert. Die Summe der molaren Standard-Bildungsenthalpien der Edukte ist in der Regel null, da die Standard-Bildungsenthalpien der Elemente null sind.

>> BEISPIELAUFGABE

Berechnung der molaren Standard-Bildungsenthalpie von flüssigem Wasser

Reaktionsgleichung:

$H_2(g) \quad + \quad \frac{1}{2}O(g) \quad \rightarrow \quad H_2O(l)$

Standard-Bildungsenthalpien:

0 kJ·mol^{-1}	0 kJ·mol^{-1}	−285 kJ·mol^{-1}
Edukt	Edukt	Produkt

Berechnung:

$$\Delta_f H_m^0(H_2O) = \Delta_f H_m^0(H_2O) - [\Delta_f H_m^0(H_2) + \Delta_f H_m^0(O_2)]$$

$$\Delta_f H_m^0(H_2O) = -285\,\text{kJ}\cdot\text{mol}^{-1} - [0\,\text{kJ}\cdot\text{mol}^{-1} + 0\,\text{kJ}\cdot\text{mol}^{-1}]$$

$$\Delta_f H_m^0(H_2O) = -285\,\text{kJ}\cdot\text{mol}^{-1}$$

Von der molaren Standard-Bildungsenthalpie zur molaren Reaktionsenthalpie

Wenn die molaren Standard-Bildungsenthalpien von allen an der chemischen Reaktion beteiligten Stoffen bekannt ist, lässt sich die **molare Reaktionsenthalpie bei Standardbedingungen** $\Delta_R H_m^0$ („R": Reaktionsenthalpie) berechnen. Dabei wird die Summe der molaren Standard-Bildungsenthalpien der Edukte von der Summe der molaren Standard-Bildungsenthalpien der Produkte subtrahiert:

$$\Delta_R H_m^0 = \Sigma \Delta_f H_m^0(\text{Produkte}) - \Sigma \Delta_f H_m^0(\text{Edukte})$$

>> BEISPIELAUFGABE

Berechnung der molaren Reaktionsenthalpie der Herstellung von Calciumoxid und Kohlenstoffdioxid aus Calciumcarbonat

Reaktionsgleichung:

$CaCO_3(s) \rightarrow CaO(s) + CO_2(g)$

Standard-Bildungsenthalpien:

$-1207\,kJ \cdot mol^{-1}$ $-635\,kJ \cdot mol^{-1}$ $-393\,kJ \cdot mol^{-1}$

Edukt Produkt Produkt

Berechnung:

$\Delta_R H_m^0 = \Delta_f H_m^0(CaO) + \Delta_f H_m^0(CO_2) - \Delta_f H_m^0(CaCO_3)$

$\Delta_R H_m^0 = -635\,kJ \cdot mol^{-1} - 393\,kJ \cdot mol^{-1} - [-1207\,kJ \cdot mol^{-1})]$

$\Delta_R H_m^0 = +179\,kJ \cdot mol^{-1}$ (endotherme Reaktion)

Merke: Die molare Standard-Reaktionsenthalpie bezieht sich immer auf eine bestimmte Reaktionsgleichung:

>> BEISPIELAUFGABE

Reduktion von in Wasser gelösten Silber-Ionen durch elementares Kupfer

a) **bezogen auf 1 mol Cu-Atome**

Reaktionsgleichung:

$Cu(s) + 2\,Ag^+(aq) \rightarrow Cu^{2+}(aq) + 2\,Ag(s)$

Berechnung:

$\Delta_R H_m^0 = \Delta_f H_m^0(Cu^{2+}) + 2 \cdot \Delta_f H_m^0(Ag) - [\Delta_f H_m^0(Cu) + 2 \cdot \Delta_f H_m^0(Ag^+)]$

$\Delta_R H_m^0 = +65\,kJ \cdot mol^{-1} + 2 \cdot 0\,kJ \cdot mol^{-1} - [0\,kJ \cdot mol^{-1} + 2 \cdot 106\,kJ \cdot mol^{-1}]$

$\Delta_R H_m^0 = -147\,kJ \cdot mol^{-1}$

b) **bezogen auf 1 mol Ag^+-Ionen (gebrochene Koeffizienten sind hierbei erlaubt!)**

Reaktionsgleichung:

$\frac{1}{2}Cu(s) + Ag^+(aq) \rightarrow \frac{1}{2}Cu^{2+}(aq) + Ag(s)$

Berechnung:

$\Delta_R H_m^0 = \frac{1}{2}\Delta_f H_m^0(Cu^{2+}) + \Delta_f H_m^0(Ag) - [\frac{1}{2}\Delta_f H_m^0(Cu) + \Delta_f H_m^0(Ag^+)]$

$\Delta_R H_m^0 = \frac{1}{2} \cdot (+65)\,kJ \cdot mol^{-1} + 0\,kJ \cdot mol^{-1} - \left[\frac{1}{2} \cdot 0\,kJ \cdot mol^{-1} + 106\,kJ \cdot mol^{-1}\right]$

$\Delta_R H_m^0 = -73{,}5\,kJ \cdot mol^{-1}$

3.1.3 Satz von HESS

In vielen Fällen können gleiche chemische Produkte auf verschiedenen Reaktionswegen hergestellt werden. Da auch für chemische Reaktionen der Energieerhaltungssatz gilt, spielt der Reaktionsweg keine Rolle. Schon 1840 wurde der **Satz von HESS** formuliert: **Die Reaktionsenthalpie ist unabhängig vom Reaktionsweg, sie hängt nur vom Ausgangs- und Endzustand des Systems ab.**

Wie aus dem Enthalpiediagramm (→ Abb. 3.5) hervorgeht, beträgt die molare Reaktionsenthalpie für die Herstellung von $SO_3(g)$ auf 1 mol Schwefel bezogen immer $-396\,kJ \cdot mol^{-1}$, gleichgültig, ob der Reaktionsweg über das Zwischenprodukt $SO_2(g)$ verläuft oder Schwefel direkt zu $SO_3(g)$ oxidiert wird.

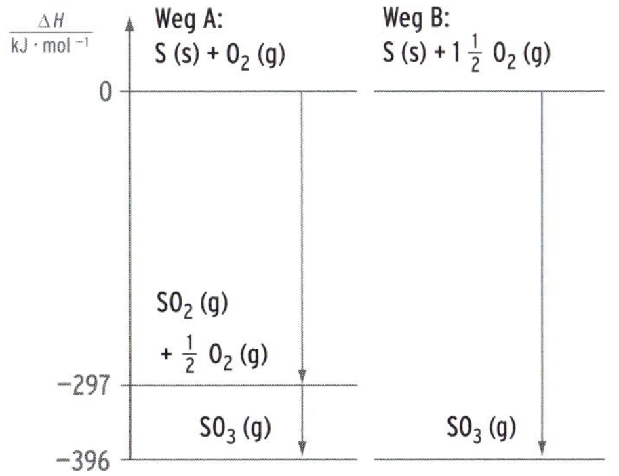

Abb. 3.5: Enthalpiediagramm der Reaktion von Schwefel mit Sauerstoff (Anwendung des Satzes von HESS)

Eine Anwendung des Satzes von Hess ist der **BORN-HABER-Kreisprozess** (vgl. S. 12) zur Bestimmung der **Gitterenthalpie** für Ionengitter, da diese Größe experimentell nicht messbar ist. Beim BORN-HABER-Kreisprozess werden die entscheidenden Reaktionsschritte für die Energiebilanz einer Reaktion zusammen aufgelistet.

>> BEISPIEL

Bildung von Kochsalz aus den Elementen:

$Na(s) + \frac{1}{2}Cl_2(g) \rightarrow NaCl(s)$;

$\Delta_f H_m^0 = -411\,kJ \cdot mol^{-1}$

Die Standard-Bildungsenthalpie setzt sich aus verschiedenen Enthalpiebeträgen zusammen (→ Abb. 3.6). Man muss Energie aufwenden, um Natrium zu verdampfen und zu ionisieren sowie um Chlor-Moleküle in Atome zu spalten. Hingegen wird Energie frei, wenn die Chlor-Atome Elektronen aufnehmen und Cl^--Ionen bilden. Der größte und entscheidenden Enthalpiebetrag, die Gitterenthalpie, wird bei der Bildung des Ionengitters aus gasförmigen Na^+-Ionen und Cl^--Ionen freigesetzt. Die Gitterenthalpie ist ein Maß für die Festigkeit der Ionenbindung.

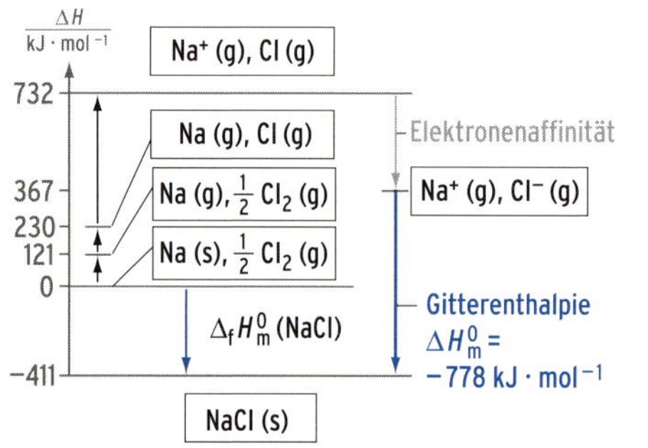

Abb. 3.6: BORN-HABER-Kreisprozess zur Bestimmung der Gitterenthalpie bei der Kochsalz-Bildung

3.1.4 Bindungsenthalpien

Bei zweiatomigen Molekülen wie dem H_2-Molekül lässt sich die Energie, die benötigt wird, um die Elektronenpaarbindung zu spalten, experimentell bestimmen.
Die molare Standard-Bindungsenthalpie $\Delta_B H^0_m$ (oder einfach „Bindungsenthalpie“) ist bei einem zweiatomigen Molekül die Energie, die man unter Standardbedingungen (25 °C; 1000 hPa) benötigt, um ein Mol Moleküle des gasförmigen Stoffes in Atome zu spalten (→ Tab. 3.2).

>> BEISPIEL

$H_2(g) \rightarrow 2\,H(g)$; $\Delta_B H^0_m = +436\,kJ \cdot mol^{-1}$

Einfachbindungen

	C	H	O	N
C	348	413	358	305
H	413	436	463	391
O	358	463	146	201
N	305	391	201	163

H–F	567	C–F	489	F–F	159
H–CL	431	C–Cl	339	Cl–Cl	242
H–Br	366	C–Br	285	Br–Br	193
H–I	298	C–I	218	I–I	151

Mehrfachbindungen

C=C	614	N=N	418	O=O	498
C=O	745	N=O	607		
N≡N	945	C≡C	839	C≡N	891

Tab. 3.2: Durchschnittliche molare Bindungsenthalpien Werte für 25 °C in $kJ \cdot mol^{-1}$

MERKE:

Um eine Bindung zu lösen, ist immer Energie zuzuführen, bei der Bildung einer Bindung wird immer Energie frei.

Bei mehratomigen Molekülen lässt sich die Bindungsenthalpie nicht experimentell messen. Sie muss aus messbaren Größen berechnet werden. Man erhält einen Durchschnittswert, die **mittlere Bindungsenthalpie**. Will man die mittlere Bindungsenthalpie der C–H-Bindung im Methan-Molekül (CH_4) bestimmen, braucht man neben der Standard-Bildungsenthalpie von Methan die Sublimationsenthalpie $\Delta_S H^0_m$ von Kohlenstoff und die Bindungsenthalpie von Wasserstoff:

$C(s) \rightarrow C(g)$; $\Delta_S H^0_m = +717\,kJ \cdot mol^{-1}$
$2\,H_2(g) \rightarrow 4\,H(g)$; $\Delta_B H^0_m = +872\,kJ \cdot mol^{-1}$
$CH_4(g) \rightarrow C(s) + 2\,H_2(g)$;
$\Delta_f H^0_m = +75\,kJ \cdot mol^{-1}$

$CH_4(g) \rightarrow C(g)\,4\,H(g)$;
$\Delta_R H^0_m = +1664\,kJ \cdot mol^{-1}$

Die Bindungsenthalpie einer einzigen C–H-Bindung entspricht einem Viertel dieser Energie, also $416\,kJ \cdot mol^{-1}$. Nach dieser Methode kann man die mittlere Bindungsenthalpie der C–H-Bindung auch in anderen Molekülen berechnen. Der Tabellenwert für die C–H-Bindung von $413\,kJ \cdot mol^{-1}$ (→ Tab. 3.2) ist ein Mittelwert für eine Fülle von Kohlenwasserstoffen.

3.2 Entropie

Es gibt viele endotherme chemische Reaktionen, die freiwillig ablaufen. So löst sich z. B. Kaliumnitrat unter Abkühlung in Wasser:

$KNO_3(s) \xrightarrow{Wasser} K^+(aq) + NO_3^-(aq)$
$\Delta_R H^0_m = +35\,kJ \cdot mol^{-1}$

Ein weiteres Beispiel für eine spontan ablaufende endotherme Reaktion ist die Umsetzung von festem Natriumhydrogencarbonat mit Salzsäure, bei der Kohlenstoffdioxid, Wasser und gelöstes Kochsalz entstehen:

$NaHCO_3(s) + HCl(aq)$
$\rightarrow Na^+(aq) + Cl^-(aq) + CO_2(g) + H_2O(l)$

Da diese chemischen Reaktionen ablaufen, obwohl sie nicht exotherm sind, kann die Enthalpie nicht der einzige Faktor für die Triebkraft einer chemischen Reaktion sein.

Bei der genauen Untersuchung spontan ablaufender endothermer Reaktionen fällt auf, dass sich die Edukte meist in einem höher geordneten Zustand als die Produkte befinden. Die Edukte liegen häufig als Feststoffe in einem Kristallgitter vor, die Produkte treten meist im gasförmigen oder flüssigen Zustand auf. Das heißt, im Endzustand der betrachteten Reaktionen herrscht eine größere Unordnung als im Ausgangszustand. **Die Zunahme der Unordnung ist** neben der Enthalpie **ein weiterer Faktor für die Triebkraft einer chemischen Reaktion.**

Zur Beschreibung des Ordnungszustandes eines Systems wird der Begriff **Entropie** verwendet. Die Entropie ist eine Größe, deren Wert mit steigender Unordnung zunimmt. Wenn also bei einer Reaktion aus einer Flüssigkeit ein Gas entsteht, nimmt der Unordnungsgrad zu und somit steigt die Entropie (Abb. 3.7).

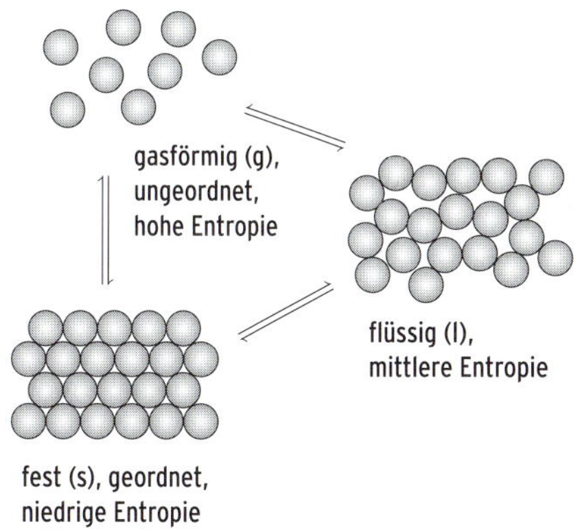

Abb. 3.7: Aggregatzustand und Entropie

Der Österreicher **Ludwig BOLTZMANN** hat eine Beziehung formuliert, mit der man die **Entropie *S*** einer Substanz bei jeder beliebigen Temperatur berechnen kann:

$$S = k \cdot \ln W$$

Die **BOLTZMANN-Konstante *k*** ist der Quotient aus der allgemeinen Gaskonstante und der AVOGADRO-Konstante:

$$k = R \cdot N_A^{-1}$$

Ihr Wert beträgt $1{,}38 \cdot 10^{-23}\ \mathrm{J \cdot K^{-1}}$

„*W*" steht für die Unordnung des Systems und gibt an, auf wie viele verschiedene Arten sich Atome oder Moleküle einer Portion – ohne Änderung der Gesamtenergie – anordnen lassen. Dies kann man sich an einem perfekt geordneten, also idealen Kristall aus einer Portion von zehn HCl-Molekülen am absoluten Nullpunkt folgendermaßen vorstellen:
Am absoluten Nullpunkt ($T = 0\ \mathrm{K}$) bewegen sich die HCl-Teilchen im Gitter nicht mehr, das Volumen ist das kleinstmögliche. Die Teilchen sind im Gitter absolut gleichmäßig ausgerichtet (Abb. 3.8). Da keine Unordnung in der HCl-Portion herrscht, ist die Entropie null. Aufgrund der Tatsache, dass es nur **eine** mögliche Anordnung der Moleküle zu einem perfekten Kristall gibt, wird *W* gleich 1 gesetzt. Der natürliche Logarithmus von 1 ist null, somit wird *S* ebenfalls null:

$$S = k \cdot \ln 1$$
$$S = 1{,}38 \cdot 10^{-23}\ \mathrm{J \cdot K^{-1}} \cdot 0 = 0$$

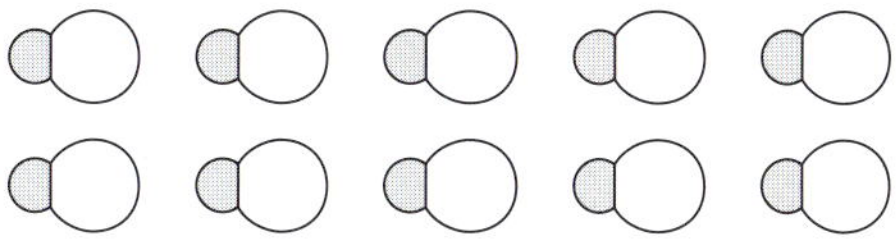

Abb. 3.8: Portion von zehn HCl-Molekülen, die in einem idealen Kristall angeordnet sind: Die Moleküle sind gleichmäßig ausgerichtet. $T = 0\ \mathrm{K}$, $S = 0$, da höchste Ordnung vorliegt.

In einer weiteren Betrachtung soll jedes Teilchen in diesem Kristall zwei Ausrichtungsmöglichkeiten annehmen können (Abb. 3.9). Für die zehn Teilchen gibt es dann zusammen

$$W = 2 \cdot 2 \cdot 2 \cdot 2 \cdot \ldots = 2^{10}$$

Möglichkeiten, sich zu orientieren.

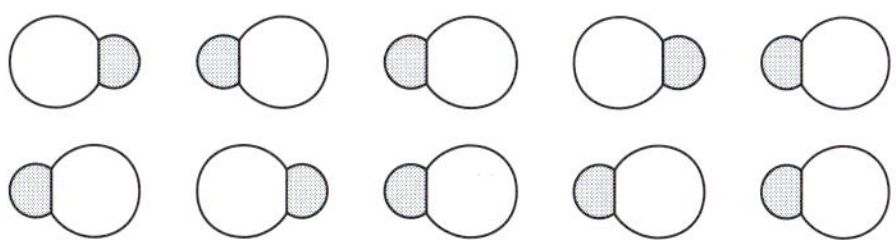

Abb. 3.9: Portion von zehn HCl-Molekülen in einem Kristall, wobei die Moleküle unterschiedlich ausgerichtet sind. $T = 0\ \mathrm{K}$, $S > 0$, da Unordnung vorhanden ist.

Daher ist die Entropie des nunmehr ungeordneten Kristalls:

$$S = k \cdot \ln 2^{10}$$

$S = 1{,}38 \cdot 10^{-23} \text{J} \cdot \text{K}^{-1} \cdot \ln 2^{10}$
$S = 9{,}565 \cdot 10^{-23} \text{J} \cdot \text{K}^{-1}$
Die Entropie ist somit größer als null. Da Teilchenportionen in der Regel in Größenordnungen von 10^{23} vorliegen, ergeben sich normalerweise Werte für die Entropie, die sich im Einer- bis Hunderterbereich bewegen. Darüber hinaus zeigt das Beispiel, dass absolute Entropiewerte existieren.

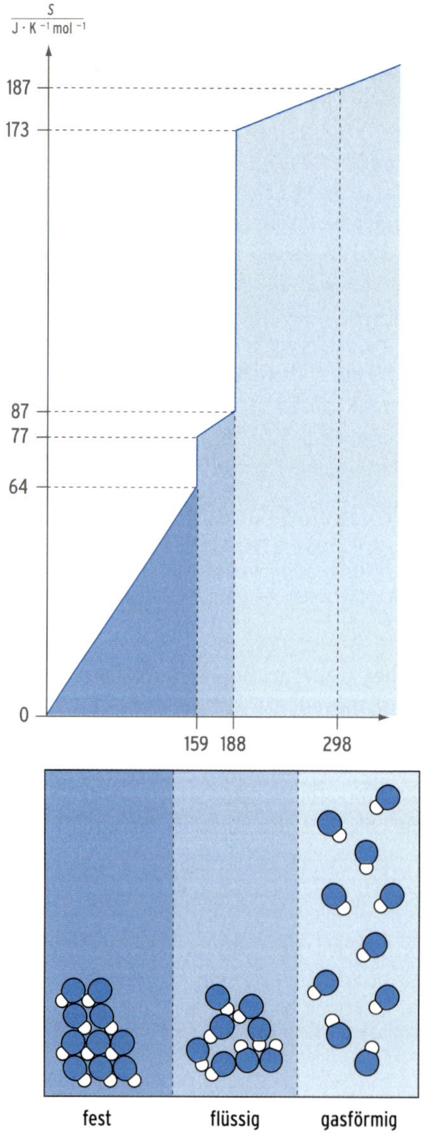

Abb. 3.10: Abhängigkeit der Entropie von der Temperatur bei Chlorwasserstoff

Entropieänderungen ΔS bei chemischen Reaktionen können mithilfe der Werte der **molaren Standard-Bildungsentropie** ΔS^0_m (1000 hPa, 298 K) berechnet werden, die aus Tabellenwerken zu entnehmen sind. Die Werte sind in $\text{J} \cdot \text{mol}^{-1} \cdot \text{K}^{-1}$ angegeben. Die molare Standard-Bildungsentropie ist als die Entropieänderung, die mit der Bildung von einem Mol einer Verbindung bei Standardbedingungen aus den Elementen einhergeht, definiert.
Die **molare Standard-Reaktionsentropie** $\Delta_R S^0_m$ lässt sich in folgender Weise aus den molaren Standard-Bildungsentropien berechnen:

$\Delta_R S^0_m = \Sigma \Delta S^0_m \text{(Produkte)} - \Sigma \Delta S^0_m \text{(Edukte)}$

Ist $\Delta_R S^0_m$ positiv, so nimmt die Entropie beim Ablauf der Reaktion zu, es entsteht also ein System mit einem geringeren Ordnungsgrad. Ist der Wert für $\Delta_R S^0_m$ negativ, so nimmt die Entropie ab.

3.3 Freie Enthalpie

Josiah GIBBS verknüpfte 1873 Enthalpie und Entropie zu einer neuen Größe G, der **freien Enthalpie** oder **GIBBS'schen Energie**. Dabei ist die freie Enthalpie die Differenz aus der (Gesamt-)Enthalpie H und dem Produkt aus Temperatur T und Entropie S eines Systems:

$G = H - T \cdot S$

Die freie Enthalpie G wird deswegen als **frei** bezeichnet, weil sie denjenigen Anteil der Gesamtenthalpie H eines Systems darstellt, welcher noch soweit geordnet ist, dass er für eine Arbeit **frei** zur Verfügung steht. Das Entropieglied „$T \cdot S$" hingegen beschreibt den Anteil an der Gesamtenthalpie H, der bereits ungeordnet ist und nicht mehr in Arbeit umgewandelt werden kann. Änderungen von Enthalpie und Entropie führen bei einem Vorgang, der bei konstanter Temperatur und bei konstantem Druck abläuft, zur Änderung der freien Enthalpie:

$\Delta G = \Delta H - T \cdot \Delta S$ **(Gibbs-Helmholtz-Gleichung)**

Entsprechend gilt für chemische Reaktionen:

$\Delta_R G_m = \Delta_R H_m - T \cdot \Delta_R S_m$

Die Änderung der **molaren freien Reaktionsenthalpie** $\Delta_R G^0_m$ ist gleich der maximal möglichen Arbeit, die das stoffliche System im Verlauf einer Reaktion verrichten kann. Das Entropieglied „$T \cdot \Delta S$" ist der Anteil der (Gesamt-) Enthalpieänderung des Systems, der als thermische und chemische Energie in den Teilchen gespeichert wird und somit dem System nicht verloren geht.

Auch die molare freie Standard-Reaktionsenthalpie $\Delta_R G_m^0$ kann mithilfe von tabellierten Werten der **molaren freien Standard-Bildungsenthalpien** $\Delta_f G_m^0$ berechnet werden:

$$\Delta_R G_m^0 = \Sigma \Delta_f G_m^0 \textbf{ (Produkte)} - \Delta_f G_m^0 \textbf{ (Edukte)}$$

Wenn die Änderung der freien Enthalpie $\Delta_R G_m^0$ negativ ist ($\Delta_R G_m^0 < 0$), läuft eine Reaktion **freiwillig** ab und es kann dabei physikalisch Arbeit geleistet werden. Derartige Reaktionen bezeichnet man als **exergonisch**. Ist $\Delta_R G_m^0 > 0$, so kann die Reaktion **nicht spontan** ablaufen, sie kann aber durch Arbeit erzwungen werden. Solche Reaktionen werden als **endergonisch** bezeichnet.

MERKE:

Die Begriffe **endergonisch** und **exergonisch** dürfen nur in Zusammenhang mit dem Begriff „freie Enthalpie" verwendet werden, wohingegen **exotherm** und **endotherm** nur in Verknüpfung mit dem Begriff „Enthalpie" gebraucht werden dürfen.

3.4 Entropie und Enthalpie im Zusammenspiel

Reaktionen laufen immer spontan, das heißt, freiwillig ab, wenn die Enthalpie abnimmt ($\Delta H < 0$) und die Entropie zunimmt. Typisches Beispiel hierfür ist die Verbrennungsreaktion von Pentan mit Sauerstoff (→ Abb. 3.11, a). Die Reaktion ist stark exotherm, durch die Anzahl der dabei entstehenden gasförmigen Teilchen steigt die Entropie an.

$$C_5H_{12}(l) + 8\,O_2(g) \rightarrow 5\,CO_2(g) + 6\,H_2O(g); \quad \Delta_R G_m^0 = -3336\,kJ \cdot mol^{-1}$$

Für den spontanen erfolgreichen Ablauf einer Reaktion ist es also günstig, wenn nach dem Prinzip des Energieminimums $\Delta H < 0$ und wenn nach dem Prinzip des Entropiemaximums $\Delta S > 0$ ist.

Reaktionen laufen nie freiwillig ab, wenn die Enthalpie zunimmt ($\Delta H > 0$) und die Entropie abnimmt ($\Delta S < 0$). So reagiert Sauerstoff nie freiwillig zu Ozon, da die Reaktion endotherm ist und die Teilchenzahl kleiner wird, das heißt die Ordnung zunimmt (→ Abb. 3.11, b).

$$3\,O_2(g) \rightarrow 2\,O_3(g); \quad \Delta_R G_m = +327\,kJ \cdot mol^{-1}$$

Endotherme Reaktionen können nur ablaufen, wenn eine bestimmte Temperatur überschritten wird, sodass das Produkt „$T \cdot \Delta S$" größer als ΔH und auf diese Weise ΔG negativ wird. Mit steigender Temperatur wächst der Einfluss von ΔS auf den Reaktionsverlauf. Als Beispiel hierfür kann man die Reaktion von Wasser mit Kohlenstoff nennen, die bei Zimmertemperatur nicht abläuft, aber bei 1000 K aufgrund des hohen Entropiewertes möglich wird, obwohl die Reaktion endotherm ist (Abb. 3.11, c).

$$H_2O(g) + C(s) \rightarrow CO(g) + H_2(g)$$
$$\Delta_R G_m^0 (298\,K) = +92\,kJ \cdot mol^{-1}$$
$$\Delta_R G_m^0 (1000\,K) = -3\,kJ \cdot mol^{-1}$$

Exotherme Reaktionen mit abnehmender Entropie können nur unterhalb einer bestimmten Temperatur freiwillig ablaufen, solange $|T \cdot \Delta S| < |\Delta H|$ ist, z. B. reagiert Stickstoffdioxid bei Zimmertemperatur exotherm zu Distickstofftetraoxid. Bei 400 K läuft diese Reaktion jedoch nicht mehr ab, da sie nun endergonisch geworden ist (→ Abb. 3.11, d).

$$2\,NO_2(g) \rightarrow N_2O_4(g)$$
$$\Delta_R G_m^0 (298\,K) = -5\,kJ \cdot mol^{-1}$$
$$\Delta_R G_m^0 (400\,K) = +13\,kJ \cdot mol^{-1}$$

3.5 Zusammenfassung und Rückblick

Bei tiefen Temperaturen entscheidet hauptsächlich ΔH über den Ablauf einer chemischen Reaktion, bei hohen Temperaturen gewinnt ΔS zunehmend an Bedeutung. Das Entropieglied $T \cdot \Delta S$ ist also unter Umständen in der Lage, den Verlauf einer chemischen Reaktion umzukehren.

Die Triebkraft chemischer Reaktionen besteht in der Abnahme der Enthalpie und der Zunahme der Entropie. Beide Faktoren sind in der freien Enthalpie zusammengefasst. **Somit liegt die Triebkraft chemischer Reaktionen in der Abnahme der freien Enthalpie.**

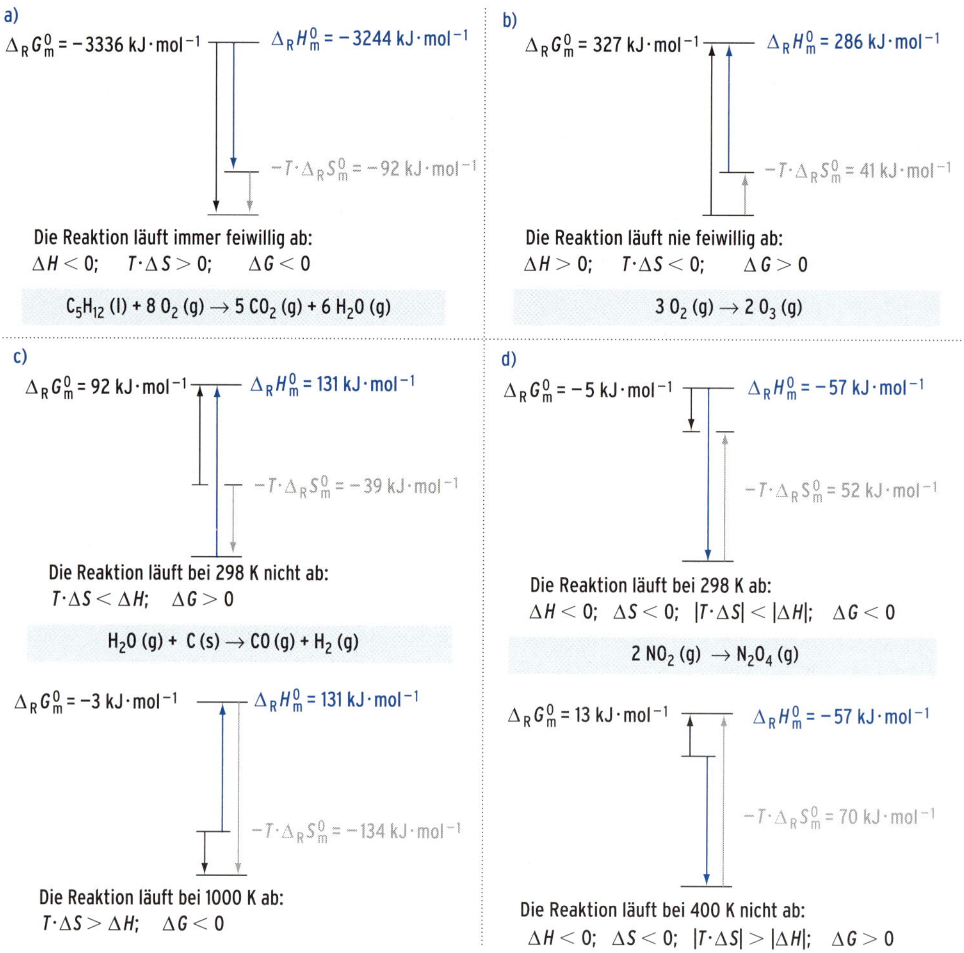

Abb. 3.11 a) – d): Entropie und Enthalpie im Zusammenspiel: Typen verschiedener Reaktionen

Enthalpieänderung ΔH	Entropieänderung ΔS	T	Freie Enthalpieänderung $\Delta G = \Delta H - T \cdot \Delta S$	Erläuterung
< 0; exotherm	> 0; Zunahme	klein groß	< 0; exergonisch < 0; exergonisch	in beiden Fällen spontane Reaktionen
< 0; exotherm	< 0; Abnahme	klein groß	< 0; exergonisch > 0; endergonisch	spontane Reaktion nur bei niedrigen Temperaturen
> 0; endotherm	< 0; Abnahme	klein groß	> 0; endergonisch > 0; endergonisch	in keinem Fall spontane Reaktionen
> 0; endotherm	> 0; Zunahme	klein groß	> 0; endergonisch < 0; exergonisch	nur bei hohen Temperaturen spontaner Reaktionsablauf

Tab. 3.3: Auswirkung von Enthalpie- und Entropieänderung auf den freiwilligen Ablauf von chemischen Reaktionen

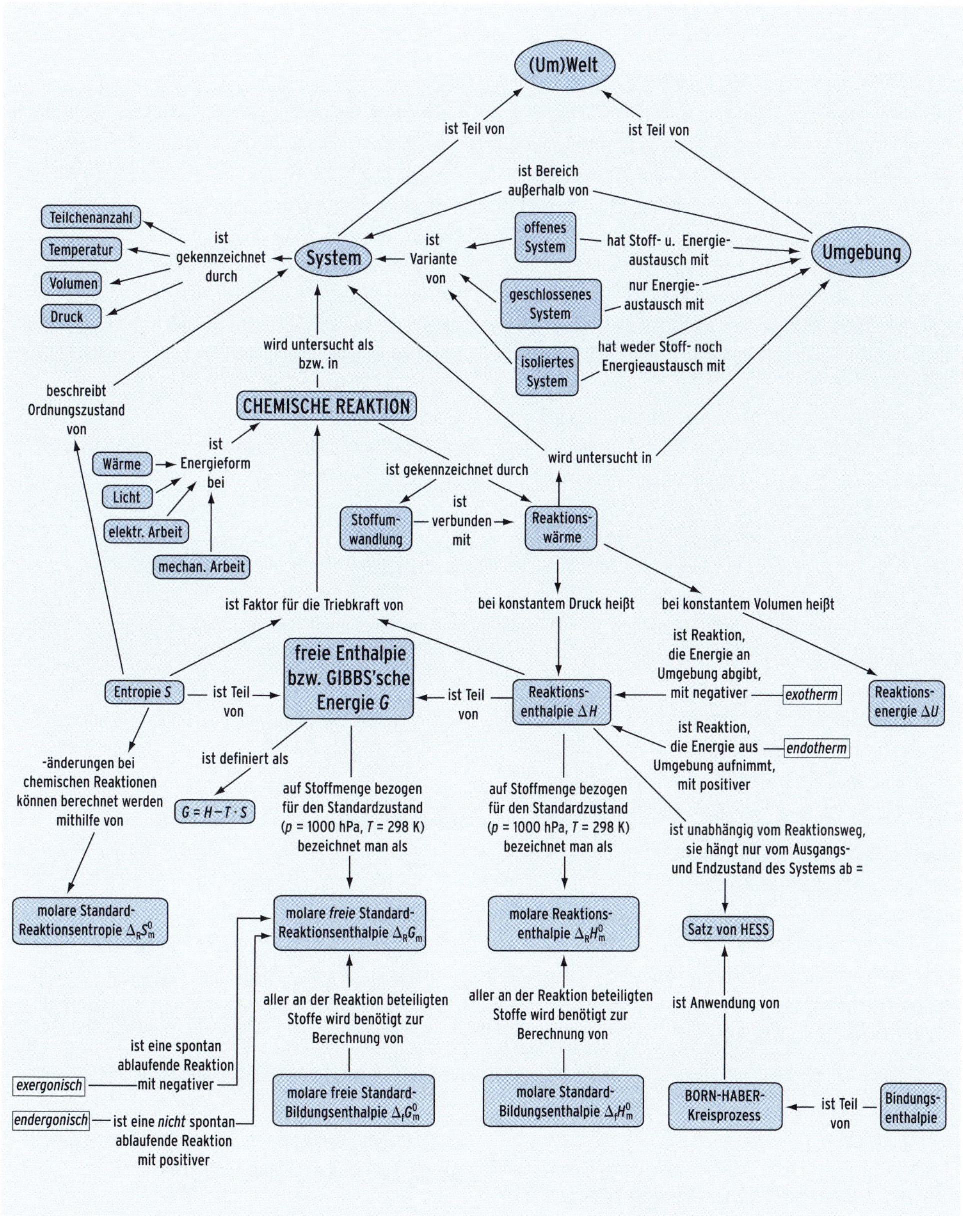

Abb. 3.12: Das Basiskonzept „Energie" als Begriffsnetzdarstellung
(Der Übersicht halber sind nicht alle möglichen Verknüpfungen eingezeichnet worden.)

4_Reaktionsgeschwindigkeit

BASISKONZEPT: Reaktionsgeschwindigkeiten

Mithilfe des Energie-Konzepts (→ Seite 24) kann man berechnen, ob eine chemische Reaktion freiwillig abläuft oder nicht. Wie schnell sie allerdings abläuft, lässt sich mit Energiebetrachtungen nicht vorhersagen, da der Faktor „Zeit", der Bestandteil der Größe „Geschwindigkeit" ist, hier keine Berücksichtigung findet. Da manche chemische Reaktionen wie die Knallgasreaktion in Sekundenbruchteilen ablaufen, andere Reaktionen wie das Rosten des Eisens Wochen bis Monate dauern, sind Kenntnisse über die Geschwindigkeiten chemischer Reaktionen auch von großer praktischer Bedeutung und im „Konzept der Reaktionsgeschwindigkeiten" zusammengefasst. Ausschlaggebend für die Höhe der Reaktionsgeschwindigkeit sind neben der Natur der beteiligten Stoffe Faktoren wie **Zerteilungsgrad**, **Stoffkonzentration**, **Temperatur** und **Katalysatoren**.

Auf der **Teilchenebene** sind diese Faktoren genauso bedeutsam. So müssen die reagierenden Teilchen eine genügend große Geschwindigkeit besitzen, die temperaturabhängig ist, damit sich beim Zusammenstoß eine neue Verbindung ergibt. Außerdem müssen die Teilchen für einen reaktionswirksamen Zusammenstoß richtig räumlich zueinander orientiert sein, was durch bestimmte Katalysatorentypen begünstigt wird.

Genaue Analysen in Zusammenhang mit der Reaktionsgeschwindigkeit tragen bei vielen chemischen Reaktionen zur Klärung des Reaktionsmechanismus bei. Durch Anwendung des Reaktionsgeschwindigkeits-Konzepts bei chemischen Produktionsprozessen kann die Herstellung von Produkten optimiert werden und so Energie eingespart werden kann.

Merke: Die Reaktionsgeschwindigkeit verschiedener chemischer Reaktionen ist unterschiedlich groß und wird von den Faktoren Zerteilungsgrad, Konzentration, Temperatur und Katalysator beeinflusst.

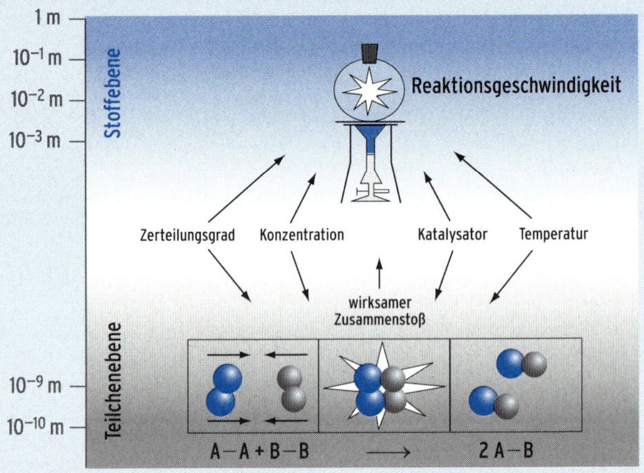

Abb. 4.1: Basiskonzept Reaktionsgeschwindigkeit im Überblick

4.1 Definition

Die Geschwindigkeit einer Reaktion entspricht der zeitlichen Änderung der Konzentration eines an der Reaktion beteiligten Stoffes.

Die **Reaktionsgeschwindigkeit** v definiert man als Konzentrationsänderung Δc der Ausgangsstoffe oder der Produkte pro Zeitintervall Δt:

$$v = \frac{\Delta c(\text{Produkt})}{\Delta t} = -\frac{\Delta c(\text{Ausgangsstoff})}{\Delta t}$$

(Vor dem letzten Term steht ein Minuszeichen, da c(Ausgangsstoff) abnimmt.)

4.2 Abhängigkeit vom Zerteilungsgrad (von der Oberfläche)

Damit reaktionsfähige Teilchenarten miteinander reagieren können, müssen sie zusammenstoßen. Je größer die Zahl (erfolgreicher) Zusammenstöße pro Zeiteinheit ist, desto größer ist die Reaktionsgeschwindigkeit.

Bei Stoffen, die in verschiedenen Phasen vorliegen, können Teilchen nur dann reagieren, wenn sie an der Phasengrenzfläche miteinander zusammenstoßen.

Mit dem Zerteilungsgrad eines Stoffes wird die Oberfläche und damit die Phasengrenzfläche größer. Die Reaktionsgeschwindigkeit nimmt daher mit dem Zerteilungsgrad zu.

4.3 Konzentrationsabhängigkeit und Geschwindigkeitsgleichung

Trägt man die Reaktionsgeschwindigkeit in Abhängigkeit von der Konzentration des reagierenden Stoffes auf, so erhält man ein Geschwindigkeits/Konzentrations-Diagramm. Die Reaktionsgeschwindigkeit ist dabei proportional zur Konzentration: $v \sim c$.

Es gilt daher die Geschwindigkeitsgleichung $v = k \cdot c$. Da bei Gasen die Konzentration proportional dem Druck ist, gilt für Gase entsprechend $v = k \cdot p$.
Die **Proportionalitätskonstante k** ist dabei die **Geschwindigkeitskonstante**. Sie ist charakteristisch für eine Reaktion bei konstanter Temperatur.

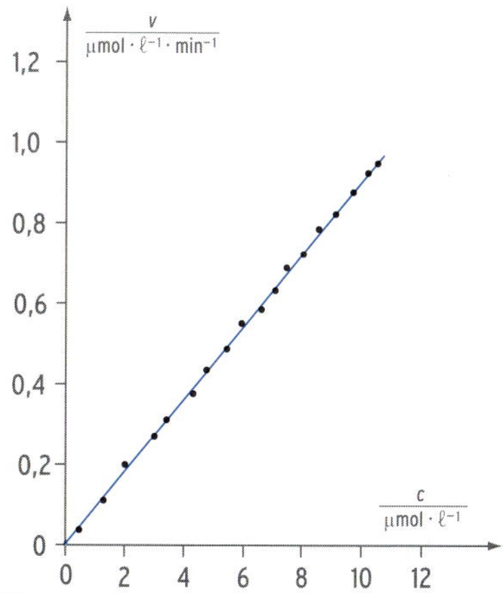

Abb. 4.2: Reaktionsgeschwindigkeit in Abhängigkeit von der Konzentration

Reagieren zwei Teilchenarten A und B miteinander, so nimmt die Zahl erfolgreicher Zusammenstöße zwischen Teilchenart A und Teilchenart B mit der Konzentration an A und B zu. Die Reaktionsgeschwindigkeit ist proportional zum Produkt der Konzentrationen an A und an B (Stoßtheorie). Es gilt daher die **Geschwindigkeitsgleichung**

$v = k \cdot c(A) \cdot c(B)$.

4.4 Temperaturabhängigkeit

Trägt man die Reaktionsgeschwindigkeit in Abhängigkeit von der Temperatur auf, so gilt für viele Reaktionen die **R**eaktions**g**eschwindigkeits/**T**emperatur-Regel (**RGT-Regel**): Die Reaktionsgeschwindigkeit steigt auf das Doppelte bis Vierfache, wenn man die Temperatur um 10 °C erhöht.

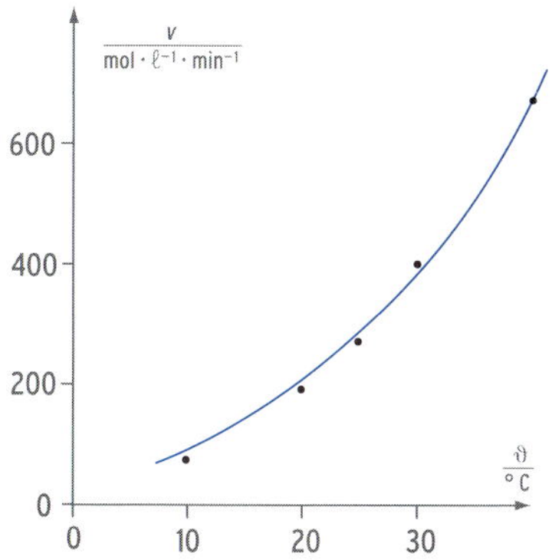

Abb. 4.3: Reaktionsgeschwindigkeit in Abhängigkeit von der Temperatur

Nach BOLTZMANN haben gleichartige Teilchen auch bei gleichbleibender Temperatur unterschiedliche Energie.
Für einen erfolgreichen Zusammenstoß müssen die Teilchen aber eine bestimmte Mindestenergie E_{min} besitzen. Erhöht man die Temperatur, so nimmt der Bruchteil der Teilchen mit dieser Mindestenergie zu, die Reaktionsgeschwindigkeit steigt daher bei Erwärmung exponentiell an.

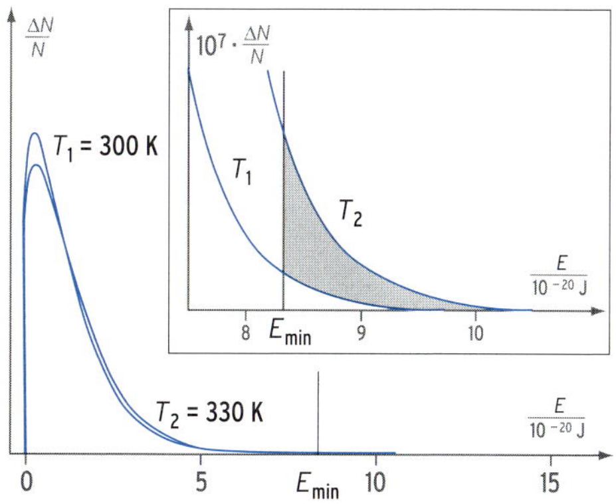

Abb. 4.4: Energieverteilung nach BOLTZMANN für verschiedene Temperaturen

4.5 Katalysatoren

>> DEFINITION

Katalysatoren sind Stoffe, die eine Reaktion beschleunigen, am Ende aber wieder in der ursprünglichen Form vorliegen.

Im Reaktionsverlauf sind **Katalysatoren** an der Bildung von Zwischenstufen beteiligt. Dadurch ergibt sich ein Reaktionsweg mit geringerer **Aktivierungsenergie** und daher mit einer größeren Reaktionsgeschwindigkeit. Die Aktivierungsenergie entspricht gerade der Mindestenergie E_{min} der zusammenstoßenden Teilchen. Bei einer **heterogenen Katalyse** liegen Katalysator und Edukte in verschiedenen Aggregatzuständen vor.

Beispiele:

a) $2\,H_2 + O_2 \xrightarrow{\text{Platin}} 2\,H_2O$

In Gegenwart von Platin entzündet sich Wasserstoff an der Luft schon bei Raumtemperatur: Die Wasserstoff-Moleküle dissoziieren an der Platinoberfläche. Der so gebildete atomare Wasserstoff reagiert dann mit an der Metalloberfläche gebundenen Sauerstoff-Molekülen.

b) $2\,H_2O_2 \xrightarrow{MnO_2} 2\,H_2O + O_2$

Bei einer **homogenen Katalyse** liegen Katalysator und Edukt in gleicher Phase vor.

Beispiel: $2\,H_2O_2 \xrightarrow{\text{Iodid-Ionen}} 2\,H_2O + O_2$

Der Zerfall von Wasserstoffperoxid in wässriger Lösung wird von vielen Katalysatoren beschleunigt. Dabei wird z. B. bei Iodid-Ionen als Katalysator die Zwischenverbindung IO^- gebildet.

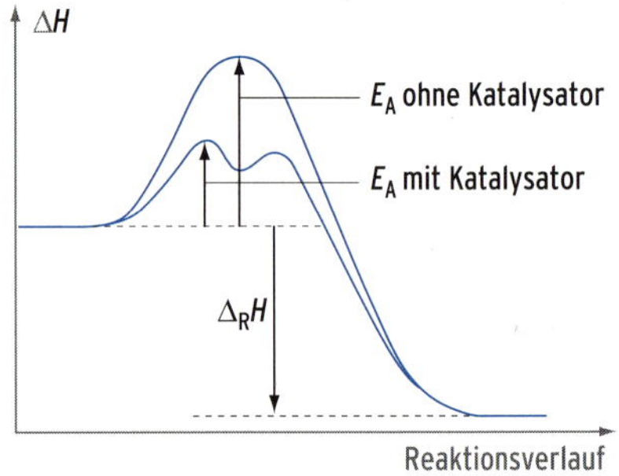

Abb. 4.5: Energiediagramm einer Reaktion mit und ohne Katalysator

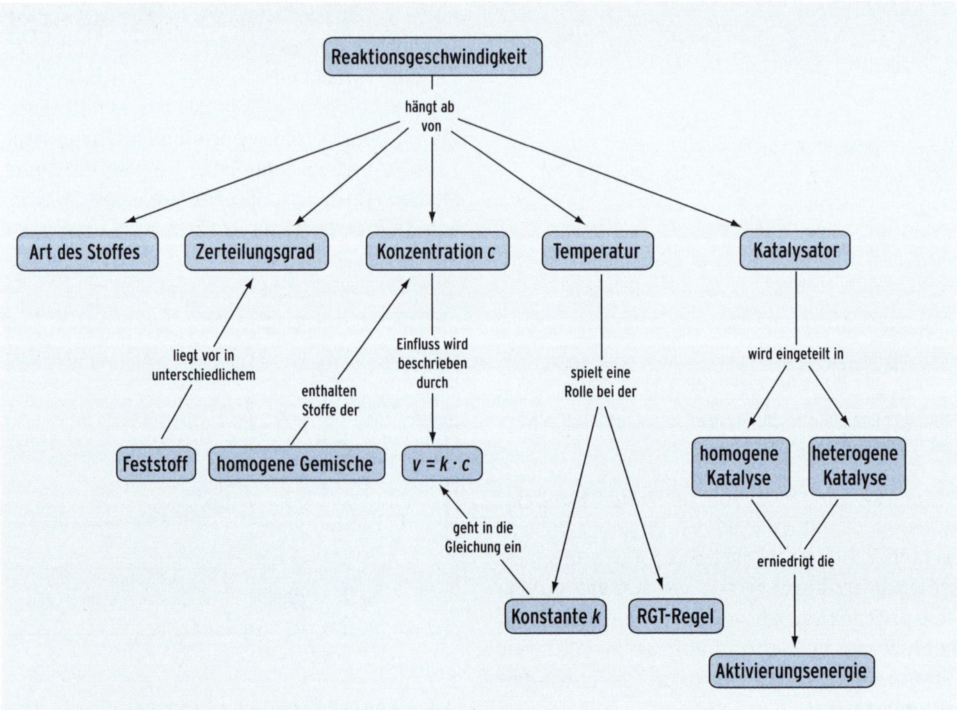

Abb. 4.6: Zusammenfassung zum Thema „Reaktionsgeschwindigkeit"

5_Chemisches Gleichgewicht

BASISKONZEPT: Chemisches Gleichgewicht

In geschlossenen Systemen laufen viele chemische Reaktion nicht vollständig ab. Es stellt sich ein stabiles Konzentrationsverhältnis zwischen Ausgangs- und Endstoffen ein, das sich mathematisch beschreiben lässt. Vorhersagen über den quantitativen Verlauf einer chemische Reaktion in einem geschlossenen System sind somit möglich.

Obwohl sich nach Einstellung dieses statisch erscheinenden Gleichgewichts auf der **Stoffebene** der Eindruck vermittelt, die chemische Umsetzung sei abgeschlossen, laufen auf der **Teilchenebene** immer noch Hin- und Rückreaktion ab, wobei die Reaktionsgeschwindigkeiten der Hin- und Rückreaktion gleich groß sind. Aufgrund dieser Dynamik auf Teilchenebene wird das chemische Gleichgewicht auch als **dynamisches Gleichgewicht** bezeichnet. Durch Änderung der Faktoren wie Temperatur, Druck und Konzentration kann das chemische Gleichgewicht gestört werden, was zu einer Verschiebung der Gleichgewichtslage in die Richtung führt, in der die Folgen der Störung verringert werden.

Merke: Bei vielen reversiblen chemischen Reaktionen stellt sich im geschlossenen System ein dynamischer Gleichgewichtszustand zwischen Ausgangs- und Endstoffen ein.

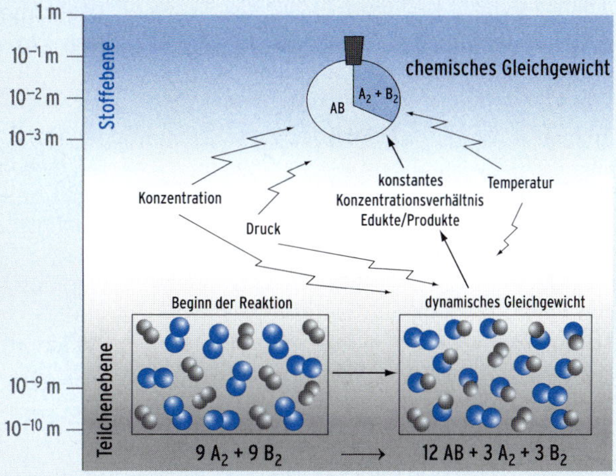

Abb. 5.1: Basiskonzept des chemischen Gleichgewichts

5.1 Umkehrbare Reaktionen und chemisches Gleichgewicht

Reaktionen sind prinzipiell umkehrbar. Dabei wird bei der **Rückreaktion** derselbe Energiebetrag umgesetzt wie bei der **Hinreaktion**, allerdings mit umgekehrtem Vorzeichen.

>> BEISPIELE

$I_2(g) + H_2(g) \rightarrow 2\,HI(g)$;
$\Delta_R H_m^0 = -10\,kJ \cdot mol^{-1}$ (exotherme Reaktion)
$2\,HI(g) \rightarrow H_2(g) + I_2(g)$;
$\Delta_R H_m^0 = +10\,kJ \cdot mol^{-1}$ (endotherme Reaktion)

Chemisches Gleichgewicht

In einem **geschlossenen System** stellt sich für eine **umkehrbare Reaktion** bei konstanter Temperatur und bei konstantem Druck ein gleichbleibendes Stoffmengenverhältnis zwischen den Edukten (Ausgangsstoffen) und den Produkten (Endstoffen) ein.

Das chemische Gleichgewicht ist ein **dynamisches Gleichgewicht:** Pro Zeiteinheit entstehen durch die Hinreaktion genauso viele Teilchen des Endstoffes, wie Teilchen durch die Rückreaktion wieder zum Ausgangsstoff reagieren. Die Geschwindigkeiten von Hin- und Rückreaktion sind gleich groß: $v_{hin} = v_{rück}$.
Schreibweise für eine Reaktion im chemischen Gleichgewicht: $A + B \rightleftharpoons AB$

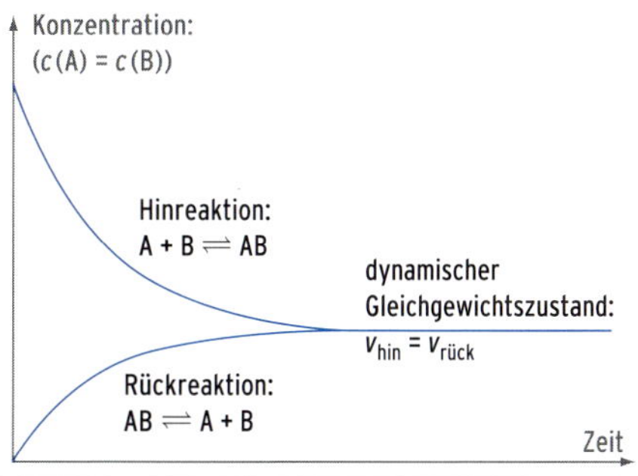

Abb. 5.2: Zeitlicher Verlauf der Gleichgewichtseinstellung

5.2 Das Massenwirkungsgesetz

Ist $A + B \rightleftharpoons C + D$ eine Reaktion im chemischen Gleichgewicht, so gilt für die Geschwindigkeit der Hinreaktion: $v_{hin} = k_{hin} \cdot c(A) \cdot c(B)$.
Für die Geschwindigkeit der Rückreaktion gilt: $v_{rück} = k_{rück} \cdot c(C) \cdot c(D)$,
wobei v_{hin}, $v_{rück}$ die Reaktionsgeschwindigkeiten und k_{hin}, $k_{rück}$ die Reaktionsgeschwindigkeitskonstanten bedeuten.

Im dynamischen Gleichgewicht gilt: $v_{hin} = v_{rück}$.

$$\Rightarrow k_{hin} \cdot c(A) \cdot c(B) = k_{rück} \cdot c(C) \cdot c(D)$$

$$\Rightarrow \frac{k_{hin}}{k_{rück}} = \frac{c(C) \cdot c(D)}{c(A) \cdot c(B)} \text{ oder } K_c = \frac{c(C) \cdot c(D)}{c(A) \cdot c(B)}$$

Für eine Reaktion $aA + bB \rightleftharpoons cC + dD$ im chemischen Gleichgewicht gilt:

$$K_c = \frac{c^c(C) \cdot c^d(D)}{c^a(A) \cdot c^b(B)}$$

WISSEN: Massenwirkungsgesetz (MWG)

Bei einem homogenen System im chemischen Gleichgewicht ist das Produkt der Konzentrationen der rechts stehenden Teilchen dividiert durch das Produkt der Konzentrationen der links stehenden Teilchen bei einer bestimmten Temperatur konstant.

Beispiel:

$$H_2(g) + I_2(g) \rightleftharpoons 2\,HI(g); \; K_c = \frac{c^2(HI)}{c(H_2) \cdot c(I_2)}$$

Die **Gleichgewichtskonstante** K_c ist temperaturabhängig. Tabellierte Werte gelten für 298 K (25 °C). Die Einheit von K_c muss für jede Reaktion berechnet werden.
Für Reaktionen im Gaszustand wird oft statt des K_c-Wertes der K_p-Wert angegeben. Zur Berechnung von K_p werden statt der Konzentrationen die Partialdrücke der Gase in das Massenwirkungsgesetz eingesetzt.
Beispiel:

$$N_2O_4(g) \rightleftharpoons 2NO_2(g)$$

$$K_p = \frac{p^2(NO_2)}{p(N_2O_4)}$$

$p(NO_2)$, $p(N_2O_4)$: Partialdruck von NO_2, N_2O_4

Bedingungen für das Massenwirkungsgesetz

- geschlossenes System
- umkehrbare Reaktion
- chemisches Gleichgewicht
- **homogenes System:** Die beteiligten Stoffe müssen in Lösung oder als Gase vorkommen. Bei heterogenen Systemen werden feste Stoffe nicht berücksichtigt.

Beispiel:

$$Ag^+(aq) + Fe^{2+}(aq) \leftrightarrow Ag(s) + Fe^{3+}(aq)$$

$$K_c = \frac{c(Fe^{3+})}{c(Ag^+) \cdot c(Fe^{2+})}$$

5.3 Verschieben der Gleichgewichtslage und das Prinzip von LE CHATELIER

Die **Lage des Gleichgewichts** ist abhängig von Temperatur, Druck und den Konzentrationen der Reaktionspartner.
$A + B \rightleftharpoons AB$: Gleichgewichtslage ist nach rechts (zugunsten der Endstoffe) verschoben.
$A + B \rightleftharpoons AB$: Gleichgewichtslage ist nach links (zugunsten der Ausgangsstoffe) verschoben.

Temperaturabhängigkeit

Eine Temperaturerhöhung begünstigt die endotherme (energieverbrauchende), eine Temperaturerniedrigung die exotherme Reaktionsrichtung.
Beispiel:

$N_2O_4(g) \rightleftharpoons 2\,NO_2(g)$; $\Delta_R H_m^0 = +57\ kJ \cdot mol^{-1}$
farblos braun

Erhöht man die Temperatur, so wird die endotherme Bildung des braunen NO_2 begünstigt: Beim Erwärmen vertieft sich daher die Färbung des Gasgemisches N_2O_4/NO_2.
Erniedrigt man die Temperatur, so verschiebt sich die Lage des Gleichgewichts zugunsten des farblosen N_2O_4. Beim Abkühlen kommt es daher zur Aufhellung des Gasgemisches.

Druckabhängigkeit

Eine Druckerhöhung begünstigt die Reaktionsrichtung, bei der Stoffe mit kleinerem Volumen gebildet werden. Bei Gasen sind dies die Stoffe mit kleinerer Teilchenzahl.
Beispiel:

$$N_2O_4(g) \underset{\text{Druckerhöhung}}{\overset{\text{Druckerniedrigung}}{\rightleftharpoons}} 2\,NO_2(g)$$

Beim Zerfall von N_2O_4 in NO_2 verdoppelt sich die Teilchenzahl und damit das Volumen, da gleiche Volumina verschiedener Gase bei gleichem Druck und gleicher Temperatur gleich viele Teilchen enthalten (AVOGADRO).

Konzentrationsabhängigkeit

Eine Konzentrationserhöhung eines Reaktionspartners begünstigt die Reaktionsrichtung, in der dieser Stoff verbraucht wird.
Beispiel:
$Fe^{3+}(aq) + 3\,SCN^{-}(aq) \rightleftharpoons Fe(SCN)_3(aq)$
Erhöht man die Konzentration von Fe^{3+}- oder SCN^{-}-Ionen, kommt es zur Farbvertiefung, da die Bildung von rotem $Fe(SCN)_3$ bevorzugt abläuft.
Damit Ausgangsstoffe vollständig umgesetzt werden, das Gleichgewicht also vollständig zugunsten eines Produkts verschoben wird, muss dieses Produkt oder ein Produktpartner ständig aus dem Reaktionsgemisch entfernt werden, um eine Rückreaktion zu verhindern. Dies ist z. B. dann der Fall, wenn eines der Reaktionsprodukte als Gas entweicht.

WISSEN: Prinzip von LE CHATELIER

(Prinzip vom kleinsten Zwang)
Jede Störung eines Gleichgewichts durch die Änderung der äußeren Bedingungen (Temperatur-, Druck- oder Konzentrationsänderung) führt zu einer Verschiebung des Gleichgewichts, die der Störung entgegenwirkt.

5.4 Löslichkeitsprodukt

In einer **gesättigten** wässrigen Lösung einer **salzartigen Verbindung** sind die Konzentrationen an Ionen für eine bestimmte Temperatur konstant.
Das **Löslichkeitsgleichgewicht** ist ein dynamisches Gleichgewicht: Pro Zeiteinheit gehen in einer gesättigten Lösung genauso viele Ionen in Lösung wie sich aus der Lösung im Bodenkörper ablagern.
Die Lage des Löslichkeitsgleichgewichts wird durch das **Löslichkeitsprodukt K_L** beschrieben.

Salz vom Formeltyp AB

$AB(s) \rightleftharpoons A^{+}(aq) + B^{-}(aq);\ K_L(AB) = c(A^{+}) \cdot c(B^{-})$

Beispiel:
$AgCl(s) \rightleftharpoons Ag^{+}(aq) + Cl^{-}(aq)$
$K_L(AgCl) = c(Ag^{+}) \cdot c(Cl^{-})$

Salz vom Formeltyp AB_2

$AB_2(s) \rightleftharpoons A^{2+}(aq) + 2\,B^{-}(aq)$
$K_L(AB_2) = c(A^{2+}) \cdot c^2(B^{-})$
Beispiel:
$Ca(OH)_2(s) \rightleftharpoons Ca^{2+}(aq) + 2\,OH^{-}(aq)$
$K_L(Ca(OH)_2) = c(Ca^{2+}) \cdot c^2(OH^{-})$
pK_L = negativer dekadischer Logarithmus des Zahlenwertes von K_L.
Beispiel:
$K_L(AgCl) = 2 \cdot 10^{-10}\ mol^2 \cdot l^{-2};\ pK_L = 9{,}7$
Ein kleiner K_L-Wert (ein großer pK_L-Wert) bedeutet niedrige Ionenkonzentration in der Lösung, also eine schlechte Löslichkeit des Salzes.

Strategie beim Lösen von Aufgaben zum Löslichkeitsprodukt

1. Löslichkeitsgleichgewicht formulieren
2. Löslichkeitsprodukt K_L aufstellen
3. Die Gleichung für das Löslichkeitsprodukt enthält drei Größen. Sind zwei der Größen angegeben, so lässt sich die dritte Größe berechnen. Kennt man nur eine der drei Größen, so muss man eine der beiden unbekannten Größen durch die andere unbekannte ersetzen.

>> AUFGABENBEISPIELE

Beispiel 1
Berechnen Sie die Konzentrationen von Ca^{2+}- und F^{-}-Ionen in einer gesättigten CaF_2-Lösung, wenn $pK_L(CaF_2) = 10{,}4$ ist.
Lösung:
K_L ist bekannt, $c(Ca^{2+})$ und $c(F^{-})$ sind unbekannt.
$K_L = 10^{-10,4}\ mol^3 \cdot \ell^{-3} = 4 \cdot 10^{-11}\ mol^3 \cdot \ell^{-3}$
$CaF_2(s) \rightleftharpoons \underset{1\,mol}{Ca^{2+}(aq)} + \underset{2\,mol}{2\,F^{-}(aq)}$
$\frac{c(Ca^{2+})}{c(F^{-})} = \frac{1}{2};\ c(Ca^{2+}) = \frac{1}{2}c(F^{-})$
$c(F^{-}) = 2 \cdot c(Ca^{2+});\ K_L = c(Ca^{2+}) \cdot c^2(F^{-})$
$c(F^{-})$ wird durch $c(Ca^{2+})$ ersetzt:
$c(Ca^{2+}) \cdot (2 \cdot c(Ca^{2+}))^2 = 4 \cdot 10^{-11}\ mol^3 \cdot \ell^{-3}$
$c(Ca^{2+}) = \sqrt[3]{\frac{1}{4} \cdot 4 \cdot 10^{-11}\ mol^3 \cdot \ell^{-3}}$
$c(Ca^{2+}) = 2{,}15 \cdot 10^{-4}\ mol \cdot \ell^{-1}$
$c(F^{-}) = 4{,}3 \cdot 10^{-4}\ mol \cdot \ell^{-1}$

Beispiel 2
Wie hoch muss die Konzentration an Ag^+-Ionen sein, damit aus einer NaCl-Lösung mit der Stoffmengenkonzentration $c(NaCl) = 0{,}1\ mol \cdot \ell^{-1}$ das schwerlösliche AgCl ausfällt? $pK_L(AgCl) = 9{,}7$.
Lösung:
K_L und $c(Cl^-)$ sind bekannt, $c(Ag^+)$ ist unbekannt.
$K_L = 10^{-9{,}7}\ mol^2 \cdot \ell^{-2} = 2 \cdot 10^{-10}\ mol^2 \cdot \ell^{-2}$
$c(Cl^-) = 0{,}1\ mol \cdot \ell^{-1}$
$AgCl\,(s) \rightleftharpoons Ag^+(aq) + Cl^-(aq)$
$K_L = c(Ag^+) \cdot c(Cl^-)$
$$c(Ag^+) = \frac{K_L}{c(Cl^-)} = \frac{2 \cdot 10^{-10}\ mol^2 \cdot \ell^{-2}}{0{,}1\ mol \cdot \ell^{-1}} = 2 \cdot 10^{-9}\ mol \cdot \ell^{-1}$$

!!! VORSICHT FALLE
Nur bei Salzen **vom gleichen Formeltyp** kann man anhand der pK_L-Werte die Löslichkeiten direkt miteinander vergleichen.

Will man die Löslichkeit eines Salzes vom Typ AB mit der Löslichkeit eines Salzes vom Typ AB_2 vergleichen, so muss man für beide Salze die Konzentrationen $c(A)$ berechnen. Das Salz mit der höheren Konzentration $c(A)$ ist das besser lösliche Salz.

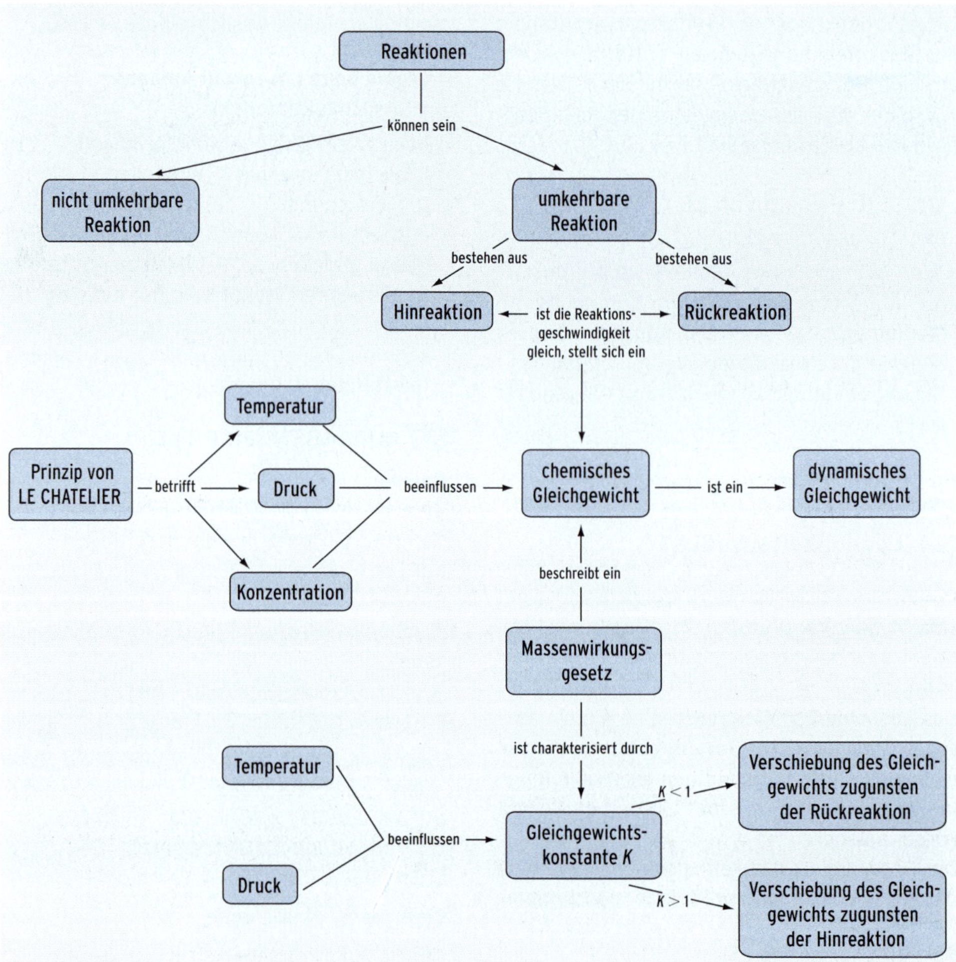

Abb. 5.3: Thema „Massenwirkungsgesetz" im Überblick

6__Säure/Base-Reaktionen: Protonenübergänge

BASISKONZEPT: Donator-Akzeptor-Konzept

Säure/Base-Reaktionen findet man in großer Vielfalt in Natur und Technik. Blickt man auf die Teilchenebene, stellt man fest, dass alle Säure/Base-Reaktionen nach demselben Muster ablaufen: Teilchen tauschen bei Zusammenstößen Protonen aus. Das Proton-abgebende Teilchen wird als **Donator** (oder genauer als Protonendonator), das Proton-aufnehmende Teilchen als **Akzeptor** (bzw. als Protonenakzeptor) bezeichnet. „Donator", vom lateinischen Wort *donare* abgeleitet, bedeutet „Geber" bzw. „Spender"; „Akzeptor", von lateinisch *accipere* (= annehmen, aufnehmen) heißt „Empfänger", „Aufnehmer".

Der Protonenübergang nach dem Donator-Akzeptor-Prinzip lässt sich durch die **Staffelstabübergabe** bei einem Staffellauf versinnbildlichen (→ Abb. 6.1): Die Läufer müssen in direkten körperlichen Kontakt treten, um den Staffelstab übergeben zu können. Auch der Protonenübergang ist nur bei einem direkten Zusammentreffen, einem Zusammenstoß der beteiligten Teilchen möglich (→ Abb. 6.2), da freie Protonen z. B. in Flüssigkeiten nicht existent sind.

Merke: Säure/Base-Reaktionen lassen sich auf Teilchenebene als Protonenübergänge nach dem Donator-Akzeptor-Prinzip beschreiben.

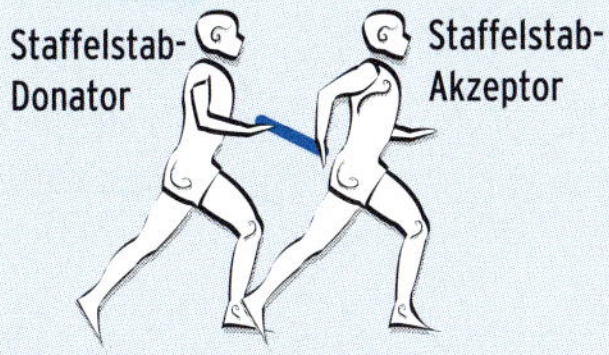

Abb. 6.1: Staffelübergabe als Analogie zum Donator-Akzeptor-Prinzip. Der Staffelstab symbolisiert das auszutauschende Teilchen: das Proton bei einer Säure/Base-Reaktion.

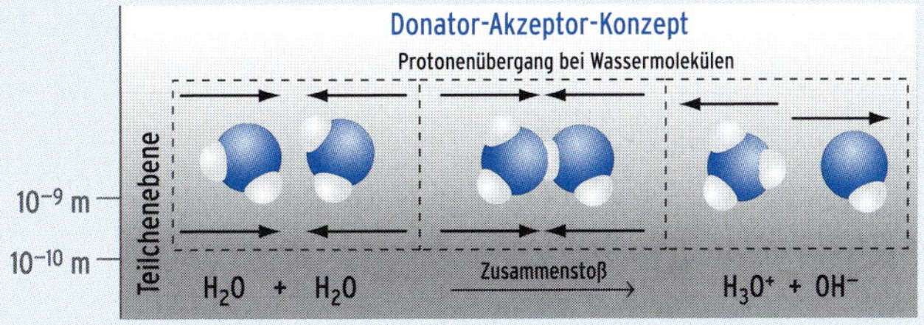

Abb. 6.2: Protonenübergang beim Zusammenstoß von Wassermolekülen. Die Wassermoleküle sind im Kalottenmodell dargestellt.

6.1 Wichtige Definitionen nach der BRÖNSTED-Säure/Base-Theorie

Nach **BRÖNSTED** bezeichnet man ein Teilchen, das ein H^+-Ion (Proton) abgibt, als **Säure**. Eine **BRÖNSTED-Base** nimmt ein H^+-Ion (Proton) auf.

Säure: Protonendonator
Base: Protonenakzeptor

Nach dem **Donator-Akzeptor-Konzept** lassen sich Säure/Base-Reaktionen als Protonenübergänge beschreiben (→ Redoxreaktionen, Seite 48 ff.).

Ein Teilchen, das sowohl als Säure als auch als Base reagieren kann, heißt **Ampholyt** (amphoteres Teilchen). Das Reaktionsverhalten hängt dabei vom Partner ab. (H_2O, HCO_3^-, HSO_4^-)

Beispiele:

$$H_2O + HCl \rightleftharpoons H_3O^+ + Cl^-$$

$$H_2O + NH_3 \rightleftharpoons OH^- + NH_4^+$$

Zwei Teilchen, die sich nur durch ein H^+-Ion unterscheiden, werden **korrespondierendes Säure/Base-Paar** genannt.
(Beispiele: HCl/Cl^-, H_2O/OH^-, H_3O^+/H_2O.)

WISSEN:

Den Protonenübergang zwischen einer BRÖNSTED-Säure HA und einer BRÖNSTED-Base B bezeichnet man als Protolyse.

Protolysen sind **Gleichgewichtsreaktionen**:

$$HA + B \rightleftharpoons A^- + HB^+$$

!!! VORSICHT FALLE

Bei einer Protolyse wird jeweils nur ein H^+-Ion übertragen.

6.2 pH-Wert

Definition

Der pH-Wert ist der negative dekadische Logarithmus des Zahlenwertes der Hydronium-Ionen-Konzentration ($c(H_3O^+)$):

$$\mathbf{pH = -lg \frac{c(H_3O^+)}{mol \cdot \ell^{-1}}} \text{ und } \mathbf{c(H_3O^+) = 10^{-pH}\ mol \cdot \ell^{-1}}$$

Herleitung des pH-Wertes

Autoprotolyse des Wassers:

$H_2O(l) + H_2O(l) \rightleftharpoons H_3O^+(aq) + OH^-(aq)$

$K_c = \frac{c(H_3O) \cdot c(OH^-)}{c^2(H_2O)}$, da $c(H_2O)$ = const., gilt:

Ionenprodukt des Wassers bei 25° C:

$$K_w = c(H_3O^+) \cdot c(OH^-) = 10^{-14} \cdot mol^2 \cdot \ell^{-2}$$

Das Produkt von $c(H_3O^+)$ und $c(OH^-)$ ist also immer konstant. Da in reinem Wasser H_3O^+-Ionen nur durch die Autoprotolyse des Wassers entstehen, beträgt $c(H_3O^+)$ in reinem Wasser 10^{-7} $mol \cdot \ell^{-1}$, pH = 7.

Die pH-Skala reicht von 0 bis 14:

sauer	neutral	alkalisch = basisch
pH < 7	pH = 7	pH > 7

Tab. 6.1: Die pH-Skala

Analog zum pH-Wert wird der **pOH-Wert** definiert:

$$pOH = -lg \frac{c(OH^-)}{mol \cdot \ell^{-1}} \text{ und } c(OH^-) = 10^{-pOH}\ mol \cdot \ell^{-1}$$

Es gilt: $pH + pOH = pK_W = 14$

wobei $pK_W = -lg \frac{K_W}{mol^2 \cdot \ell^{-2}}$

!!! VORSICHT FALLE

pH-Werte gelten nur für verdünnte wässrige Lösungen ($c \leq 1\ mol \cdot \ell^{-1}$), da bei höher konzentrierten Lösungen $c(H_2O)$ nicht mehr konstant ist und daher das Ionenprodukt des Wassers nicht mehr gilt.

6.3 Die Stärke von Säuren und Basen

Der pH-Wert ist als Maß für die Säure- bzw. Basestärke nicht geeignet, da er konzentrationsabhängig ist. Ein Maß für die Stärke einer Säure (Base) ist die **Säurekonstante K_S** (**Basenkonstante K_B**).

Starke Säuren und Basen sind in Wasser (fast) vollständig protolysiert. Schwache Säuren und Basen protolysieren in Wasser unvollständig; es stellt sich ein Protolysengleichgewicht ein.

Herleitung des K_S-Wertes

$HA(aq) + H_2O(l) \rightleftharpoons H_3O^+(aq) + A^-(aq)$

HA: Säure

$K_S = K_c \cdot c(H_2O) = \frac{c(H_3O^+) \cdot c(A^-)}{c(HA)}$

und $pK_S = -lg \frac{K_S}{mol \cdot \ell^{-1}}$

Je größer also K_S und je kleiner pK_S ist, desto mehr ist die Lage des Protolysengleichgewichts nach rechts verschoben und desto stärker ist die Säure.

Herleitung des K_B-Wertes

$B(aq) + H_2O(l) \rightleftharpoons HB^+(aq) + OH^-(aq)$

B: Base

$K_B = K_c \cdot c(H_2O) = \frac{c(HB^+) \cdot c(OH^-)}{c(B)}$

und $pK_B = -lg \frac{K_B}{mol \cdot \ell^{-1}}$

Je größer also K_B und je kleiner pK_B ist, desto mehr ist die Lage des Protolysegleichgewichts nach rechts verschoben und desto stärker ist die Base.

pK_S bzw. pK_B	Stärke der Säure bzw. Base
≤ 0	sehr stark
0 bis 4	mittelstark
4 bis 10	schwach
≥ 10	sehr schwach

Tab. 6.2: Einteilung der Säuren und Basen nach der Stärke

Für ein korrespondierendes Säure/Base-Paar gilt: $\mathbf{pK_S(HA) + pK_B(A^-) = 14}$

6.4 Voraussage von Protolysegleichgewichten

Die Lage des Gleichgewichts $HA + B \rightleftharpoons A^- + HB^+$ lässt sich ermitteln, indem man $pK_S(HA)$ mit $pK_S(HB^+)$ vergleicht: Ist HA die stärkere Säure und besitzt daher einen kleineren pK_S-Wert als HB^+, so ist die Lage des Gleichgewichts nach rechts verschoben. Ist $pK_S(HB^+) < pK_S(HA)$, so ist die Lage des Gleichgewichts nach links verschoben. Je größer die Differenz zwischen $pK_S(HA)$ und $pK_S(HB^+)$ ist, desto mehr ist die Gleichgewichtslage zugunsten einer Richtung verschoben.

>> BEISPIELE

$CH_3COOH + NH_3 \rightleftharpoons CH_3COO^- + NH_4^+$
$pK_S = 4{,}65$ $pK_S = 9{,}37$
$HPO_4^{2-} + HCOO^- \rightleftharpoons PO_4^{3-} + HCOOH$
$pK_S = 11{,}7$ $pK_S = 3{,}65$
$H_2PO_4^- + ClO^- \rightleftharpoons HPO_4^{2-} + HClO$
$pK_S = 6{,}9$ $pK_S = 7{,}25$

Hinweis: Für die Lage des Gleichgewichts ist auch entscheidend, ob bei der Reaktion Stoffe als Gase oder durch eine Fällung aus dem Gleichgewicht entfernt werden (→ Prinzip von LE CHATELIER, Seite 38 f.).

6.5 pH-Berechnungen

pH-Werte lassen sich nur für starke Säuren/Basen (pK_S, $pK_B \leq 0$) und für schwache Säuren/Basen ($4 \leq pK_S$, $pK_B \leq 10$) berechnen, da sonst keine Vereinfachungen bei der pH-Berechnung gelten.

6.5.1 pH-Berechnung einer starken Säure/Base in wässriger Lösung (pK_S, $pK_B \leq 0$)

a) Starke Säure

$HA(aq) + H_2O(l) \rightarrow H_3O^+(aq) + A^-(aq)$

Vereinfachungen:

1. HA ist (fast) vollständig protolysiert: $c(H_3O^+) \approx c_0(HA)$, wobei $c_0(HA)$ die Anfangskonzentration von HA ist.
2. Die H_3O^+-Ionen aus der Autoprotolyse des Wassers werden vernachlässigt.

$$pH = -\lg \frac{c_0(HA)}{mol \cdot \ell^{-1}}$$

Wichtige starke Säuren: $HClO_4$, HI, HCl, HNO_3.

Rechenbeispiel:

$pK_S(HCl) = -6$.

Berechnen Sie den pH-Wert einer Salzsäure mit $c_0(HCl) = 0{,}5\ mol \cdot \ell^{-1}$.

$pH = -\lg 0{,}5 = 0{,}3$.

b) Starke Base

$B(aq) + H_2O(l) \rightarrow HB^+(aq) + OH^-(aq)$

Vereinfachungen:

1. B ist (fast) vollständig protolysiert: $c(OH^-) \approx c_0(B)$, wobei $c_0(B)$ die Anfangskonzentration von B ist.
2. Die OH^--Ionen aus der Autoprotolyse des Wassers werden vernachlässigt.

$$pOH = -\lg \frac{c_0(B)}{mol \cdot \ell^{-1}},$$

oder aufgrund von pH + pOH = 14:

$$pH = 14 + \lg \frac{c_0(B)}{mol \cdot \ell^{-1}}.$$

Stärkste (stabile) Base in wässriger Lösung: OH^- z. B. NaOH(aq), KOH(aq)

Rechenbeispiel:

Berechnen Sie die Stoffmengenkonzentration einer Natronlauge mit pH = 12,5.

pOH = 1,5

$c_0 = 10^{-1{,}5}\ mol \cdot \ell^{-1} = 0{,}032\ mol \cdot \ell^{-1}$

6.5.2 pH-Berechnung einer schwachen Säure/Base in wässriger Lösung ($4 \leq pK_S$, $pK_B \leq 10$)

a) Schwache Säure

$HA(aq) + H_2O(l) \rightleftharpoons H_3O^+(aq) + A^-(aq)$

Vereinfachungen:

1. HA ist kaum protolysiert: $c(HA) = c_0(HA)$, wobei $c_0(HA)$ die Anfangskonzentration von HA ist.
2. Die H_3O^+-Ionen aus der Autoprotolyse des Wassers werden vernachlässigt.

Es gilt daher: $c(H_3O^+) = c(A^-)$

$$K_S = \frac{c^2(H_3O^+)}{c_0(HA)} \text{ und}$$

$$pH = \frac{1}{2} \cdot (pK_S - \lg c_0(HA)).$$

Wichtige schwache Säuren: CH_3COOH (Essigsäure), H_2S, NH_4^+, die meisten organischen Säuren.

Rechenbeispiel:

Berechnen Sie den pH-Wert einer Essigsäure-Lösung mit $c_0(CH_3COOH) = 0{,}1\ mol \cdot \ell^{-1}$, wenn der pK_S dieser Säure 4,65 beträgt.

$pH = \frac{1}{2} \cdot (4{,}65 - \lg 0{,}1) = 2{,}8$

b) Schwache Base

$B(aq) + H_2O(l) \rightleftharpoons HB^+(aq) + OH^-(aq)$

Vereinfachungen:

1. B ist kaum protolysiert: $c(B) = c_0(B)$, wobei $c_0(B)$ die Anfangskonzentration von B ist.
2. Die OH^--Ionen aus der Autoprotolyse des Wassers werden vernachlässigt.

Es gilt daher: $c(OH^-) = c(HB^+)$.

$K_B = \frac{c^2(OH^-)}{c_0(B)}$ und

$pOH = \frac{1}{2} \cdot (pK_B - \lg c_0(B))$

oder $pH = 14 - \frac{1}{2} \cdot (pK_B - \lg c_0(B))$

Wichtige schwache Basen: NH_3, CH_3COO^- (Acetat), HS^-.

Rechenbeispiel:

Berechnen Sie die Stoffmengenkonzentration einer Ammoniaklösung mit pH = 11; $pK_B(NH_3) = 4{,}63$.

$\lg c_0 = 2 \cdot pH - 28 + pK_B = -1{,}37$

$c_0 = 10^{-1{,}37}\ mol \cdot \ell^{-1} = 0{,}043\ mol \cdot \ell^{-1}$

6.6 Experimentelle Bestimmung des pH-Wertes: Indikatoren

Bei Indikatoren handelt es sich um farbige organische (schwache) Säuren oder Basen, deren korrespondierende Basen bzw. Säuren eine andere Farbe besitzen. In wässriger Lösung stellt sich ein Protolysengleichgewicht ein:

$HIn(aq) + H_2O(l) \rightleftharpoons H_3O^+(aq) + In^-(aq)$.

HIn: Farbe 1; In^-: Farbe 2

Die Mischfarbe zwischen Farbe 1 und Farbe 2 entsteht, wenn $c(HIn) = c(In^-)$.

Am **Umschlagspunkt** gilt also: $pH = pK_S$.

Das Auge erkennt einen Farbwechsel aber erst, wenn eine der beiden Farben mit ca. zehnfachem Überschuss vorliegt.

Für den Umschlagsbereich eines Indikators gilt daher: $pH = pK_S \pm 1$

Indikator	pK_S	Farbe von HIn	Farbe von In^-
Methylorange	4,0	rot	orange
Methylrot	5,8	rot	gelb
Lackmus	6,8	rot	blau
Bromthymolblau	7,1	gelb	blau
Phenolphthalein	8,4	farblos	rot

Tab. 6.3: Übersicht über wichtige Indikatoren

!!! VORSICHT FALLE

Der Umschlagspunkt von Indikatoren liegt also nicht unbedingt beim Neutralpunkt.

Universalindikatoren oder pH-Teststäbchen erlauben eine ungefähre Bestimmung des pH-Wertes. Exakt lässt sich der pH-Wert aber nur mit einem pH-Meter bestimmen.

6.7 Protolysen von Ionen mit Wasser

Die Ionen, aus denen Salze bestehen, sind selbst **BRÖNSTED**-Säuren oder **BRÖNSTED**-Basen, die mit Wasser reagieren können und dabei H_3O^+- oder OH^--Ionen bilden. Salzlösungen sind daher nicht unbedingt neutral.

>> BEISPIELE

Salze, die sauer reagieren

a) $NH_4Cl(aq)$; $pK_S(NH_4^+) = 9{,}4$

$NH_4^+(aq) + H_2O(l) \rightleftharpoons NH_3(aq) + H_3O^+(aq)$

Cl^- ist als korrespondierende Base einer sehr starken Säure extrem schwach und daher ohne Einfluss auf den pH-Wert der Salzlösung. Da H_3O^+-Ionen gebildet werden: $pH < 7$.

b) $FeCl_3(aq)$

Alle Ionen in wässriger Lösungen sind von einer Hydrathülle umgeben. Bei dreifach geladenen Kationen (Fe^{3+}, Al^{3+}) werden die Wasser-Moleküle der Hydrathülle durch die hohe Ladung des Kations stark polarisiert.

H^+ kann leicht abgespalten werden, das hydratisierte Kation wirkt als Säure.

$[Fe(H_2O)_6]^{3+}(aq) + H_2O(l)$

$\rightleftharpoons [Fe(H_2O)_5OH]^{2+}(aq) + H_3O^+(aq)$

Da H_3O^+-Ionen gebildet werden und Cl^- eine extrem schwache Base ist: $pH < 7$.

Salz, das basisch reagiert

$CH_3COO^-Na^+(aq)$; $pK_B(CH_3COO^-) = 9{,}35$

$CH_3COO^-(aq) + H_2O(l)$

$\rightleftharpoons CH_3COOH(aq) + OH^-(aq)$

Na^+-Ionen sind in hydratisierter Form eine extrem schwache Säure und daher ohne Einfluss auf den pH-Wert der Salzlösung. Da OH^--Ionen gebildet werden: $pH > 7$.

Salze, die neutral reagieren

a) $NaCl(aq)$

Na^+-Ionen sind in hydratisierter Form eine extrem schwache Säure, Cl^- ist als korrespondierende Base einer sehr starken Säure extrem schwach. Der pH-Wert der Salzlösung wird also nur von der Autoprotolyse des Wassers bestimmt: pH = 7.

b) $CH_3COO^-NH_4^+(aq)$;

$pK_S(NH_4^+) \approx pK_B(CH_3COO^-)$

CH_3COO^- wirkt als Base, NH_4^+ als Säure.

Da die Base genauso stark ist wie die Säure, wird der pH-Wert nur von der Autoprotolyse des Wassers bestimmt: pH = 7.

6.8 Puffer

WISSEN: Definition Pufferlösung

Unter einer Pufferlösung versteht man eine wässrige Lösung, deren pH-Wert sich bei Zusatz nicht allzu großer Mengen an Säuren oder Basen oder bei Verdünnung nur unwesentlich ändert.

Puffer enthalten Teilchen, die H_3O^+- und OH^--Ionen binden können. Die Puffersysteme bestehen meist aus einer schwachen Säure ($4 \leq pK_S \leq 10$) und ihrer korrespondierenden schwachen Base ($4 \leq pK_B \leq 10$).

Beispiele für Pufferlösungen:

- Essigsäure/Acetat-Puffer ($CH_3COOH/CH_3COO^-Na^+$)
- Ammoniumchlorid/Ammoniak-Puffer (NH_4Cl/NH_3)

Für eine schwache Säure gilt folgendes Protolysengleichgewicht:

$HA(aq) + H_2O(l) \rightleftharpoons H_3O^+(aq) + A^-(aq)$

$$K_S = \frac{c(H_3O) \cdot c(A^-)}{c(HA)} \Leftrightarrow c(H_3O^+) = K_S \frac{c(HA)}{c(A^-)}$$

Da für eine schwache Säure und eine schwache Base gilt: $c(HA) \approx c_0(HA)$, $c(A^-) \approx c_0(A^-) \Rightarrow$

$$\textbf{Puffergleichung: } pH = pK_S + \lg\frac{c_0(A^-)}{c_0(HA)}.$$

Enthält eine Pufferlösung gleiche Stoffmengen an Säure und korrespondierender Base, so gilt:

$c_0(HA) = c_0(A^-)$.

Daraus folgt: pH = pK_S

Für eine Pufferlösung, die gleiche Stoffmengen an Essigsäure und Acetat enthält, gilt also:

$pH = pK_S(CH_3COOH) = 4{,}65$

Beispiel: Pufferwirkung am Beispiel des Essigsäure/Acetat-Puffers

- „Abfangen" von H_3O^+-Ionen durch den Puffer bei Zugabe von Säure:
  $CH_3COO^- + H_3O^+ \rightleftharpoons CH_3COOH + H_2O$
- „Abfangen" von OH^--Ionen durch den Puffer bei Zugabe von Base:
  $CH_3COOH + OH^- \rightleftharpoons CH_3COO^- + H_2O$

Die Menge an Säure oder Base, die ohne wesentliche Änderung des pH-Wertes zugesetzt werden kann, hängt von der Menge der gelösten Puffersubstanzen ab (**Pufferkapazität**).

6.9 Säure/Base-Titrationen

6.9.1 Maßanalyse

Die Titration stellt ein maßanalytisches Verfahren zur quantitativen Bestimmung der in einer Probelösung enthaltenen Stoffmenge dar. Die Säure/Base-Titration beruht auf einer Neutralisationsreaktion. Ist die Probelösung vollständig umgesetzt, so ist der **Äquivalenzpunkt** erreicht.

Verfahren

- In der Bürette (Messpipette mit regulierbarem Ablauf) befindet sich die **Maßlösung** (Säure oder Lauge einer bekannten Konzentration).
- Ein bestimmtes Volumen der **Probelösung** wird mit einer Vollpipette in den Titrierkolben gegeben.
- Der Probelösung werden einige Tropfen Indikator zugesetzt.
- Die Maßlösung wird der Probelösung bis zum Farbumschlag des Indikators zugetropft (**Äquivalenzpunkt**).
- Das Volumen der zugetropften Maßlösung wird an der Bürette abgelesen.

>> BEISPIELE

Auswertung am Beispiel der Titration einer Salzsäure (50 ml) mit einer Natronlauge (c = 1 mol/ℓ). Bis zum Farbumschlag müssen 5 ml Natronlauge zugetropft werden:

1. Reaktionsgleichung aufstellen

$HCl(aq) + NaOH(aq) \rightarrow H_2O(l) + NaCl(aq)$
1 mol 1 mol

2. Stoffmengenverhältnis aufstellen und Stoffemengenkonzentration berechnen

$n(HCl) : n(NaOH) = 1:1$

da $n = c \cdot V$:

$\Rightarrow c(HCl) \cdot V(HCl) = c(NaOH) \cdot V(NaOH)$

$$\Rightarrow c(HCl) = \frac{c(NAOH) \cdot V(NaOH)}{V(HCl)} = \frac{1\,mol \cdot \ell^{-1} \cdot 5 \cdot 10^{-3}\,\ell}{50 \cdot 10^{-3}\,\ell}$$

$$= 0{,}1\,mol \cdot \ell^{-1}$$

Bei der **praktischen Durchführung** ist Folgendes zu beachten:

- Die **Maßlösung** muss eine **starke** Säure (HCl) oder Lauge (NaOH, KOH) sein, damit der Stoffumsatz vollständig ist.
- Es sollten nur wenige Tropfen Indikator zugegeben werden, da der Indikator selbst als Säure bzw. Base reagiert.
- Die Maßlösung sollte höher konzentriert sein als die Probelösung.

6.9.2 Titrationskurven

Titrationskurven erhält man, indem man die mit einem pH-Meter gemessenen pH-Werte in Abhängigkeit von der zugegebenen Maßlösung grafisch aufträgt. Die Titrationskurven weisen je nach der titrierten Probelösung einen charakteristischen Kurvenverlauf auf.

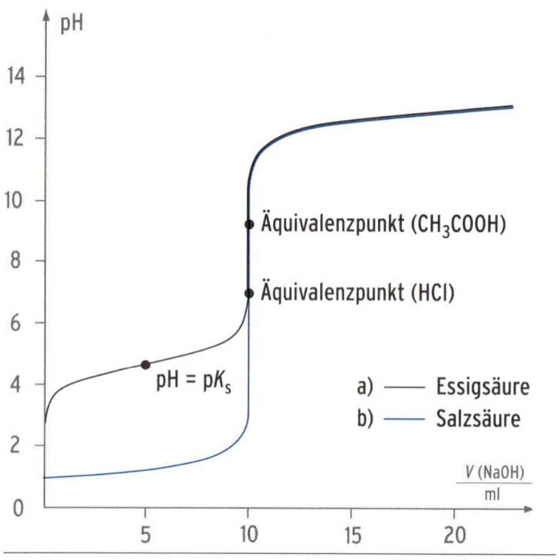

Abb. 6.3: Titrationskurven für die Titration einer a) schwachen, b) starken Säure

Maßlösung: starke Base (NaOH)
Probelösung

a) Salzsäure (starke Säure)
   $HCl + NaOH \rightarrow NaCl + H_2O$
b) Essigsäure (schwache Säure)
   $CH_3COOH + NaOH \rightarrow CH_3COONa + H_2O$

Im Falle von Salzsäure als Probelösung liegt am Äquivalenzpunkt NaCl vor. Da NaCl-Lösung neutral reagiert (→ Protolysen von Ionen mit Wasser, Seite 44 f.), stimmt der Äquivalenzpunkt mit dem Neutralpunkt überein.
Im Falle von Essigsäure als Probelösung liegt am Äquivalenzpunkt CH_3COONa vor. Da Na-Acetat alkalisch reagiert (→ Protolysen von Ionen mit Wasser, Seite 44 f.), ist der Äquivalenzpunkt ins Basische verschoben.

Im Bereich des Äquivalenzpunktes ändert sich der pH-Wert sehr stark (**pH-Sprung**). Der Äquivalenzpunkt liegt dabei in der Mitte des **pH-Sprungs**. Ein Indikator ist dann für die Endpunktanzeige der Titration geeignet, wenn sein Umschlagsintervall innerhalb des pH-Sprungs liegt.

Der pH-Sprung ist umso größer, je stärker die Probelösung und je kleiner damit ihr pK-Wert ist. Handelt es sich bei der Probelösung um eine starke Säure bzw. eine starke Base, so liegt der Äquivalenzpunkt bei pH = 7. Handelt es sich bei der Probelösung um eine schwache Säure, so liegt der Äquivalenzpunkt im basischen, bei einer schwache Base liegt er im sauren Bereich.
Die Titrationskurven schwacher Säuren bzw. Basen weisen neben dem Äquivalenzpunkt einen zweiten Wendepunkt (**Halb-Äquivalenzpunkt**)

	starke Säure bzw. Base	Probelösung schwache Säure	schwache Base
Beispiel	HCl, NaOH, KOH	CH_3COOH	NH_3
Kurvenverlauf	ein Wendepunkt (Äquivalenzpunkt)	zwei Wendepunkte (Äquivalenzpunkt, Halb-Äquivalenzpunkt)	zwei Wendepunkte (Äquivalenzpunkt, Halb-Äquivalenzpunkt)
Äquivalenzpunkt	pH = 7	ins Basische verschoben	ins Saure verschoben
Halb-Äquivalenzpunkt	–	pH = pK_S	pOH = pK_B; pH = 14 – pK_B
geeigneter Indikator	Lackmus, Phenolphthalein, Methylorange, Bromthymolblau, Methylrot	Phenolphthalein	Methylorange, Methylrot

Tab. 6.4: Vergleich der Titrationskurven

auf. Er wird erreicht, wenn gerade die Hälfte der bis zum Erreichen des Äquivalenzpunktes benötigten Maßlösung zugegeben wurde. Im Falle der Titration von Essigsäure (schwache Säure) gilt am Halb-Äquivalenzpunkt:

$c(CH_3COOH) = c(CH_3COO^-)$.

Da $K_S = \frac{c(H_3O^+) \cdot c(CH_3COO^-)}{c(CH_3COOH)}$

folgt: $K_S = c(H_3O^+)$ oder $pK_S = pH$.

Im Falle der Titration von Ammoniak (schwache Base) gilt am Halb-Äquivalenzpunkt:

$c(NH_3) = c(NH_4^+)$.

Da $K_B = \frac{c(OH^-) \cdot c(NH_4^+)}{c(NH_3)}$

folgt $K_B = c(OH^-)$ oder $pK_B = pOH$

Durch **Halbtitration** einer schwachen Säure bzw. Base lässt sich also der p*K*-Wert bestimmen.

Aufgrund des entstehenden Gemischs aus schwacher Säure und korrespondierender schwacher Base (→ Puffer, Seite 45) ändert sich bei Zugabe von Maßlösung der pH-Wert im Bereich des Halb-Äquivalenzpunktes nur sehr wenig.

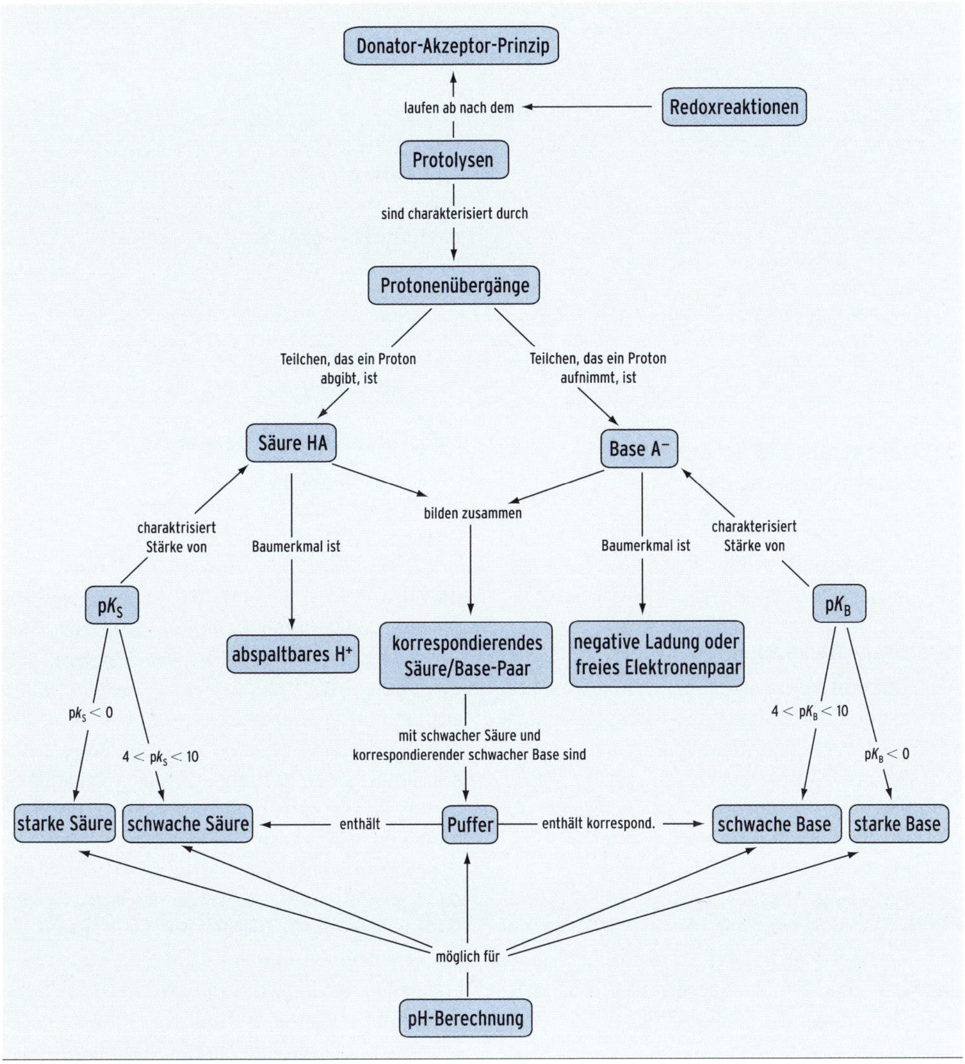

Abb. 6.4: Zusammenfassung „Protolysen"

7_Redoxreaktionen: Elektronenübergänge

BASISKONZEPT: Donator-Akzeptor-Prinzip

In der belebten wie unbelebten Natur sowie bei technischen Prozessen spielen Redox-Reaktionen eine große Rolle. Trotz der großen Vielfalt auf der stofflichen Ebene laufen auf der Teilchenebene Redox-Reaktionen immer nach dem gleichen Muster ab: Teilchen tauschen bei Zusammenstößen Elektronen aus. Die Elektronen-abgebenden Teilchen werden als Elektronendonator, die Elektronen-aufnehmenden Teilchen als Elektronenakzeptor bezeichnet. Der Elektronenübergang nach diesem Geber/Nehmer-Prinzip kann man mit der Staffelstabübergabe bei einem Staffellauf vergleichen: Die Läufer müssen sich treffen, um den Staffelstab zu übergeben. Dies gilt auch für den Elektronenübergang. Da es keine freien Elektronen z. B. in Flüssigkeiten gibt, kann ein Elektronenübergang nur bei einem Zusammenstoß von Teilchen stattfinden.

Merke: Redoxreaktionen lassen sich auf Teilchenebene als Elektronenübergänge nach dem Donator-Akzeptor-Prinzip beschreiben.

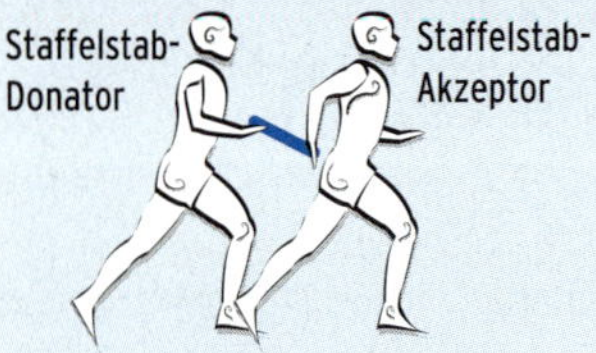

Abb. 7.1: Staffelübergabe als Analogie zum Donator-Akzeptor-Prinzip. Der Staffelstab symbolisiert das zu übergebende Teilchen: das Elektron bei einer Redoxreaktion.

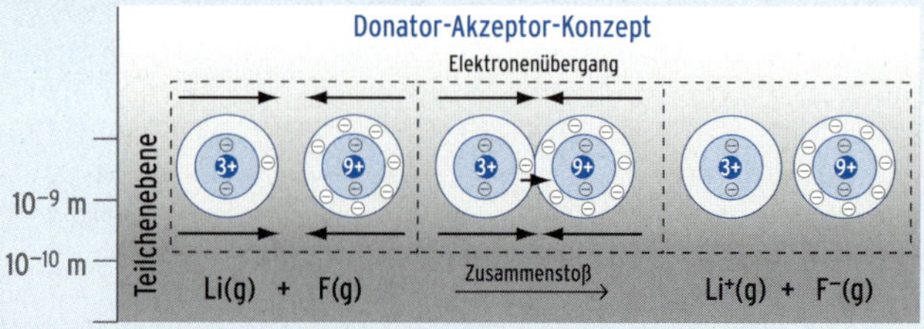

Abb. 7.2: Elektronenübergang beim Zusammenstoß eines gasförmigen Lithium-Atoms mit einem Fluor-Atom (Atome schematisch mit Elektronenanordnung nach einem einfachen Schalenmodell)

7.1 Oxidation und Reduktion im Bedeutungswandel

Ähnlich wie der Säure/Base-Begriff hat auch der Redox-Begriff im Laufe der Zeit einen Bedeutungswandel erfahren.

Historische Bedeutung

Als **Oxidation** wurde ursprünglich eine Reaktion bezeichnet, bei der sich ein Stoff mit Sauerstoff verbindet, wie bei der Reaktion

$$2\,Mg(s) + O_2(g) \rightarrow 2\,MgO(s).$$

Eine Reaktion, bei der ein Stoff Sauerstoff abgibt, wurde als **Reduktion** bezeichnet, wie beispielsweise:

$$2\,CuO(s) \rightarrow 2\,Cu(s) + O_2(g).$$

Der Begriff „**Redoxreaktion**" wurde einer Reaktion zugeordnet, bei der Sauerstoff zwischen den Reaktionspartnern ausgetauscht wird, z. B.

$$CuO(s) + Mg(s) \rightarrow Cu(s) + MgO(s).$$

Moderne, erweiterte Bedeutung

Die Redoxreaktion

$$CuO(s) + Mg(s) \rightarrow Cu(s) + MgO(s)$$

lautet in Ionenschreibweise:

$$Cu^{2+}O^{2-} + Mg \rightarrow Cu + Mg^{2+}O^{2-}$$

Bei genauerem Hinsehen fällt auf, dass sich das O^{2-}-Ion während der Reaktion nicht verändert und nur zwischen den Metallen ausgetauscht wird, wohingegen das Cu^{2+}-Ion zwei Elektronen aufnimmt und Magnesium zwei Elektronen abgibt. Wesentlich ist nicht mehr die Sauerstoffaufnahme oder -abgabe, sondern **im Mittelpunkt der Betrachtung stehen Elektronenabgabe und -aufnahme.**

Von dieser Sichtweise her lässt sich, bezogen auf das Beispiel, eine **neue Bedeutung des Redox-Begriffs** herleiten, **die nicht mehr an Sauerstoff gebunden ist:** Magnesium gibt zwei Elektronen ab und wird somit oxidiert, das Cu^{2+}-Ion nimmt zwei Elektronen auf und wird reduziert. Es findet ein **Elektronenübergang** bei der Reaktion statt.

Der Vorteil des erweiterten Redox-Begriffs liegt darin, dass er auf Reaktionen ohne Sauerstoff als Reaktionspartner anwendbar ist.
Dies soll am Beispiel der Reaktion von Magnesium mit Chlor – die Stoffe setzen sich zu Magnesiumchlorid um – gezeigt werden:
Stoffgleichung

$Mg(s) + Cl_2(g) \rightarrow MgCl_2(s)$

Stoffgleichung in Ionenschreibweise

$Mg + Cl_2 \rightarrow Mg^{2+} + 2\,Cl^-$

WISSEN:

Oxidation: **Elektronenabgabe**
$Mg(s) \Rightarrow Mg^{2+} + \mathbf{2\,e^-}$
Reduktion: **Elektronenaufnahme**
$Cl_2(g) + \mathbf{2\,e^-} \Rightarrow 2\,Cl^-$
Redoxreaktion: **Elektronenübergangsreaktion**
$Mg(s) + Cl_2(g) \rightarrow MgCl_2(s)$

Oxidationszahlen als Hilfsmittel

Ein Hilfsmittel, um komplizierte Redoxreaktionen einfach formulieren zu können, sind **Oxidationszahlen**, die fiktive Ladungszahlen darstellen. Sie werden in römischen Ziffern über dem Elementsymbol geschrieben. Zur Ermittlung der richtigen Oxidationszahlen sind bestimmte Regeln zu beachten.

Regeln zur Ermittlung von Oxidationszahlen

Hinweis: Die Regeln sind streng in der Reihenfolge 1 bis 5 anzuwenden. Dabei dominiert die vorhergehende Regel immer über die nachfolgende.

1. Metalle haben in Verbindungen immer positive Oxidationszahlen, auch Bor und Silicium.
2. Fluor hat in Verbindungen immer die Oxidationszahl −I.
3. Wasserstoff hat in Verbindungen die Oxidationszahl +I.
4. Sauerstoff hat in Verbindungen die Oxidationszahl −II.
5. Chlor, Brom, Iod haben in Verbindungen immer die Oxidationszahl −I.

Beachte

- Die Oxidationszahl von Atomen elementarer Stoffe ist null.
- Bei Verbindungen ist die Summe der Oxidationszahlen aller Atome null.
- Bei Ionen ist die Summe der Oxidationszahlen aller Atome gleich der Ionenladung.
- Bindungselektronen einer polaren Elektronenpaarbindung werden dem elektronegativeren Atom zugeordnet.
- Bindungselektronen einer unpolaren Elektronenpaarbindung werden den beiden Atomen je zur Hälfte zugeordnet.

Beispiele (→ Abb. 7.3):

$\overset{+VI}{Si}\overset{-I}{H_4}$ 1. Regel dominiert über 3. Regel

$\overset{+II}{O}\overset{-I}{F_2}$ 2. Regel dominiert über 4. Regel

Definition des Redoxbegriffs mithilfe von Oxidationszahlen

Mithilfe von Oxidationszahlen lässt sich der Redox-Begriff nun noch umfassender definieren:

- **Oxidation:** Teilreaktion, bei der die Oxidationszahl eines Atoms erhöht wird.

Redoxreaktion als Reaktion mit

Sauerstoffübergang (historisch)	Elektronenübergang (modern)	Änderung der Oxidationszahl (modern)
gleichzeitige Bindung von Sauerstoff (Oxidation) und Abgabe von Sauerstoff (Reduktion)	gleichzeitige Abgabe von Elektronen (Oxidation) und Aufnahme von Elektronen (Reduktion)	gleichzeitige Erhöhung der Oxidationszahl eines Atoms (Oxidation) und Erniedrigung der Oxidationszahl (Reduktion) eines anderen Atoms
Oxidation (C → CO_2) $2\,Fe_2O_3 + 3\,C \rightarrow 4\,Fe + 3\,CO_2$ Reduktion (Fe_2O_3 → Fe)	Oxidation (e^--Abgabe) (C → CO_2) $2\,Fe_2O_3 + 3\,C \rightarrow 4\,Fe + 3\,CO_2$ Reduktion (e^--Aufnahme) (Fe_2O_3 → Fe)	Oxidationszahl wird erhöht (C → CO_2) $2\,\overset{+III}{Fe_2}O_3 + 3\,\overset{0}{C} \rightarrow 4\,\overset{0}{Fe} + 3\,\overset{+IV}{C}O_2$ Oxidationszahl wird erniedrigt (Fe_2O_3 → Fe)

Tab. 7.1: Übersicht über Redoxreaktionen

- **Reduktion:** Teilreaktion, bei die Oxidationszahl eines Atoms erniedrigt wird.
- **Oxidationsmittel:** Reaktionsteilnehmer, dessen Oxidationszahl durch Elektronenaufnahme erniedrigt wird. Das Oxidationsmittel ist **Elektronenakzeptor** und wird aufgrund dessen bei der Redoxreaktion reduziert.
- **Reduktionsmittel:** Reaktionsteilnehmer, dessen Oxidationszahl durch Elektronenabgabe erhöht wird. Das Reduktionsmittel ist **Elektronendonator** und wird deswegen bei der Redoxreaktion oxidiert.
- **Korrespondierendes Redoxpaar:** Reduktionsmittel und Oxidationsmittel gehen bei Redoxreaktionen ineinander über:
  Reduktionsm. $\underset{\text{Reduktion}}{\overset{\text{Oxidation}}{\rightleftharpoons}}$ Oxidationsm. + $z\ e^-$
  z: Anzahl der pro Formelumsatz ausgetauschten Elektronen
  Beispiel: $Zn \underset{\text{Reduktion}}{\overset{\text{Oxidation}}{\rightleftharpoons}} Zn^{2+} + 2\ e^-$

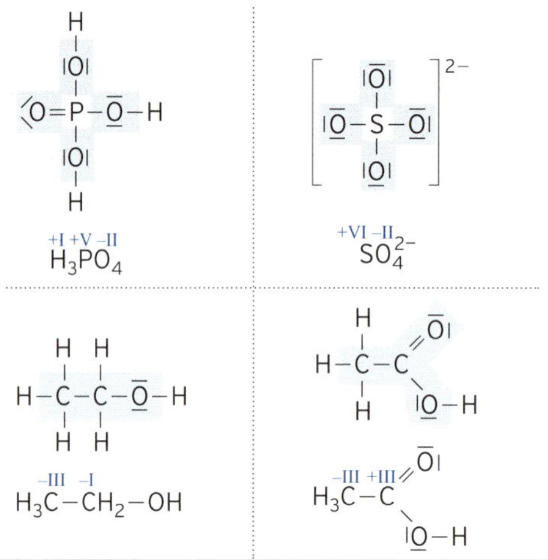

Abb. 7.3: Ermittlung von Oxidationszahlen

7.2 Einrichten von Reaktionsgleichungen für Redoxreaktionen

Kompliziertere Redoxgleichungen kann man nach dem Beispiel in → Tab. 7.2 aufstellen.

7.3 Disproportionierung – Synproportionierung

Disproportionierung und Synproportionierung sind Begriffe, die im Zusammenhang mit Redoxreaktionen häufig gebraucht werden:

Disproportionierung nennt man einen Vorgang, bei dem ein und derselbe Stoff zugleich oxidiert und reduziert wird.
Beispiel:

$$4\ K\overset{+V}{Cl}O_3 \rightarrow K\overset{-I}{Cl} + 3\ K\overset{+VII}{Cl}O_4$$

Im Edukt hat Chlor die Oxidationsstufe +V, in den Produkten -I und +VII.

Synproportionierung (auch Komproportionierung) nennt man einen Vorgang, bei dem Verbindungen höherer und niedrigerer Oxidationsstufen desselben Elements miteinander unter Bildung von Verbindungen mittlerer Oxidationsstufe reagieren.
Beispiel:

$$H_2\overset{+VI}{S}O_4 + 3\ H_2\overset{-II}{S} \rightarrow 4\ \overset{0}{S} + 4\ H_2O$$

In den Edukten hat Schwefel die Oxidationszahlen +VI und -II, im Produkt 0.

7.4 Redoxreihen

7.4.1 Metalle

Metalle unterscheiden sich in ihrer Wirkungsfähigkeit als Oxidations- oder Reduktionmittel. Durch systematische Versuchsreihen ist man in der Lage, sie entsprechend ihrem Redoxreaktionsvermögen in eine Reihe einzuordnen. Die nachfolgend beschriebenen Versuche zeigen beispielhaft die Vorgehensweise zum Erhalt einer Redoxreihe der Metalle.

Versuch a): Taucht man einen blanken Eisennagel in eine Kupfer(II)-sulfat-Lösung ein, so scheidet sich am Nagel elementares Kupfer ab und es lassen sich Fe^{2+}-Ionen nachweisen.

Oxidation: $Fe(s) \Rightarrow Fe^{2+}(aq) + 2\ e^-$
Reduktion: $Cu^{2+}(aq) + 2\ e^- \Rightarrow Cu(s)$
Redoxreaktion: $Fe(s) + Cu^{2+}(aq) \rightarrow Fe^{2+}(aq) + Cu(s)$
Reduktionsmittel: Fe(s)
Oxidationsmittel: $Cu^{2+}(aq)$

Beispiel: In eine mit Schwefelsäure versetzte Kaliumpermanganat-Lösung (violette Farbe) wird Natriumsulfit gegeben. Die Lösung entfärbt sich; sie enthält Sulfat-Ionen und Mn^{2+}-Ionen.

1 Die Angabe der Reaktion erstellen	$H^+(aq)$, $MnO_4^- + SO_3^{2-} \Rightarrow Mn^{2+} + SO_4^{2-}$
2 Für alle beteiligten Atome die Oxidationszahl berechnen	+VII –II +IV –II +II +VI –II $MnO_4^- + SO_3^{2-} \Rightarrow Mn^{2+} + SO_4^{2-}$
3 Durch Vergleich der Oxidationszahlen feststellen, welche Teilchen oxidiert und welche reduziert werden	+IV +VI $SO_3^{2-} \Rightarrow SO_4^{2-}$ Erhöhung der Oxidationszahl: Oxidation +VII +II $MnO_4^- \Rightarrow Mn^{2+}$ Erniedrigung der Oxidationszahl: Reduktion
4 Teilgleichungen für Oxidation und Reduktion erstellen	
a) Änderung der Oxidationszahl durch Elektronen ausgleichen	+IV ⇒ +VI: 2 e^- Unterschied Oxidation: $SO_3^{2-} \Rightarrow SO_4^{2-} + 2\,e^-$ +VII ⇒ +II: 5 e^- Unterschied Reduktion: $MnO_4^- + 5\,e^- \Rightarrow Mn^{2+}$
b) Ladungsdifferenz je nach Milieu mit $H^+(aq)$ im Sauren, OH^- im Basischen oder O^{2-} in Schmelzen ausgleichen	Saures Milieu: Oxidation: 2 negative Ladungen ⇒ 4 negative Ladungen $SO_3^{2-} \Rightarrow SO_4^{2-} + 2\,e^- + \mathbf{2\,H^+(aq)}$ Reduktion: 6 negative Ladungen ⇒ 2 positive Ladungen $MnO_4^- + 5\,e^- + \mathbf{8\,H^+(aq)} \Rightarrow Mn^{2+}$
c) Teilgleichung mit H_2O ausgleichen	Oxidation: $SO_3^{2-} + \mathbf{H_2O} \rightarrow SO_4^{2-} + 2\,e^- + 2\,H^+(aq)$ Reduktion: $MnO_4^- + 5\,e^- + 8\,H^+(aq) \rightarrow Mn^{2+} + \mathbf{4\,H_2O}$
5 Teilgleichungen auf Übereinstimmung beider Seiten kontrollieren bezüglich – Gesamtladung und – Anzahl der einzelnen Atome	Gesamtladung: Oxidation: 2 – ⇒ 2 – Reduktion: 2 + ⇒ 2 + Anzahl der einzelnen Atome: Oxidation: 1 x S, 4 x O, 2 x H ⇒ 1 x S, 4 x O, 2 x H Reduktion: 1 x Mn, 4 x O, 8 x H ⇒ 1 x Mn, 4 x O, 8 x H
6 Teilgleichungen durch Multiplikation so erweitern, dass sie in der Elektronenzahl (e^-) übereinstimmen	Oxidation: $SO_3^{2-} + H_2O \rightarrow SO_4^{2-} + 2\,e^- + 2\,H^+(aq)$ | · 5 Reduktion: $MnO_4^- + 5\,e^- + 8\,H^+(aq) \rightarrow Mn^{2+} + 4\,H_2O$ | · 2
7 Addition der Teilgleichungen ergibt die Gesamtgleichung	Redoxreaktion: $5\,SO_3^{2-} + 5\,H_2O + 2\,MnO_4^- + 10\,e^- + 16\,H^+(aq)$ $\rightarrow 5\,SO_4^{2-} + 10\,e^- + 10\,H^+(aq) + 2\,Mn^{2+} + 8\,H_2O$
8 Streichung von Teilchen, die auf beiden Seiten der Gesamtgleichung vorkommen	$5\,SO_3^{2-} + 2\,MnO_4^- + 6\,H^+(aq) \rightarrow 5\,SO_4^{2-} + 2\,Mn^{2+} + 3\,H_2O$
9 Gesamtgleichung auf Übereinstimmung beider Seiten kontrollieren bezüglich – Gesamtladung und – Anzahl der einzelnen Atome	Gesamtladung: 6 – ⇒ 6 – Anzahl der einzelnen Atome: 5 x S, 23 x O, 6 x H ⇒ 5 x S, 23 x O, 6 x H
10 Ergänzung der an der Redoxreaktion beteiligten Ionen durch Gegen-Ionen	$5\,SO_3^{2-} + 2\,MnO_4^- + 6\,H^+(aq) \rightarrow 5\,SO_4^{2-} + 2\,Mn^{2+} + 3\,H_2O$ $10\,Na^+$ $2\,K^+$ $3\,SO_4^{2-}$ $10\,Na^+$ $2\,SO_4^{2-}$ $2\,K^+$ SO_4^{2-}
11 Eventuell Gleichung erweitern, sodass die Stoffgleichung mit ungebrochenen Koeffizienten geschrieben werden kann	ist bei dieser Reaktionsgleichung nicht notwendig
12 Stoffgleichung	$5\,Na_2SO_3 + 2\,KMnO_4 + 3\,H_2SO_4$ $\rightarrow 5\,Na_2SO_4 + 2\,MnSO_4 + 3\,H_2O + K_2SO_4$

Tab. 7.2: Vorgehensweise beim Einrichten von Reaktionsgleichungen für Redoxreaktionen

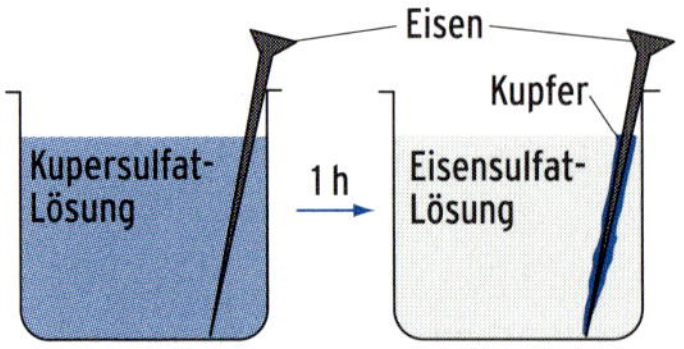

Abb. 7.4: Eisennagel in Kupfer(II)-sulfat-Lösung

Versuch b): Gibt man jedoch Kupfer in eine Eisen(II)-sulfat-Lösung, so ist keine Reaktion zu beobachten. Kupfer ist nicht in der Lage, Fe^{2+}-Ionen zu reduzieren.

Schlussfolgerungen aus den beiden Versuchen:

- Metallisches Eisen ist ein stärkeres Reduktionsmittel als metallisches Kupfer.
- Cu^{2+}-Ionen sind ein stärkeres Oxidationsmittel als Fe^{2+}-Ionen.
- ⇒ Kupfer ist ein edleres Metall als Eisen.

Bei systematischer Durchführung derartiger Versuche mit weiteren Metallen und ihren Salzlösungen kann man die Metalle nach der Stärke ihrer Reduktionswirkung und die hydratisierten Metall-Ionen nach der Stärke ihrer Oxidationswirkung ordnen. Man erhält auf diese Weise die **Redoxreihe der Metalle:**

Reduktionswirkung der Metalle (nach unten zunehmend)				Oxidationswirkung der Metall-Ionen (nach oben zunehmend)
	Au	/	$Au^{3+}(aq)$	
	Ag	/	$Ag^{+}(aq)$	
	Cu	/	$Cu^{2+}(aq)$	
	Pb	/	$Pb^{2+}(aq)$	
	Fe	/	$Fe^{2+}(aq)$	
	Zn	/	$Zn^{2+}(aq)$	
	Mg	/	$Mg^{2+}(aq)$	

Tab. 7.3: Redoxreihe der Metalle

Aus der Redoxreihe lässt sich entnehmen, dass ein Metall alle hydratisierten Metall-Ionen reduzieren kann, die oberhalb von ihm in der Redoxreihe angeordnet sind und umgekehrt, dass ein hydratisiertes Metall-Ion alle Metalle, die unterhalb von ihm in der Redoxreihe angeordnet sind, oxidieren kann.

Ein Metall „Me" und das zugehörige hydratisierte Metall-Ion „Me^{z+}" wird als **Redoxpaar** bezeichnet. Die Kurzschreibweise lautet: Me^{z+}/Me.

7.4.2 Nichtmetalle

Mit analogen Versuchen kann eine Redoxreihe des Typs „Nichtmetall/Nichtmetall-Ion" aufgestellt werden.

Reduktionswirkung (nach unten zunehmend)				Oxidationswirkung (nach oben zunehmend)
	F^-	/	F_2	
	Cl^-	/	Cl_2	
	Br^-	/	Br_2	
	I^-	/	I_2	

Tab. 7.4: Redoxreihe der Nichtmetalle

7.5 Galvanische Zellen

Taucht man einen Zinkstab in eine Kupfersulfat-Lösung, so scheidet sich Kupfer ab:

$$Zn(s) + Cu^{2+}(aq) \rightarrow Zn^{2+}(aq) + Cu(s)$$

Bei genauerer Betrachtung der Reaktion ergeben sich folgende Teilgleichungen:

Oxidation: $Zn(s) \Rightarrow Zn^{2+}(aq) + 2\,e^-$

Reduktion: $Cu^{2+}(aq) + 2\,e^- \Rightarrow Cu(s)$

Die Elektronen werden so übertragen, dass sie vom elementaren Zink zu den hydratisierten Cu^{2+}-Ionen fließen: **Im atomaren Bereich ist ein elektrischer Strom vorhanden.**

Um diesen elektrischen Strom zu nutzen, werden Zinkstab und Kupfersulfat-Lösung räumlich voneinander getrennt; gleichzeitig wird die Elektronenübertragung, über einen Metalldraht als leitende Verbindung, ermöglicht. Dieses System, das nun elektrische Energie liefern kann, wird als **galvanische Zelle** bezeichnet.

7.5.1 Aufbau einer galvanischen Zelle am Beispiel des DANIELL-Elements

Erläuterungen (→ Abb. 7.5)

- Der Zinkstab (Zink-Elektrode) taucht in eine Zinksulfat-Lösung, sodass die bei der Redoxreaktion entstehenden $Zn^{2+}(aq)$-Ionen ungehindert abgegeben werden können.
- Die leitende Verbindung (Metalldraht), die von der Zink-Elektrode ausgeht, endet in einem Kupferstab (Kupfer-Elektrode), der in die Kupfersulfat-Lösung taucht. So können die Cu^{2+}-Ionen ohne Nebenreaktionen und -effekte ungestört am Kupferstab entladen werden und sich als Cu(s) abscheiden.

- Das Diaphragma trennt die Elektrolytlösungen räumlich voneinander und ermöglicht die für den Ladungsausgleich notwendigen Ionenwanderungen der Zn^{2+}(aq)- und SO_4^{2-} (aq)-Teilchen.

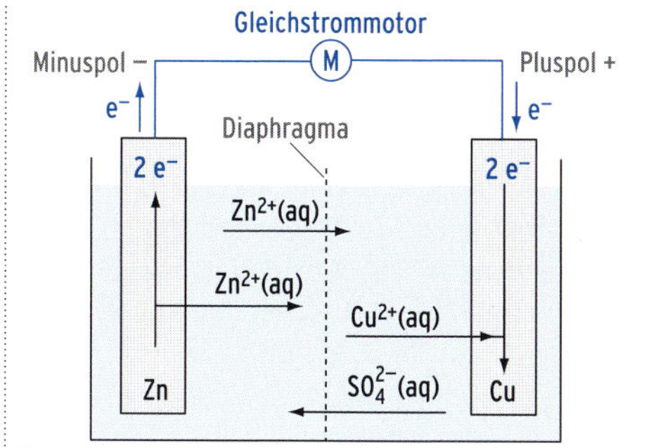

Zinkhalbzelle	Kupferhalbzelle
unedleres Metall, größerer Lösungsdruck, höherer Elektronendruck ⇒ Minuspol	edleres Metall, kleinerer Lösungsdruck, geringerer Elektronendruck ⇒ Pluspol
Elektronen-Donatorhalbzelle	Elektronen-Akzeptorhalbzelle
Halbzellenreaktion: Anode (Oxidation): $Zn(s) \Rightarrow Zn^{2+}(aq) + 2\,e^-$	Halbzellenreaktion: Kathode (Reduktion): $Cu^{2+}(aq) + 2\,e^- \Rightarrow Cu(s)$
Zelldiagramm: Zn/Zn^{2+} // Cu^{2+}/Cu	

Abb. 7.5: DANIELL-Element

7.5.2 Entstehung der Spannung in einer galvanischen Zelle

An den Elektroden der verschiedenen Halbzellen entsteht jeweils eine elektrochemische Doppelschicht aus negativen und positiven Ladungsträgern. NERNST beschrieb diese Vorgänge anschaulich als elektrochemisches Gleichgewicht zwischen dem **Lösungsdruck** des Metalls und dem **Abscheidungsdruck** der hydratisierten Metall-Kationen: Der Lösungsdruck ist eine bei jedem Metall unterschiedlich ausgeprägte Eigenschaft, in die wässrige Lösung Metall-Atome als Kationen abzugeben, wobei die bei der Bildung der Kationen entstandenen Elektronen im Metall bleiben. Kationen werden solange in die Lösung abgegeben bis die dadurch entstandene elektrische Potentialdifferenz zwischen dem negativ geladenen Metall und den positiven Metall-Ionen in der Lösung eine weitere Bildung von Metall-Kationen aufgrund der elektrostatischen Anziehung verhindert (Elektrochemische Doppelschicht, → Abb. 7.6). Die hydratisierten Metall-Kationen diffundieren aufgrund der Anziehung auch wieder zurück zum Metall und entladen sich (Abscheidungsdruck). Es stellt sich so ein elektrochemisches Gleichgewicht ein, bei dem pro Zeiteinheit gleich viele Kationen in beiden Richtungen durch die Phasengrenze „Lösung/Metall" treten. Diese Vorgänge führen zu unterschiedlichen negativen Aufladungen der Elektroden in den verschiedenen Halbzellen und damit zur Ausbildung von messbaren Elektrodenpotentialen.

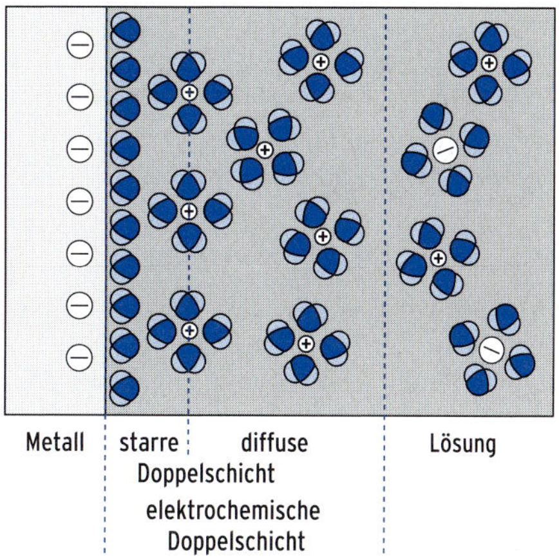

Abb. 7.6: Elektrochemische Doppelschicht an einer Metall-Elektrode, die in eine Lösung taucht

Beispiel DANIELL-Element

An der Kupfer-Elektrode werden weniger Kationen als an der Zink-Elektrode aufgrund des unterschiedlichen Lösungsdrucks der beiden Metalle gebildet. Somit werden in der Kupfer-Elektrode (edleres Metall) auch weniger Elektronen von den entstandenen hydratisierten Kationen als in der Zink-Elektrode (unedleres Metall) zurückgelassen (→ Abb. 7.7). Daher herrscht im Zinkstab ein höherer **„Elektronendruck"** als im Kupferstab. Verbindet man die beiden Elektroden mit einem Draht, fließen die Elektronen vom Elektronendonator Zink (höherer „Elektronendruck") zum Elektronenakzeptor Kupfer (geringerer „Elektronendruck"). Der Elektronendruckunterschied äußert sich in einer messbaren elektrischen Potentialdifferenz, das heißt in einer Spannung.

Da aufgrund des höheren Elektronendrucks der Zink-Stab stärker negativ geladen ist als der Kupferstab, wird er zum Minuspol und der Kupferstab zum Pluspol. Verwendet man beim Daniell-Element Salzlösungen der Stoffmengenkonzentration $c = 1\ \text{mol} \cdot \ell^{-1}$, so zeigt eine Zink/Kupfer-Zelle eine Zellspannung von 1,1 V.

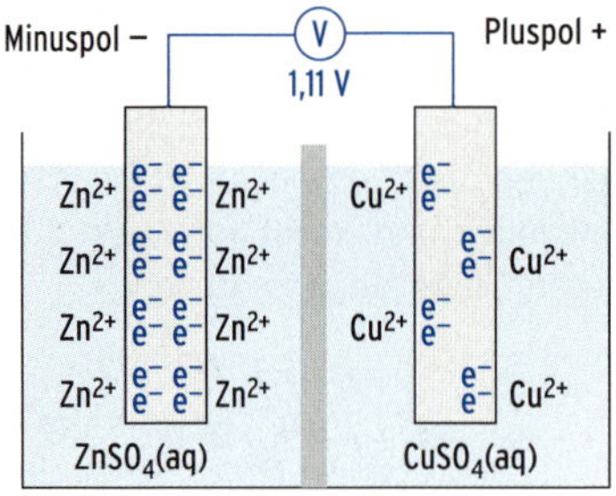

Abb. 7.7: Elektrochemische Doppelschicht an den Elektroden des Daniell-Elements

Kombination verschiedener Halbzellen

Bei Kombination der Halbzellen Ag/Ag^+, Zn/Zn^{2+}, Cu/Cu^{2+} und Pb/Pb^{2+}, bei denen die entsprechenden Salzlösungen in einer Stoffmengenkonzentration von $c = 1\ \text{mol} \cdot \ell^{-1}$ vorliegen, kann man folgende Potentialdifferenzen in Volt messen:

Galvanische Zelle	Spannung U(V)	⊕-Pol *	⊖-Pol **
$Cu/Cu^{2+}//Ag/Ag^+$	0,46	Ag	Cu
$Pb/Pb^{2+}//Ag/Ag^+$	0,93	Ag	Pb
$Pb/Pb^{2+}//Cu/Cu^{2+}$	0,47	Cu	Pb
$Zn/Zn^{2+}//Ag/Ag^+$	1,56	Ag	Zn
$Zn/Zn^{2+}//Cu/Cu^{2+}$	1,1	Cu	Zn
$Zn/Zn^{2+}//Pb/Pb^{2+}$	0,63	Pb	Zn

Tab. 7.5: * Akzeptorhalbzelle, kleinerer Elektronendruck, edleres Metall; **Donatorhalbzelle, größerer Elektronendruck, unedleres Metall

WISSEN:

Die „unedlere" Halbzelle einer galvanischen Zelle hat einen größeren Lösungsdruck, der einen höheren Elektronendruck bewirkt. Dadurch wird sie zum Minuspol. Aufgrund des größeren Lösungsdrucks findet in der unedleren Halbzelle die Oxidationsreaktion statt, die das Kennzeichen für die Anode ist.

7.6 Standard-Elektrodenpotentiale

Da es nicht möglich ist, die Potentiale von Redoxpaaren absolut zu messen, wurde willkürlich eine Bezugshalbzelle – die **Standard-Wasserstoff-Halbzelle** – festgelegt. Alle Halbzellenpotentiale werden auf die Standard-Wasserstoff-Halbzelle bezogen. Das Potential der Standard-Wasserstoff-Halbzelle ist definitionsgemäß 0 V. Ihr Aufbau entspricht einer typischen Halbzelle von nichtmetallischen Redoxpaaren, an denen eine gasförmige Phase beteiligt ist. Entsprechend ist auch beispielsweise eine Chlor-Halbzelle aufgebaut (→ Abb. 7.15). Insgesamt sind bei der Standard-Wasserstoff-Halbzelle drei Phasen zu unterscheiden:

- **gasförmige Phase:** $H_2(g)$; bei Standardbedingungen $p = 1000$ hPa, $T = 298$ K
- **flüssige Phase:** $H^+(aq)$; $c(H^+(aq)) = 1\ \text{mol} \cdot \ell^{-1}$. Die bei einer Reaktion entstehenden $H^+(aq)$-Ionen müssen von einer Säure mit definierter Konzentration aufgefangen werden, bzw. es muss eine bestimmte Konzentration an $H^+(aq)$-Ionen zur eventuellen H_2-Bildung zur Verfügung stehen.
- **feste Phase:** platiniertes Platinblech; inerte Elektrode (Ableitelektrode), Adsorption von H_2, Katalysatorwirkung, Zu- bzw. Ableitung der Elektronen

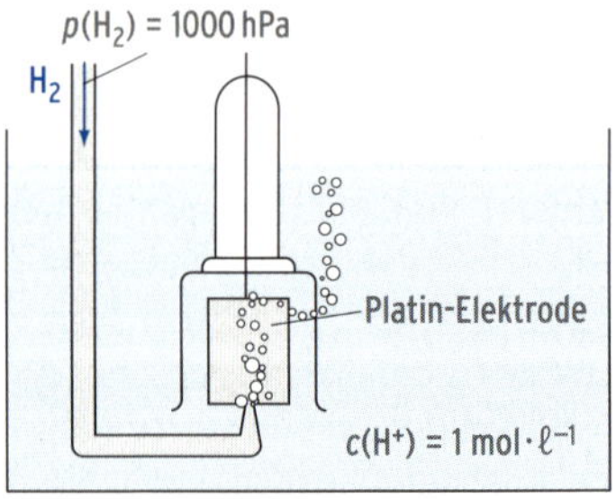

Abb. 7.8: Standard-Wasserstoff-Halbzelle

Funktionsweise

Das platinierte (Oberflächenvergrößerung!) Platinblech wird von Wasserstoff bei einem Druck von 1000 hPa umspült; ein Teil des Gases wird am Platin adsorbiert und reagiert folgendermaßen,

a) falls die andere Halbzelle edler ist:
$H_2(g) \Rightarrow 2\,H^+(aq) + 2\,e^-$

b) falls die andere Halbzelle unedler ist:

$2\,H^+(aq) + 2\,e^- \Rightarrow H_2(g)$

Der Ablauf dieser Reaktionen wird durch das inerte Platin katalysiert.

WISSEN:

Die Kurzbezeichnung der Standard-Wasserstoffelektrode lautet:
$H^+/\frac{1}{2}H_2(Pt)$ bzw. $\frac{1}{2}H_2(Pt)/H^+$

Wird eine andere Halbzelle unter Standardbedingungen (c = 1 mol·ℓ$^{-1}$, T = 298 K) mit der Standard-Wasserstoff-Halbzelle zu einer galvanischen Zelle verbunden, so bezeichnet man die gemessene Potential differenz als **Standardelektrodenpotential**, kurz **Redoxpotential**, U_H^0. Der Index „H" weist auf die Wasserstoff-Halbzelle als Bezugshalbzelle hin.

Beispiel: Messung des Standard-Elektrodenpotentials von Cu/Cu^{2+} (→ Abb. 7.9): Es wird ein Redoxpotential von U_H^0 = 0,34 V gemessen.

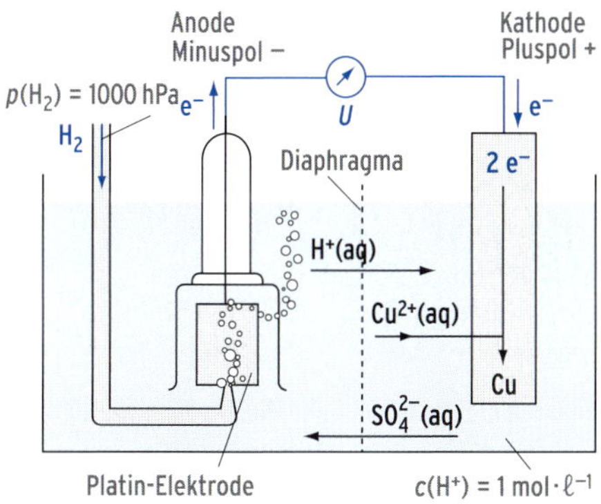

Abb. 7.9: Bestimmung des Standardpotentials von Cu^{2+}/Cu.
Anode (Oxidation): $H_2(g) \Rightarrow 2\,H^+(aq) + 2\,e^-$;
Kathode (Reduktion): $Cu^{2+}(aq) + 2\,e^- \Rightarrow Cu(s)$;
U_H^0 = 0,34 V

Die Zellspannung U zwischen verschieden Halbzellen einer galvanischen Zelle kann aus den Standardpotentialen U_H^0 berechnet werden :

$U = U_H^0$ (Akzeptorhalbzelle)
$- U_H^0$ (Donatorhalbzelle)

bzw. $U = U_H^0$ (Kathode) $- U_H^0$ (Anode)

Beispiel: Berechnung der Zellspannung der galvanischen Zelle „$\frac{1}{2}H_2(Pt)/H^+//Cu^{2+}/Cu$":

$U = U_H^0\,(Cu^{2+}/Cu) - U_H^0\,(H^+/\frac{1}{2}H_2(Pt))$

U = 0,34 V − 0 V = + 0,34 V

Das Kathodenpotential ist dabei immer größer als das Anodenpotential:

U_H^0 (Kathode) > U_H^0 (Anode)

Spontan und freiwillig laufen nur solche Redoxreaktionen ab, für die U einen positiven Wert hat.

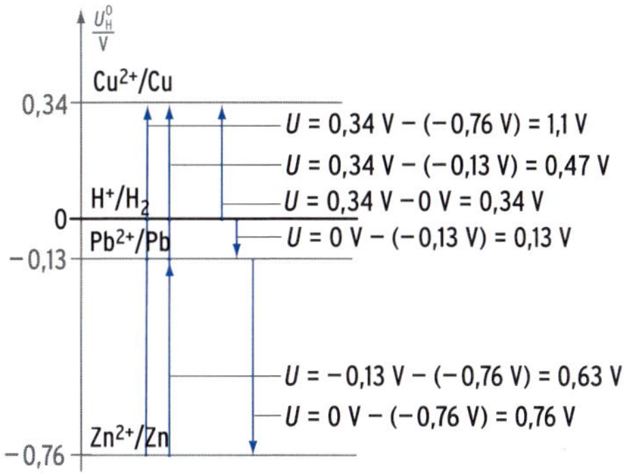

Abb. 7.10: Spannungen verschiedener galvanischer Zellen

Ordnet man alle Redoxpaare nach ihren Standard-Elektrodenpotentialen erhält man die sogenannte **Spannungsreihe**.

oxidierte Form ⇌	reduzierte Form	U_H^0/V
$Li^+(aq) + e^-$	⇌ $Li(s)$	−3,04
$K^+(aq) + e^-$	⇌ $K(s)$	−2,92
$2\,H_2O(l) + 2\,e^-$	⇌ $H_2(g) + 2\,OH^-(aq)$	−0,83
$Zn^{2+}(aq) + 2\,e^-$	⇌ $Zn(s)$	−0,76
$Pb^{2+}(aq) + 2\,e^-$	⇌ $Pb(s)$	− 0,13
$2\,H^+(aq) + 2\,e^-$	⇌ $H_2(g)$	0,00
$Cu^{2+}(aq) + 2\,e^-$	⇌ $Cu(s)$	0,34
$O_2(g) + 2\,H_2O(l) + 4\,e^-$	⇌ $4\,OH^-(aq)$	0,40
$I_2(aq) + 2\,e^-$	⇌ $2\,I^-(aq)$	0,54
$Ag^+(aq) + e^-$	⇌ $Ag(s)$	0,80
$Br_2(l) + 2\,e^-$	⇌ $2\,Br^-(aq)$	1,09
$Cl_2(g) + 2\,e^-$	⇌ $2\,Cl^-(aq)$	1,36
$H_2O_2(aq) + 2\,H+(aq) + 2\,e^-$	⇌ $2\,H_2O(l)$	1,77
$S_2O_8^{2-}(aq) + 2\,e^-$	⇌ $2\,SO_4^{2-}(aq)$	2,01
$F^2(g) + 2\,e^-$	⇌ $2\,F^-(aq)$	2,87

Tab. 7.6: Spannungsreihe einiger Standard-Elektrodenpotentiale

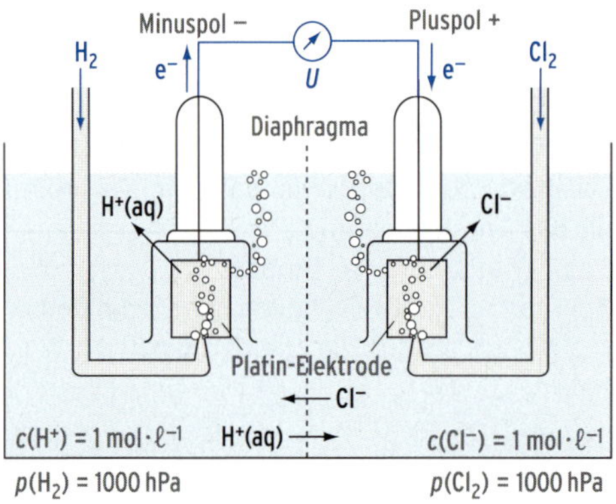

Abb. 7.11: Bestimmung des Standardpotentials von Cl_2/Cl^-
Minuspol, Anode (Oxidation): $H_2(g) \Rightarrow 2H^+(aq) + 2\,e^-$,
Pluspol, Kathode (Reduktion): $Cl_2(g) + 2\,e^- \Rightarrow 2\,Cl^-(aq)$;
$U_H^0 = 1{,}36$ V

WISSEN:

Je kleiner das Standard-Elektrodenpotential ist, desto stärker reduzierend wirkt das Redoxsystem; je größer das Standard-Elektrodenpotential ist, desto stärker oxidierend wirkt das Redoxsystem.

Beispiel: Stärkstes Reduktionsmittel ist das Alkalimetall Lithium (U_H^0 (Li^+/Li) = −3,04 V), stärkstes Oxidationsmittel ist das Halogen Fluor (U_H^0 (F_2/F^-) = 2,87 V).

Halbzelltypen im Überblick

- **Metall-Halbzelle**, z. B.: Cu^{2+}/Cu, Zn^{2+}/Zn (→ Abb. 7.14).
  Die Metalle sind an der Reaktion beteiligt und dienen gleichzeitig als Zu- bzw. Ableitelektrode für Elektronen.
- **Nichtmetall-Halbzelle**, z. B.: $H^+/\frac{1}{2}H_2(Pt)$, $\frac{1}{2}Cl_2/Cl^-$ (Pt) (→ Abb. 7.8 und Abb. 7.15).
  Das inerte Platin dient als Zu- bzw. Ableitelektrode für Elektronen und hat katalytische Funktion.
- **Halbzelle mit homogenen Redoxsystemen**, z. B.: $Fe^{3+}(Pt)/Fe^{2+}$, $Cr_2O_7^{2-}/Cr^{3+}(Pt)$ (→ Abb. 7.16).
  Das inerte Platin dient als Zu- bzw. Ableitelektrode für Elektronen und hat katalytische Funktion.

7.7 Konzentrationsabhängigkeit der Elektrodenpotentiale

Kombiniert man zwei gleiche Halbzellen desselben Redoxsystems, so zeigt sich kein Spannungsunterschied. Sind jedoch die **Elektrolyten** der Halbzellen desselben Redoxsystems **unterschiedlich konzentriert**, so ist ein Potentialunterschied festzustellen. Im Falle eines Metall-Halbzellen-Systems Me^{n+}/Me ist die Halbzelle mit der höheren Elektrolytkonzentration der

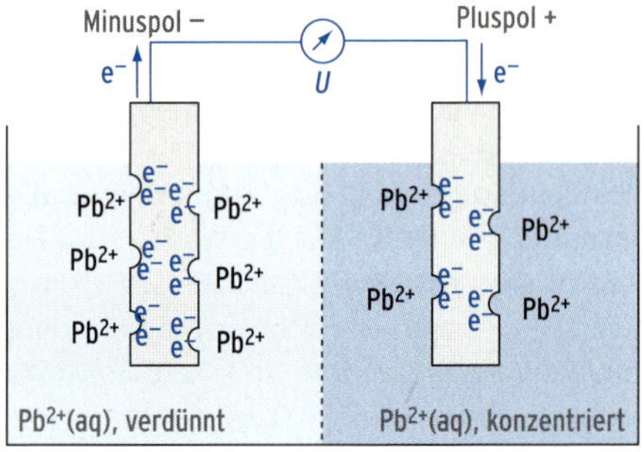

geringere Konzentration der Pb^{2+}-Ionen, ⇒	**höhere Konzentration der Pb^{2+}-Ionen, ⇒**
geringerer Abscheidungsdruck der Pb^{2+}-Ionen	höherer Abscheidungsdruck der Pb^{2+}-Ionen
höherer Lösungsdruck (-tension) des Pb	geringerer Lösungsdruck (-tension) des Pb
höherer Elektronendruck	niedrigerer Elektronendruck
Minus-Pol	Plus-Pol
Elektronendonator	Elektronenakzeptor
Anode	Kathode
Oxidation	Reduktion
$Pb \rightleftharpoons Pb^{2+} + 2\,e^-$	$Pb^{2+} + 2\,e^- \rightleftharpoons Pb$

$Pb^{2+}(c_2) + Pb \rightleftharpoons Pb^{2+}(c_1) + Pb \qquad c_1 < c_2$

⇒ bis zum Konzentrationsausgleich Potentialdifferenz und Stromfluss nachweisbar

$$U_{Konz.\text{-}zelle} = \frac{0{,}059\,V}{z} \cdot \lg \frac{c_A}{c_D}$$

z: Zahl der pro Formelumsatz ausgetauschten Elektronen
c_A: Elektrolytkonzentration in der Akzeptorzelle
c_D: Elektrolytkonzentration in der Donatorzelle
Pro Zehnerpotenz Konzentrationsunterschied ergibt sich eine Spannung von $z^{-1} \cdot 59$ mV

Abb. 7.12: Potentialdifferenz in einer Blei-Konzentrationszelle (Halbzellen mit unterschiedlicher Elektrolytkonzentration)

Pluspol, da aufgrund des höheren Abscheidungsdrucks der in der Lösung vorliegenden Metall-Kationen nicht so viele Kationen von der Metall-Elektrode aus in Lösung gehen können und sich somit ein niedrigerer Elektronendruck in der Elektrode einstellt.
Eine derartige galvanische Zelle wird als **Konzentrationszelle** bezeichnet. Mit der Zeit nimmt der Konzentrationsunterschied aufgrund der Elektrodenreaktionen ab und infolgedessen sinkt die Spannung. Wenn beide Halbzellen gleich konzentriert sind, kommt der Stromfluss zum Erliegen (→ Abb. 7.12).

Den quantitativen Zusammenhang zwischen der Elektrolytkonzentration *c* und dem Elektrodenpotential stellt die **NERNST-Gleichung** her. Mit dieser Gleichung lässt sich die Konzentrationsabhängigkeit des Redoxpotentials eines

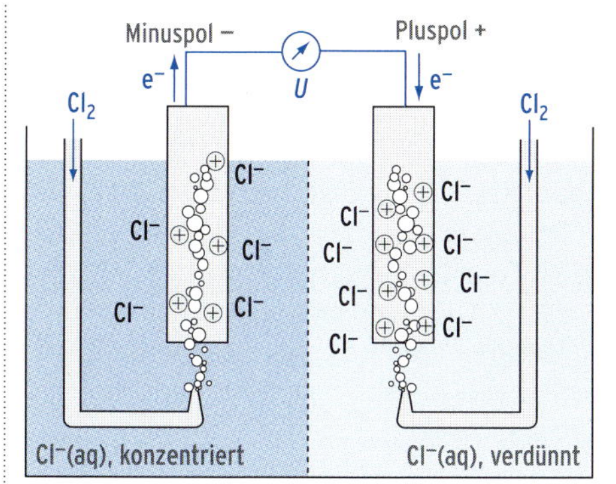

höhere Konzentration an Cl^--Ionen, ⇒	geringere Konzentration an Cl^--Ionen, ⇒
höherer e^--Abgabedruck der Cl^--Ionen (Abscheidungsdruck)	geringerer e^--Abgabedruck der Cl^--Ionen (Abscheidungdruck)
geringerer Lösungsdruck des Cl_2 (Bildung von weniger Cl^--Ionen)	höherer Lösungsdruck des Cl_2 (Bildung von mehr Cl^--Ionen)
höherer Elektronendruck	niedrigerer Elektronendruck
Minuspol	Pluspol
Elektronendonator	Elektronenakzeptor
Anode	Kathode
Oxidation	Reduktion
$2\,Cl^- \Rightarrow Cl_2 + 2\,e^-$	$Cl_2 + 2\,e^- \Rightarrow 2\,Cl^-$

Abb. 7.13: Potentialdifferenz in einer Chlor-Konzentrationszelle

Redoxpaares beschreiben, das heißt, man kann das Potential einer Halbzelle mit beliebiger Elektrolytkonzentration berechnen.
Die allgemeine Form der NERNST-Gleichung für die **allgemeine Elektrodenreaktion**

Red $\rightleftharpoons$ Ox + z e^- lautet:

$$U_H\,(\text{Ox/Red}) = U_H^0\,(\text{Ox/Red}) + \frac{R \cdot T}{z \cdot F} \cdot \ln \frac{c\,(\text{Ox})}{c\,(\text{Red})}.$$

R: universelle Gaskonstante (8,314 $J \cdot K^{-1} \cdot mol^{-1}$)
T: Temperatur in K
z: Anzahl der pro Formelumsatz ausgetauschten Elektronen
F: FARADAY-Konstante (96 500 $C \cdot mol^{-1}$)
ln: natürlicher Logarithmus
(Ox), (Red): nach den Regeln des Massenwirkungsgesetzes gebildete Terme für oxidierte bzw. reduzierte Form des Redoxpaars

Aus der Gleichung geht hervor, dass das Elektrodenpotential vom Druck, von der Stoffmengenkonzentration und auch von der Temperatur abhängt.

Für spezielle Anwendungen bei 25 °C vereinfacht sich die NERNST-Gleichung (siehe nachfolgende Übersichten a) bis c)):

a) Metall-Halbzelle und Wasserstoff-Halbzelle

$$U_H\,(Me^{z+}/Me) = U_H^0\,(Me^{z+}/Me) + \frac{0{,}059\,V}{z} \cdot \lg \frac{c\,Me^{z+}}{mol \cdot \ell^{-1}}$$

Beispiel Metall-Halbzelle:

$$U_H\,(Zn^{2+}/Zn) = U_H^0\,(Zn^{2+}/Zn) + \frac{0{,}059\,V}{2} \cdot \lg \frac{c(Zn^{2+})}{mol \cdot \ell^{-1}}$$
$$= -0{,}76\,V + \frac{0{,}059\,V}{2} \cdot (-3)$$
$$= 0{,}848\,V$$

Beispiel Wasserstoff-Halbzelle:

$$U_H\,(H^+/H_2) = U_H^0\,(H^+/H_2) + \frac{0{,}059\,V}{1} \cdot \lg \frac{c\,(H^+)}{mol \cdot \ell^{-1}}$$

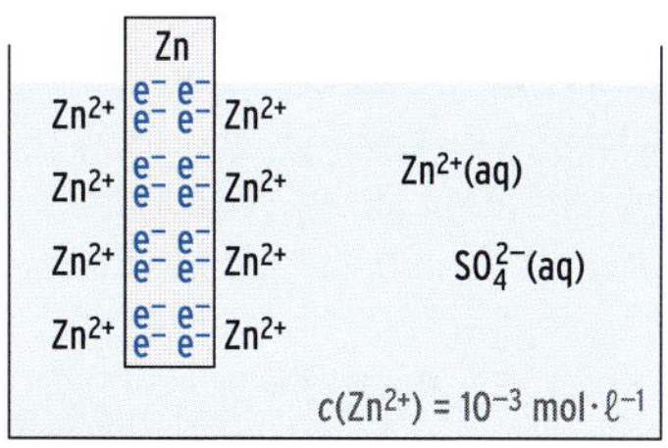

Abb. 7.14: Zn^{2+}(aq) + 2 e^- $\rightleftharpoons$ Zn(s)

b) Nichtmetall-Halbzelle

$$U_H\,(X_2/X^{z-}) = U_H^0\,(X_2/X^{z-}) + \frac{0{,}059\,V}{z} \cdot \lg c\,X^{z-}$$

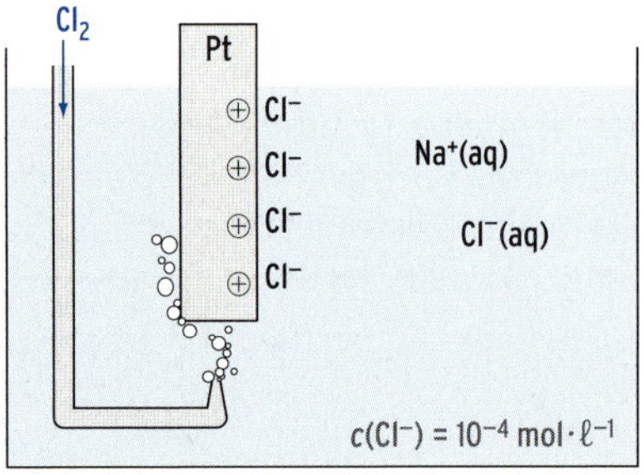

Abb. 7.15: $Cl_2(g) + 2\ e^- \rightleftharpoons 2\ Cl^-(aq)$

Beispiel:

$$U_H\,(Cl_2/Cl^-) = U_H^0\,(Cl_2/Cl^-) + \frac{0{,}059\ V}{1} \cdot \lg c(Cl^-)$$
$$= +1{,}36 - 0{,}059\ V \cdot (-4) = 1{,}596\ V$$

c) Halbzelle mit homogenem Redoxsystem

$$U_H\,(Ox/Red) = U_H^0\,(Ox/Red) + \frac{0{,}059\ V}{z} \cdot \lg \frac{c\,(Ox)}{c\,(Red)}$$

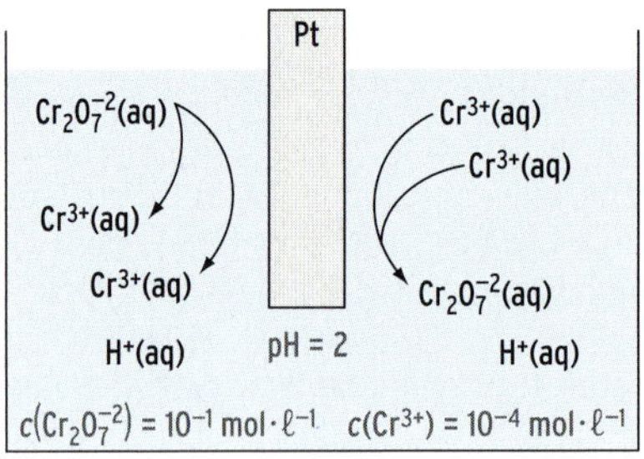

Abb. 7.16:
$Cr_2O_7^{2-}(aq) + 6\ e^- + 14\ H^+(aq) \rightleftharpoons 2\ Cr^{3+}(aq) + 7\ H_2O(l)$

Beispiel:

$$U_H\,(Cr_2O_7^{2-}/Cr^{3+})$$
$$= U_H^0\,(Cr_2O_7^{2-}/Cr^{3+}) + \frac{0{,}059\ V}{6} \cdot \lg \frac{c\,(CrO_7^{2-} \cdot c^{14}(H^+)}{c^2\,(Cr^{3+})}$$
$$= 1{,}33\ V + \frac{0{,}059\ V}{6} \cdot \lg \frac{10^{-1}\,(10^{-2})^{14}}{(10^{-4})^2} = 1{,}12\ V$$

Hinweis: Eine Erhöhung der Konzentration an H^+-Ionen an diesem Beispiel hat eine Verschiebung des Gleichgewichts zur Seite der Produkte zur Folge und somit eine Erniedrigung des Elektronendrucks. Da ein kleiner Elektronendruck einem positiveren Elektrodenpotential gleichkommt, steigt das Potential.

WISSEN:

Potentiale von Redoxreaktionen, an denen H^+-Ionen bzw. OH^--Ionen beteiligt sind, hängen vom pH-Wert des Elektrolyten ab.

7.8 Redoxreaktionen in der Analytik

Redoxreaktionen sind bei vielen analytischen Untersuchungen von Bedeutung. Enthalten Lösungen oxidierbare oder reduzierbare Substanzen, kann der Anteil dieser Stoffe mithilfe einer Redoxtitration bestimmt werden. Bei diesem Titrationstyp wird der Elektronenübergang zwischen den Teilchen der Maßlösung und der Probelösung verfolgt. Den Endpunkt der Redoxreaktion (den Äquivalenzpunkt) kann man bei farbigen Titrationsmitteln, wie beispielsweise bei Permanganat-Ionen oder Iod, optisch gut erkennen.

7.8.1 Manganometrie – quantitative Analyse von reduzierenden Stoffen

Die violette Permanganat-Maßlösung wird bei der Titration einer Probe, die einen oxidierbaren Stoff enthält, nach folgender Reaktionsgleichung entfärbt:

$MnO_4^-(aq) + 8\ H^+(aq) + 5\ e^-$
$\Rightarrow Mn^{2+}(aq) + 4\ H_2O(l);\ U_H^0 = 1{,}51\ V$

Endpunktsanzeige der Titration: Der erste überschüssige Tropfen Permanganat-Maßlösung färbt die Lösung schwach rosa. $MnO_4^-(aq)$ ist hierbei Oxidationsmittel. Aus dem Volumen der verbrauchten Kaliumpermanganat-Lösung lässt sich die Konzentration des Reduktionsmittels berechnen.

Anwendung: Bestimmung des Gehalts

- von Ca^{2+}, Fe^{2+}, Fe^{3+}, Mn^{2+}, H_2O_2, Nitrit, Oxalat und Phosphat, und andere Stoffen, die als Reduktionsmittel gegenüber Permanganat fungieren.
- an leicht oxidierbaren organischen Stoffen in Trink-, Fluss- und Seewasser.

7.8.2 Iodometrie – quantitative Analyse von reduzierenden und oxidierenden Stoffen

Da das Redoxpaar I_2/I^- ein mittleres Redoxpotential von $U_H^0 = 0{,}54\ V$ in der Spannungsreihe hat, kann man sowohl reduzierende als auch oxidierende Stoffe mithilfe der Iodometrie bestimmen.

a) Analyse von reduzierenden Stoffen.

Die braune Iod-Maßlösung wird bei der Titration einer Probe entfärbt, die einen oxidierbaren Stoff enthält:

$I_2(aq) + 2\,e^- \Rightarrow 2\,I^-(aq)$

Endpunktsanzeige der Titration: Der erste überschüssige Tropfen Iod-Maßlösung bildet mit zugesetzter Stärke-Lösung den tiefblauen Iod-Stärke-Komplex. Das elementare Iod ist in diesem Fall Oxidationsmittel.

Anwendung: Beispielsweise Bestimmung des Gehalts von Sulfit-Ionen.

b) Analyse von oxidierenden Stoffen.

Die Probe wird mit Kaliumiodid-Lösung im Überschuss versetzt; dabei bildet sich eine der Probe äquivalente Menge Iod:

$2\,I^-(aq) \Rightarrow I_2(aq) + 2\,e^-$

Das Iod-Ion ist hierbei Reduktionsmittel. Die entstandene Iodmenge wird durch Titration mit Natriumthiosulfat-Maßlösung bestimmt:

$I_2(aq) + 2\,S_2O_3^{2-}(aq) \Rightarrow 2\,I^-(aq) + S_4O_6^{2-}(aq)$

Endpunktsanzeige: Durch Entfärbung des tiefblauen Iod-Stärke-Komplexes.

Anwendung der Iodometrie: Bestimmung des Gehalts von freiem Chlor oder Brom in wässriger Lösung, von Wasserstoffperoxid oder auch Peroxiden wie Perborat.

Redoxsystem	U_H^0
$2\,CO_2 + 2\,H^+ + 2\,e^- \rightleftharpoons H_2C_2O_4$	−0,49 V
$S_4O_6^{2-} + 2\,e^- \rightleftharpoons 2\,S_2O_3^{2-}$	+0,08 V
$SO_4^{2-} + 2\,H^+ + 2\,e^- \rightleftharpoons SO_3^{2-} + H_2O$	+0,17 V
$I_2(s) + 2\,e^- \rightleftharpoons 2\,I^-$	**+0,54 V**
$O_2(g) + 2\,H^+ + 2\,e^- \rightleftharpoons H_2O_2$	+0,68 V
$Fe^{3+} + e^- \rightleftharpoons Fe^{2+}$	+0,77 V
$NO_3^- + 2\,H^+ + 2\,e^- \rightleftharpoons NO_2^- + H_2O$	+0,94 V
$IO_3^- + 6\,H^+ + 6\,e^- \rightleftharpoons I^- + 3\,H_2O$	+1,09 V
$BrO_3^- + 6\,H^+ + 6\,e^- \rightleftharpoons Br^- + 3\,H_2O$	+1,44 V
$MnO_4^- + 8\,H^+ + 5\,e^- \rightleftharpoons Mn^{2+} + 4\,H_2O$	**+1,51 V**

Tab. 7.7: Manganometrisch und iodometrisch bestimmbare Stoffe

7.9 Donator-Akzeptor-Konzept: Redoxreaktionen und Säure/Base-Reaktionen im Vergleich

Kriterium	Säure/Base-System	Redoxsystem
grundlegender Mechanismus	Donator-Akzeptor-Prinzip Protonenübergang	Elektronenübergang
Donatorfunktion	Säure „HA“ = Protonendonator	Reduktionsmittel „Red“ = Elektronendonator
Akzeptorfunktion	Base „A^-“ = Protonenakzeptor	Oxidationsmittel „Ox“ = Elektronenakzeptor
korrespondierendes Paar	$HB \rightleftharpoons B^- + H^+$	$Red \rightleftharpoons Ox + n \cdot e^-$
Funktionsschema (zwei korrespondierende Paare)	Säure 1 + Base 2 $\rightleftharpoons$ Base 1 + Säure 2 $HA + B^- \rightleftharpoons A^- + HB$	Red 1 + Ox 2 $\rightleftharpoons$ Ox 1 + Red 2
Donator- als auch Akzeptorfunktion	Ampholyt (amphoteres Teilchen) z. B. H_2O	Atom mit mittlerer Oxidationsstufe z. B. H_2O_2
Disproportionierung	Autoprotolyse: $2\,HA \rightleftharpoons H_2A^+ + A^-$	Red Ox $\rightleftharpoons$ Red + Ox
Größe für das Potential bzw. die Stärke der Donator-Akzeptorfunktion	Säure-/Baseexponent pK_S/pK_B, gegebenenfalls pH-Wert	Standardpotential U_H^0
Einordnung der Größe des Potentials (Stärke)	pK_S/pK_B-Reihe	elektrochemische Spannungsreihe
Konzentrationsabhängigkeit des Potentials	$pH = pKs + \lg \frac{c(A^-)}{c(HA)}$ HENDERSON-HASSELBALCH-Gleichung	$U_H = U_H^0(Ox/Red) + \frac{0{,}059V}{z} \cdot \lg c(Ox)/c(Red)$ NERNST-Gleichung

Tab. 7.8: Redoxreaktionen und Säure/Base-Reaktionen im Vergleich

7.10 Redoxreaktion und galvanische Zelle im Überblick

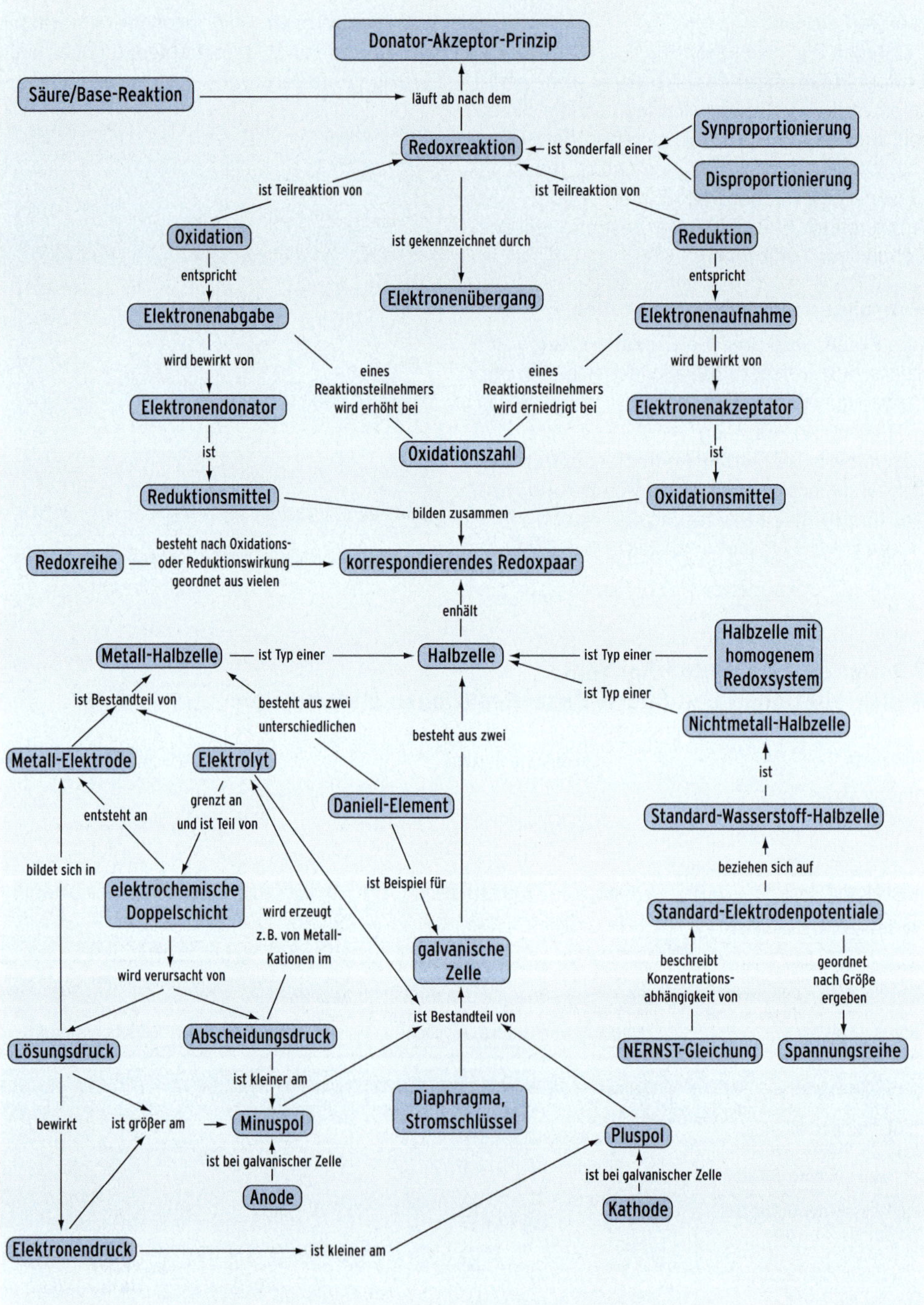

Abb. 7.17: Überblick „Redoxreaktion und galvanische Zelle"

8__Redoxreaktionen in Alltag und Technik

BASISKONZEPT: Donator-Akzeptor-Prinzip

In Alltag und Technik begegnet man vielen elektrochemischen Vorgängen, die auf Elektronenübergängen nach dem Donator-Akzeptor-Konzept beruhen.

- **Elektrochemische Produktionsverfahren:** Elektrochemische Produktionsverfahren basieren in der Regel auf einer Elektrolyse. Dabei werden salzartige Stoffe durch Zufuhr elektrischer Energie zerlegt. Aus einer aluminiumoxidhaltigen Schmelze lässt sich nach dieser Methode reines Aluminium gewinnen. Die Metalle Kupfer, Silber und Gold lassen sich durch Elektrolyse reinigen. Aus Kochsalzlösung erhält man bei der Chlor-Alkali-Elektrolyse die Grundchemikalien Chlor, Natronlauge und Wasserstoff.
- **Korrosion:** Die Korrosion von Metallen beruht auf dem Prinzip einer kurzgeschlossenen galvanischen Zelle, die auch als Lokalelement bezeichnet wird. Zum Schutz vor Korrosion kann man auch durch Elektrolyse Überzüge auf unedle Metalle aufbringen.
- **Mobile Energiequellen:** Batterien und die wiederaufladbaren Akkumulatoren liefern elektrische Energie unabhängig von einer Steckdose.
  Im Fall der Brennstoffzellen werden Reduktions- und Oxidationsmittel zur Gewinnung elektrischer Energie kontinuierlich von außen zugeführt.

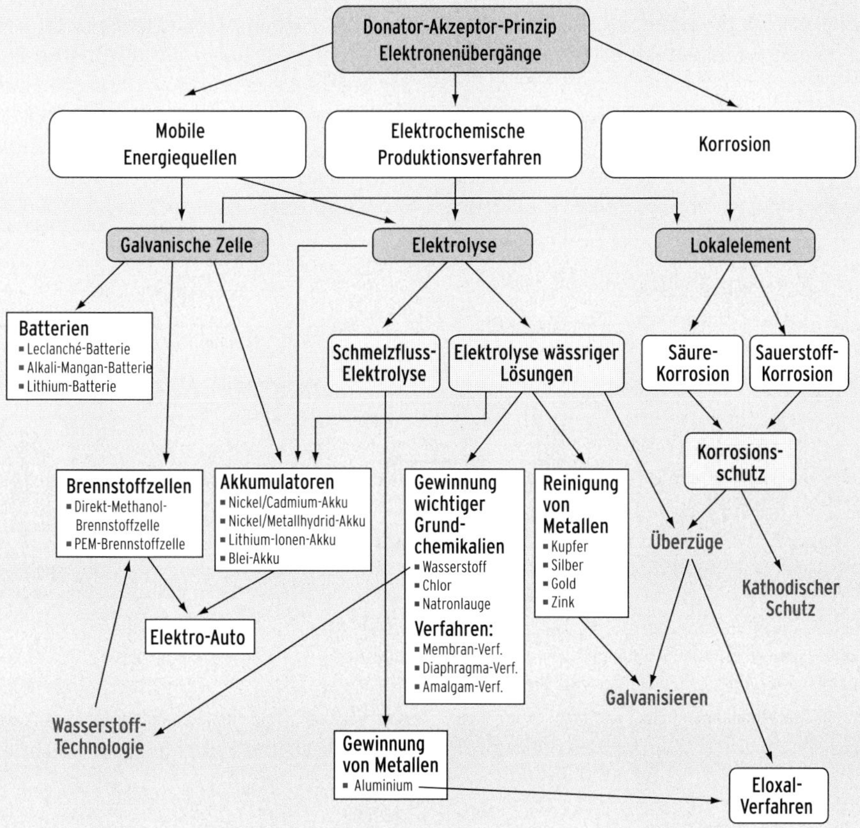

Abb. 8.1: Redoxreaktionen in Alltag und Technik – ein Überblick

8.1 Elektrolyse – erzwungene Redoxreaktionen

8.1.1 Elektrolyse wässriger Lösungen

In einer galvanischen Zelle laufen Redoxreaktionen freiwillig ab, dabei wird chemische Energie in elektrische Energie umgewandelt.
Die Umkehrung einer spontan ablaufenden Redoxreaktion ist nur unter Einsatz elektrischer Energie möglich, die von außen zugeführt werden muss. Die zugeführte elektrische Arbeit wird als chemische Energie in den entstehenden Produkten gespeichert. Ein solcher erzwungener Vorgang wird als **Elektrolyse** bezeichnet.
Taucht man zwei Graphit-Elektroden in eine wässrige Zinkbromid-Lösung und legt eine entsprechend hohe äußere Gleichspannung an, scheiden sich an der Kathode Zink und an der Anode elementares Brom ab. An der Kathode werden folglich Zink-Ionen zu Zink reduziert, an der Anode Bromid-Ionen zu Brom oxidiert (→ Abb. 8.2).
Aufgrund der äußeren angelegten Gleichspannung **fließen die Elektronen** im Vergleich zur galvanischen Zelle **in umgekehrter Richtung**, sodass am Minuspol nun die Reduktion und am Pluspol die Oxidation stattfindet. Der Minuspol wird im Vergleich zur galvanische Zelle somit zur Kathode (kathodische Reduktion) und der Pluspol zur Anode (anodische Oxidation).

Elektrodenreaktionen

Pluspol, Anode (Oxidation):

$2\ Br^-(aq) \Rightarrow Br_2(g) + 2\ e^-$

Minuspol, Kathode (Reduktion):

$Zn^{2+}(aq) + 2\ e^- \Rightarrow Zn(s)$

Unterbricht man die Elektrolyse und trennt die Elektroden von der äußeren Spannungsquelle, lässt sich zwischen den Elektroden eine Spannung von ungefähr 1,8 V messen. Durch die vorangegangene Elektrolyse ist eine galvanische Zelle entstanden: die Graphit-Kathode wurde zur Zink-Elektrode und die Graphit-Anode zur Brom-Elektrode. Diese Veränderung der Elektrodeneigenschaften aufgrund einer Elektrolyse wird als **Polarisation** der Elektroden bezeichnet (→ Abb. 8.2). Schaltet man zwischen die Elektroden einen kleinen Elektromotor (→ Abb. 8.2, rechts), so reicht die elektrische Energie der entstandenen galvanischen Zelle aus, um ihn für kurze Zeit zu betreiben. Dabei lösen sich sowohl die Zink-Anode als auch die Brom-Kathode wieder auf: Zink wird zu Zn^{2+} oxidiert und Brom wird zu Br^- reduziert.

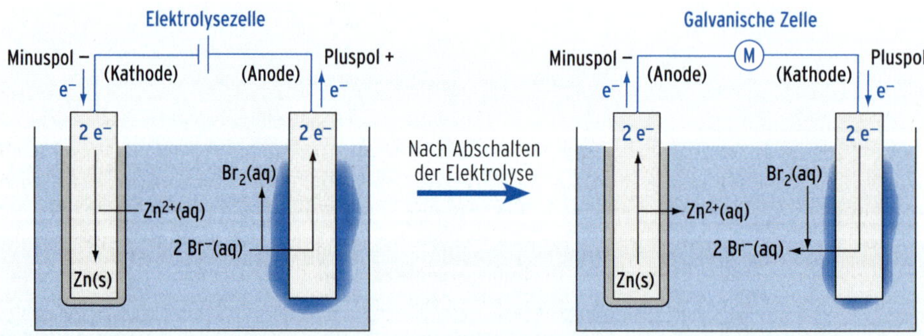

Minuspol, Kathode (Reduktion):	Pluspol, Anode (Oxidation):	Minuspol, Anode (Oxidation):	Pluspol, Kathode (Reduktion):
$Zn^{2+}(aq) + 2\ e^- \Rightarrow Zn(s)$	$2\ Br^-(aq) \Rightarrow Br_2(aq) + 2\ e^-$	$Zn(s) \Rightarrow Zn^{2+} + 2\ e^-$	$Br_2(aq) + 2\ e^- \Rightarrow 2\ Br^-(aq)$
Gesamtreaktion: $ZnBr_2(aq) \longrightarrow Zn(s) + Br_2(aq)$		Gesamtreaktion: $Zn(s) + Br_2(aq) \longrightarrow ZnBr_2(aq)$	
		Zelldiagramm: $Zn^{2+}/Zn(Graphit)//Br_2/Br^-(Graphit)$	
		$U = U^0_H(\text{Kathode}) - U^0_H(\text{Anode})$ $U = U^0_H(Br^-/Br_2) - U^0_H(Zn^{2+}/Zn)$ $U = 1{,}09\ V - (-0{,}76\ V) = 1{,}85\ V$	

Abb. 8.2: Vorgänge in einer Elektrolysezelle und in der durch Elektrolyse entstandenen galvanischen Zelle

WISSEN:

Bei einer Elektrolyse in wässriger Lösung laufen unter Aufwendung elektrischer Energie die umgekehrten chemischen Vorgänge ab wie in einer galvanischen Zelle. Dabei bleibt im Vergleich zur galvanischen Zelle die Zuordnung von Minus- und Pluspol bestehen, jedoch wird der Minuspol zur Kathode (Reduktionsreaktion) und der Pluspol zur Anode (Oxidationsreaktion).

8.1.2 Stromstärke-Spannungskurven

Bei der Elektrolyse einer Zinkbromid-Lösung muss man zur elektrolytischen Abscheidung eine höhere Gleichspannung anlegen, als bei der galvanischen Zelle (1,85 V) erzeugt wird.
Die Ursachen hierfür sollen an der Elektrolyse einer Kupfersulfat-Lösung $(c(CuSO_4) = 1\,mol \cdot \ell^{-1})$ mit jeweils a) Kupfer-, b) Graphit- und c) Platin-Elektroden näher untersucht werden.
In der Praxis erhöht man dazu von null Volt ausgehend in kleinen Schritten die Spannung *U* und misst jeweils die Stromstärke *I* in der Elektrolysezelle. Stellt man die Stromstärke in Abhängigkeit von der angelegten Spannung grafisch dar, erhält man eine **Stromstärkespannungskurve** (→ Abb 8.3).

a) Elektrolyse einer Kupfersulfat-Lösung mit Kupfer-Elektroden

Die Kupfermenge, die an der Anode in Lösung geht, entspricht derjenigen, die sich an der Kathode abscheidet. Die Anode löst sich auf, die Kathode wächst. Je größer die Spannung, umso größer die Stromstärke, desto größer die abgeschiedene Stoffmenge pro Zeit: Die

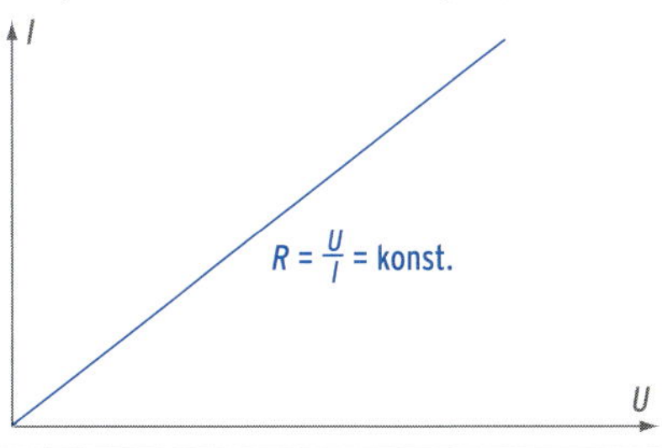

Abb. 8.3: Stromstärkespannungskurve der Elektrolyse einer Kupfersulfat-Lösung mit Kupfer-Elektroden

Stromstärkespannungskurve ist eine Gerade mit positiver Steigung und hat ihren Ursprung im Nullpunkt. Der Ohm'sche Widerstand *R* der Zelle ist konstant, da die Konzentration an Cu^{2+}-Ionen über die Zeit hin unverändert bleibt (→ Abb. 8.3).

Elektrodenreaktionen

Pluspol, Anode (Oxidation):

$Cu(s) \Rightarrow Cu^{2+}(aq) + 2\,e^-$

Minuspol, Kathode (Reduktion):

$Cu^{2+}(aq) + 2\,e^- \Rightarrow Cu(s)$

b) Elektrolyse einer Kupfersulfat-Lösung an einer Kupfer- und einer Graphit-Elektrode

Ersetzt man die Kupfer-Elektrode am Pluspol durch eine Graphit-Elektrode, verläuft die Stromstärkespannungskurve zunächst sehr flach und steigt bei einer bestimmten Spannung U_Z, die als **Zersetzungsspannung** bezeichnet wird, steil an (→ Abb. 8.4). Dabei ist an der Anode die Abscheidung von Sauerstoff zu beobachten, der aus der Elektrolyse des Wassers der Kupfersulfatlösung herrührt. An der Kathode scheidet sich Kupfer ab.

Elektrodenreaktionen

Pluspol, Anode (Oxidation):

$2\,H_2O(l) \Rightarrow O_2(g) + 4\,H^+(aq) + 4\,e^-$

Minuspol, Kathode (Reduktion):

$Cu^{2+}(aq) + 2\,e^- \Rightarrow Cu(s)$

Die eigentliche Elektrolyse beginnt also bei U_Z.
Die flache Steigung der Kurve *vor* der Zersetzungsspannung U_Z ist damit zu erklären, dass aufgrund der geringen Spannung nur ein kleiner Elektrolysestrom entsteht, der zum Abscheiden von nur wenig Sauerstoff an der Graphit-Elektrode und wenig Kupfer an der Kupfer-Elektrode führt. Die gebildeten Teilchen werden an den Elektroden adsorbiert, sodass eine galvanische Zelle $Cu/Cu^{2+}//O_2/H_2O$(Graphit) mit einer Zellspannung von

$U = U_H^0(\text{Kathode}) - U_H^0(\text{Anode})$

$U = U_H^0(O_2/H_2O(\text{Graphit})) - U_H^0(Cu/Cu^{2+})$

$U = 1{,}23\,V - 0{,}34\,V$

$= 0{,}89\,V$ entsteht.

Die Spannung dieser durch die Elektrolyse entstandenen galvanischen Zelle, die auch als **Zellspannung** oder **Polarisationsspannung** bezeichnet wird, wirkt der Elektrolysespannung entgegen, so dass anfangs theoretisch kein Strom fließen sollte. Der dennoch gemessene

schwache Strom entsteht dadurch, dass in geringem Maße Sauerstoff von der Elektrode in die Lösung diffundiert und durch Elektrolyse nachgebildet wird.
Die Elektrolysespannung muss jedoch noch deutlich über die Zellspannung hinaus erhöht werden, damit nennenswerte Elektrolyseprodukte erhalten werden. Mit ein Hauptgrund hierfür ist der Vorgang der Sauerstoffabscheidung an der Graphit-Elektrode. Diese Differenz zwischen der Zellspannung und der an den Elektroden gemessenen Zersetzungsspannung wird als **Überspannung *U****** bezeichnet:

$$U^* = U_Z - U_{Zellspannung}$$

Bei weiterer Erhöhung der Spannung über die Zersetzungsspannung U_Z hinaus, steigt dann die Stromstärke analog der Elektrolyse an den beiden Kupfer-Elektroden (vergleiche: a)).

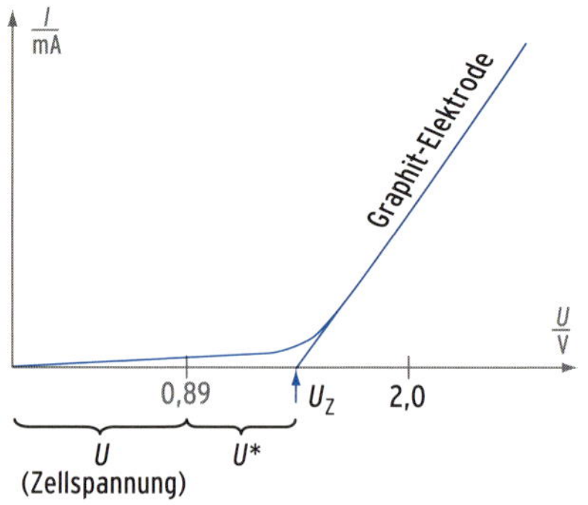

Abb. 8.4: Stromstärkespannungskurve: Zellspannung, Überspannung U^* und Zersetzungsspannung U_Z bei der Elektrolyse von $CuSO_4$-Lösung mit Graphit-Elektrode als Anode

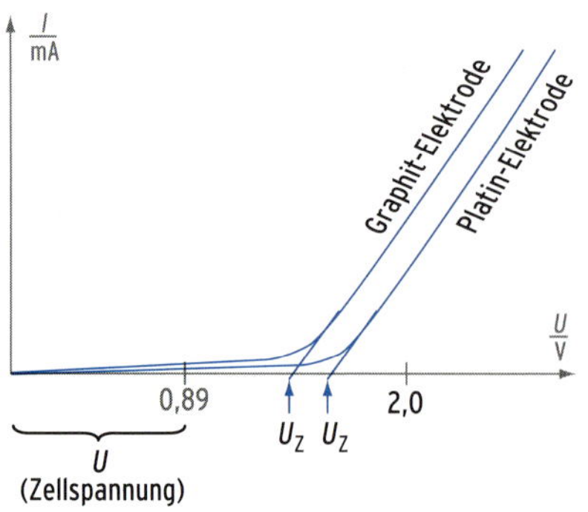

Abb. 8.5: Stromstärkespannungskurven: Elektrolyse einer $CuSO_4$-Lösung mit Graphit- und Platin-Elektrode als Anode im Vergleich

c) Elektrolyse einer Kupfersulfat-Lösung an einer Kupfer- und einer Platin-Elektrode

Wird die Graphit-Elektrode am Pluspol durch eine Platin-Elektrode ersetzt, beginnt die Elektrolyse bei einer höheren Zersetzungsspannung als im Fall b), da eine Platin-Elektrode eine höhere Überspannung als eine Graphit-Elektrode verursacht (→ Abb. 8.5). Ansonsten laufen die gleichen Reaktionen wie bei b) ab. Die einzelnen Spannungswerte, die bei einer Elektrolyse auftreten, lassen sich anschaulich in **Spannungsdiagrammen** darstellen (→ Abb. 8.6).

Überspannung

Der Überspannungsanteil einer Elektrodenreaktion hängt von der Temperatur, vom abzuscheidenden Stoff, der Elektrolytkonzentration, vom Elektrodenmaterial und dessen Oberflächenbeschaffenheit ab. Auch die Stromdichte an den Elektroden stellt einen wichtigen Faktor dar. Die Stromdichte ist der Quotient aus Stromstärke und Elektrodenoberfläche. Mit zunehmender Stromdichte steigt die Überspannung an.
Ursache für Überspannung können kinetische Hemmungen einzelner Reaktionsschritte an den Elektroden, z.B. bei der Abscheidung von Stoffen, sein. Damit die Reaktion abläuft, sind erhöhte Aktivierungsenergien notwendig. Diese können je nach katalytischer Wirkung der Elektroden unterschiedlich groß sein. Bei der Abscheidung von Gasen wie bei Wasserstoff, Sauerstoff und Chlor treten in der Regel erheblich Überspannungen auf (→ Tab. 8.1). Bei Reaktionen, die zur Abscheidung von Metallen führen, sind Überspannungen in der Regel vernachlässigbar.

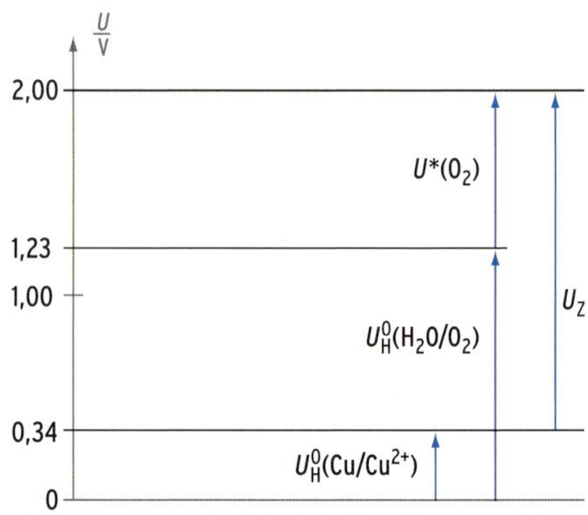

Abb. 8.6: Spannungsdiagramm der Elektrolyse einer Kupfersulfat-Lösung mit Platin-Elektrode

Gas	Elektroden-material	Stromdichte in $A \cdot cm^{-2}$			
		10^{-3}	10^{-2}	10^{-1}	10^{-0}
Wasserstoff	Pt (platiniert)	- 0,02	- 0,04	- 0,05	- 0,07
	Pt (blank)	- 0,12	- 0,23	- 0,35	- 0,47
	Graphit	- 0,60	- 0,78	- 0,97	- 1,03
	Quecksilber	- 0,94	- 1,04	- 1,15	- 1,25
Sauerstoff	Pt (platiniert)	0,40	0,52	0,64	0,77
	Pt (blank)	0,72	0,85	1,28	1,49
	Graphit	0,53	0,90	1,09	1,24
Chlor	Pt (platiniert)	0,006	0,016	0,026	0,08
	Pt (blank)	0,008	0,03	0,054	0,24
	Graphit	0,1	0,12	0,25	0,50

Tab. 8.1: Überspannungsanteile U^* in Volt für die Abscheidung einiger Gase

8.1.3 Vorhersage der Elektrodenreaktionen bei Elektrolysen mithilfe von Abscheidungspotentialen

Die bei Elektrolysen an den Elektroden ablaufenden Reaktionen sind vorhersagbar. Anhand der Elektrolyse einer Natriumsulfat-Lösung (c = 1 mol·ℓ^{-1}; pH = 7) an Platin-Elektroden soll gezeigt werden, inwieweit dies möglich ist.

1. Mögliche Redoxreaktionen: In einem *ersten Schritt* listet man alle in der zu elektrolysierenden Lösung vorkommenden Teilchen auf, bildet mögliche korrespondierende Redoxpaare und notiert die dazugehörigen Standardpotentiale.
Vorkommende Teilchen in einer Natriumsulfat-Lösung: Na^+(aq), SO_4^{2-}(aq), H_2O(l)
Mögliche korrespondierende **Redoxpaare:**

- Na^+(aq)/Na(s) $U_H^0 = -2{,}71$ V
- $S_2O_8^{2-}$(aq)/SO_4^{2-}(aq) $U_H^0 = 2{,}01$ V
- H_2O(l)/H_2(g) pH = 7 $U_H = -0{,}41$ V
- O_2(g)/H_2O(l) pH = 7 $U_H = 0{,}82$ V

2. Zuordnung der Redoxreaktionen: In einem *zweiten Schritt* werden der Anode denkbare Oxidationsreaktionen und der Kathode mögliche Reduktionsreaktionen zugeordnet:

Anode

- Der Sauerstoff im Wasser-Molekül kann nur zu O_2(g) oxidiert werden, die Reaktion kann daher nur an der Anode ablaufen.
- SO_4^{2-}(aq) kann zu $S_2O_8^{2-}$(aq) oxidiert werden, die Reaktion kann daher nur an der Anode ablaufen.

Kathode

- Der Wasserstoff im Wasser-Molekül kann zu H_2 (g) reduziert werden, die Reaktion kann daher nur an der Kathode ablaufen.
- Na^+(aq) kann zu Na (s) reduziert werden, die Reaktion kann daher nur an der Kathode ablaufen.

3. Überspannungen: Bei Gasreaktionen müssen in einem *dritten Schritt* noch die Überspannungen an den beiden Platin-Elektroden berücksichtigt werden:

- $U^*(O_2)$ (Pt, blank): 0,72 V
  bei einer Stromdichte von 10^{-3} $A \cdot cm^{-2}$
- $U^*(H_2)$ (Pt, blank): −0,12 V
  bei einer Stromdichte von 10^{-3} $A \cdot cm^{-2}$

4. Abscheidungspotentiale: Somit ergeben sich folgende Abscheidungspotentiale für die an den Elektroden ablaufenden Reaktionen:

Pluspol, Anode (Oxidation):

- $2\ SO_4^{2-}(aq) \Rightarrow S_2O_8^{2-}(aq) + 2\ e^-$; $U_H^0 = 2{,}01$ V
- $2\ H_2O(l) \Rightarrow O_2(g) + 4\ H^+(aq) + 4\ e^-$;
  $U_H = 0{,}82\ V + U^*(O_2) = 0{,}82\ V + 0{,}72\ V$
  $= 1{,}54$ V

Folgerung: Das Elektrodenpotential für die Bildung von Sauerstoff aus Wasser (1,54 V) ist niedriger als das Elektrodenpotential für die Bildung von Peroxodisulfat aus Sulfat (2,01 V). Wasser gibt also bei der Oxidation leichter seine Elektronen ab als Sulfat. Theoretisch würde SO_4^{2-}(aq) seine Elektronen erst dann abgeben, wenn das gesamte Wasser oxidiert wäre. Somit wird an der Anode Wasser zu gasförmigen Sauerstoff oxidiert.

Minuspol, Kathode (Reduktion):

- $Na^+(aq) + e^- \Rightarrow Na(s)$; $U_H^0 = -2{,}71$ V
- $2\ H_2O(l) + 2\ e^- \Rightarrow H_2(g) + 2\ OH^-(aq)$;
  $U_H = -0{,}41\ V + U^*(H_2) = -0{,}41\ V + (-0{,}12\ V)$
  $= -0{,}53$ V

Folgerung: Das Elektrodenpotential für die Bildung von Wasserstoff aus Wasser (−0,53 V) ist höher als das Elektrodenpotential für die Bildung von Natrium aus Natrium-Kationen (−2,71 V). Daher nimmt der Wasserstoff im Wasser bei der Reduktionsreaktion zuerst die Elektronen auf und wird zu Wasserstoff reduziert. Theoretisch könnten die Natrium-Kationen erst dann Elektronen aufnehmen, wenn das gesamte Wasser zu Wasserstoff reduziert wäre.

8

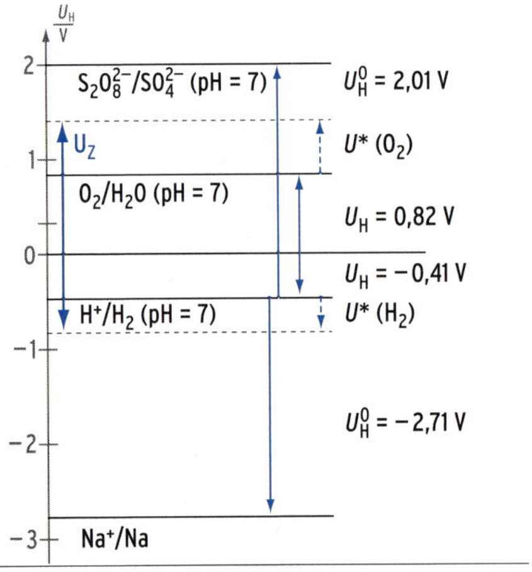

Abb. 8.7: Spannungsdiagramm zur Elektrolyse von Natriumsulfat-Lösung

Fazit

Bei der Durchführung des entsprechenden Experiments wird am Pluspol (Anode) eine Sauerstoffentwicklung an der Platin-Elektrode zu beobachten sein. Am Minuspol, (Kathode) wird sich an der Platin-Elektrode Wasserstoffgas entwickeln (→ Abb. 8.7).

Berechnung der Zersetzungsspannung bei einer Stromdichte von 10^{-3} A·cm^{-2} (→ Tab. 8.1):

U_Z = [U_H(Anode) + U^*(Anode)]
 − [U_H(Kathode) + U^*(Kathode)]

U_Z = [U_H(O_2 (g)/H_2O(l); pH = 7)
 + U^*(O_2; Pt, blank)]
 − [U_H(H_2O(l)/H_2 (g); pH = 7)
 + U^*(H_2; Pt, blank)]

U_Z = [0,82 V +0,72 V] − [− 0,41V + (− 0,12 V)

U_Z = 1,54 V + 0,53 V = 2,07 V

WISSEN:

Bei Elektrolysen laufen immer diejenigen Reaktionen ab, welche die kleinste Zersetzungsspannung erfordern. An der Anode wird der Stoff mit dem kleinsten Abscheidungspotential oxidiert. An der Kathode wird der Stoff mit dem größten Abscheidungspotential reduziert.

Die Zersetzungsspannung wird folgendermaßen berechnet:

U_Z = [U_H(Anode) + U^* (Anode)]
 − [U_H(Kathode) + U^*(Kathode)]

Abscheidungspotentiale von Wasserstoff und Sauerstoff

Aus → Abb. 8.8 wird ersichtlich, dass die Abscheidungspotentiale von Wasserstoff und Sauerstoff (ohne Berücksichtigung der Überspannung), das heißt die Zell- oder Polarisationsspannung von Wasser, unabhängig vom pH-Wert des Elektrolyten immer 1,23 V betragen.

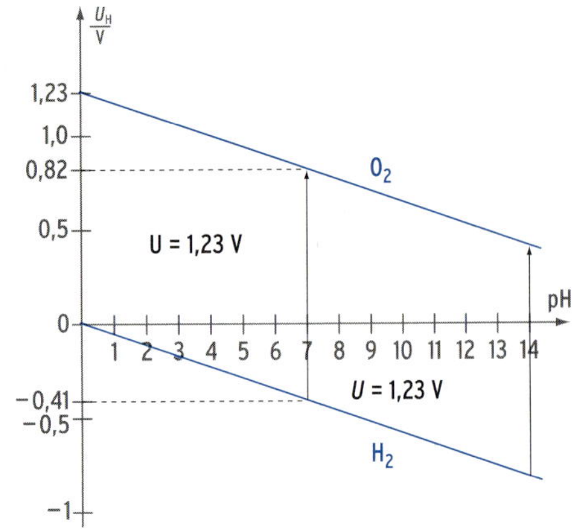

Abb. 8.8: pH-Abhängigkeit der Abscheidungspotentiale von Wasserstoff und Sauerstoff

8.1.4 Faraday-Gesetze

Um herauszufinden, welche Stoffmengen sich unter bestimmten Elektrolysebedingungen abscheiden, führte Michael FARADAY Anfang des 19. Jahrhunderts als erster eine Vielzahl von Elektrolyse-Versuchen durch, bei denen er Stromstärke und Elektrolysedauer variierte und die abgeschiedenen Stoffmassen bestimmte. Diese und weitere Untersuchungen fanden ihren Niederschlag in den FARADAY-Gesetzen:

WISSEN: 1. FARADAY-Gesetz

Die elektrolytisch abgeschiedenen Stoffmengen *n* sind der durch den Elektrolyten geflossenen Ladungsmenge *Q* proportional:
$n \sim Q$

Folglich erhält man bei der Elektrolyse einer Kupfersulfat-Lösung die doppelte Stoffmenge Kupfer, wenn man die Elektrolysezeit t oder die Stromstärke I verdoppelt, da dann die doppelte Ladungsmenge Q durch die Elektrolysezelle fließt: $Q = I \cdot t$.

WISSEN: 2. FARADAY-Gesetz

Zur elektrolytischen Abscheidung von 1 mol Teilchen eines Stoffes ist die Ladungsmenge $Q = 1\,\text{mol} \cdot z \cdot F$ erforderlich.

(z: Zahl der Elektronen, die bei der Abscheidung eines Teilchens an der Elektrode ausgetauscht werden; F: Faraday-Konstante = 96 485 $C \cdot mol^{-1}$ = 96 485 $A \cdot s \cdot mol^{-1}$).

Beispiel

Schaltet man eine Kupfersulfat-Elektrolysezelle hinter eine Silbernitrat-Elektrolysezelle, so dass in einer bestimmt Zeit die gleiche Ladungsmenge durch die beiden Elektrolysezellen fließt, so erhält man nur die Hälfte der Stoffmenge n an Kupfer wie an Silber, da bei der Abscheidung von Kupfer die zweifache Menge an Elektronen ausgetauscht werden muss.

$Ag^+ + e^- \Rightarrow Ag$; $Cu^{2+} + 2\,e^- \Rightarrow Cu$

$n(Ag) : n(Cu) = 1 : \frac{1}{2}$

Somit gilt für die abgeschiedene Stoffmenge n:

$$n = \frac{I \cdot t}{z \cdot F}$$

WISSEN:

Mithilfe der Faraday-Gesetze lassen sich bei Elektrolysen umgesetzte Ladungs- und Stoffmengen quantitativ bestimmen.

8.1.5 Herstellung von Zink

Zink kommt in der Natur nicht elementar vor. Das wichtigste Zink-Erz ist die Zinkblende, die im Wesentlichen aus Zinksulfid besteht. Zur Gewinnung des Metalls wird das Zinksulfid zunächst durch Rösten in Zinkoxid überführt.

$$2\,ZnS(s) + 3\,O_2(g) \rightarrow 2\,ZnO(s) + 2\,SO_2(g)$$

Das entstehende Schwefeldioxid wird zu Schwefelsäure weiterverarbeitet.

Zinkoxid kann mithilfe von gemahlenen Koks bei etwa 1200 °C zu metallischem Zink reduziert werden, überwiegend wird es aber elektrolytisch reduziert. Hierbei wird Zinkoxid zuerst mit Schwefelsäure umgesetzt. Dabei lösen sich auch die Oxide der anderen in der Zinkblende enthaltenen Metalle wie Blei, Nickel, Cadmium, Cobalt und Silber. Da diese Metalle edler als Zink sind, können ihre Ionen durch Zugabe von Zinkpulver gefällt und aus der Lösung entfernt werden.

Die Zinksulfat-Lösung wird in einem Bad mit mehreren parallel zueinander angeordneten Blei-Anoden und Aluminium-Kathoden bei etwa 3,5 V elektrolysiert. Trotz des negativen Elektrodenpotentials von Zink ist es möglich, das Metall aus saurer Lösung abzuscheiden. Das liegt an der hohen Überspannung von Wasserstoff an Aluminium und Zink. Wenn sich jedoch andere Metalle an der Kathode abscheiden, an denen Wasserstoff eine geringere Überspannung hat, kommt es zur Gasentwicklung. Bereits Spuren von Fremdmetallen stören den Ablauf der Elektrolyse deutlich. Auch aus diesem Grund muss die Zinksulfat-Lösung sorgfältig gereinigt werden. Bei der Elektrolyse scheidet sich Zink auf dem Aluminium in Schichten bis 3 mm Dicke ab. Es wird regelmäßig abgezogen und umgeschmolzen. Man erhält so 99,99%iges Feinzink. Der Energieaufwand beträgt etwa 3,2 kWh pro Kilogramm Zink.

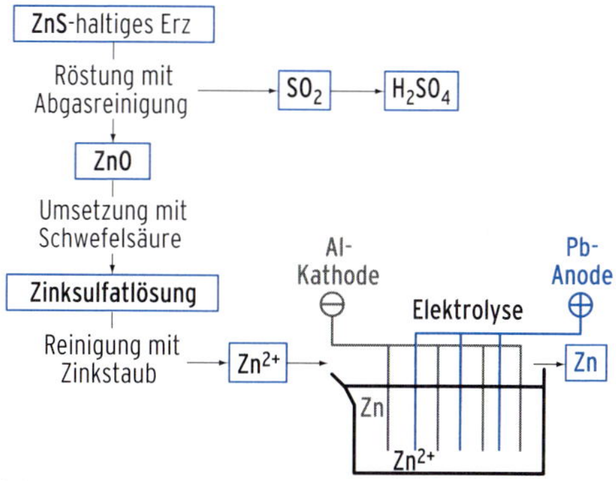

Abb. 8.9: Ablauf der elektrolytischen Zink-Gewinnung

8.1.6 Kupfer-Raffination

Die elektrische Leitfähigkeit von Kupfer hängt in hohem Maße von der Reinheit des Metalls ab. Ein Anteil von nur 0,07 % Arsen vermindert die Leitfähigkeit bereits um etwa ein Drittel. 99%iges Rohkupfer, wie es bei der Kupferverhüttung anfällt ist nicht rein genug. Es enthält noch edlere Metalle wie Silber, Gold und Platin und unedle Metalle wie Eisen, Blei, Zink, Zinn oder Arsen. Diese Verunreinigungen werden durch eine Kupfer-Raffination weitestgehend

8

entfernt. Bei diesem elektrolytischen Verfahren sind in saurer Lösung an den Elektroden folgende Reaktionen denkbar:

Pluspol, Anode (Oxidation):

$Cu(roh) \Rightarrow Cu^{2+}(aq) + 2\,e^-$; $U_H^0 = 0{,}34$ V

$2\,H_2O(l) \Rightarrow O_2(g) + 4\,H^+(aq) + 4\,e^-$; $U_H^0 = 1{,}23$ V

$Au(s) \Rightarrow Au^{3+}(aq) + 3\,e^-$; $U_H^0 = 1{,}68$ V

$SO_4^{2-}(aq) \Rightarrow S_2O_8^{2-}(aq) + 2\,e^-$; $U_H^0 = 2{,}01$ V

Minuspol, Kathode(Reduktion):

$Cu^{2+}(aq) + 2\,e^- \Rightarrow Cu(rein)$; $U_H^0 = 0{,}34$ V

$As^{3+}(aq) + 3\,e^- \Rightarrow As(s)$ $U_H^0 = 0{,}30$ V

$2\,H^+(aq) + 2\,e^- \Rightarrow H_2(g)$; $U_H^0 = 0{,}00$ V

Da an der Anode der Stoff mit dem kleinsten Abscheidungspotential oxidiert und an der Kathode der Stoff mit dem größten Abscheidungspotential reduziert wird, ergibt sich die geringste Zersetzungsspannung, wenn Kupfer-Ionen an der Kathode reduziert werden und das Kupfer der Anode oxidiert wird: Die Anode aus Rohkupfer löst sich dabei auf und an der Kathode, die häufig aus Edelstahl besteht, scheidet sich hochreines Kupfer ab.

Der Elektrolyt besteht aus Kupfersulfat in verdünnter Schwefelsäure-Lösung.

Die Spannung beträgt etwa 0,3 V, sodass nur Kupfer und alle unedleren Bestandteile der Rohkupfer-Anode wie Zink, Nickel, Kobalt, Arsen und Eisen oxidiert und gelöst werden. Die edleren Metalle fallen als unlöslicher Anodenschlamm zu Boden. Aus diesem werden Metalle wie Silber und Gold gewonnen, die ebenfalls elektrolytisch gereinigt werden.

Nach der Elektrolyse wird das gewonnene Reinkupfer eingeschmolzen und als 99,99%iges Elektrolyt-Kupfer in Form von Zylindern, Platten oder Barren in den Handel gebracht.

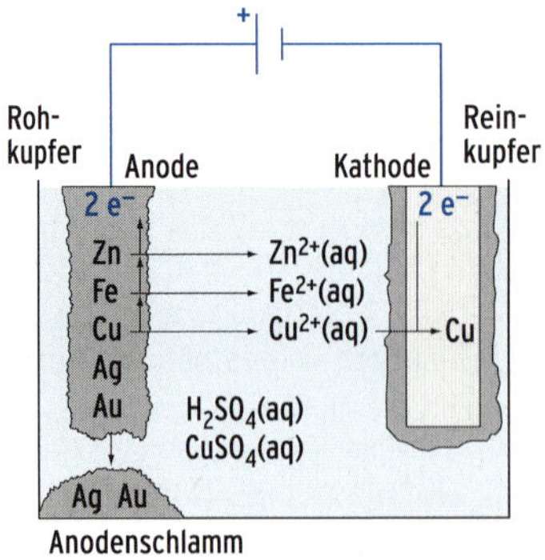

8.10: Elektrolytische Raffination von Kupfer

8.1.7 Chloralkali-Elektrolyse

Bei der Chloralkali-Elektrolyse wird in großtechnischem Maßstab wässrige Kochsalz-Lösung elektrolysiert, die aus Steinsalz hergestellt wird. Die Elektrolyseprodukte Natronlauge, Chlor und Wasserstoff dienen in der chemischen Industrie als Grundstoffe.

Von den in einer Natriumchlorid-Lösung vorliegenden Teilchen können Natrium-Kationen und die Wasserstoff-Atome im Wasser-Molekül bei einer Elektrolyse nur reduziert werden, Chlorid und das Sauerstoffatom im Wasser nur oxidiert werden. Somit sind an den Elektroden folgende Reaktionen denkbar:

Pluspol, Anode (Oxidation):

$2\,Cl^-(aq) \Rightarrow Cl_2(g) + 2\,e^-$; $U_H^0 = 1{,}36$ V

$2\,H_2O(l) \Rightarrow O_2(g) + 4\,H^+(aq) + 4\,e^-$; $U_H = 0{,}82$V (pH = 7)

Minuspol, Kathode (Reduktion):

$Na^+(aq) + e^- \Rightarrow Na\ (s)$; $U_H^0 = -2{,}71$V

$2\,H_2O(l) + 2\,e^- \Rightarrow 2\,OH^-(aq) + H_2(g)$; $U_H = -0{,}41$ V (pH = 7)

Da H_2O/O_2 ein geringeres Potential (0,82 V) als $Cl_2/Cl^-(aq)$ (1,36 V) hat und somit unedler ist, gibt es seine Elektronen bei der Oxidation leichter als Chlorid ab. Somit würde an der Anode Wasser zu gasförmigem Sauerstoff oxidiert werden. Da der Wasserstoff im Wassermolekül ein höheres Potential (−0,41 V) als $Na^+(aq)$ (−2,71 V) hat und somit edler ist, nimmt er bei der Reduktionsreaktion zuerst die Elektronen auf und wird an der Kathode zu gasförmigen Wasserstoff reduziert. Somit würde an der Kathode Wasserstoff entstehen. Ohne besondere technische Kniffe würden bei der Chlor-Alkali-Elektrolyse als Produkte nur Sauerstoff und Wasserstoff entstehen.

Von der Industrie gewünschte Produkte wie Natronlauge und Chlorgas lassen sich daher bei dieser Versuchsanordnung nur durch Ausnutzung von Überspannungseffekten an den Elektroden sowie der pH-Abhängigkeit und der Konzentrationsabhängigkeit der Potentiale erhalten. Dies wird bei den wichtigsten Herstellungsverfahren, wie den über 100 Jahre alten Amalgam- und Diaphragma-Verfahren sowie dem neuen umweltfreundlichen Membran-Verfahren, über unterschiedliche Strategien erreicht.

a) Amalgam-Verfahren

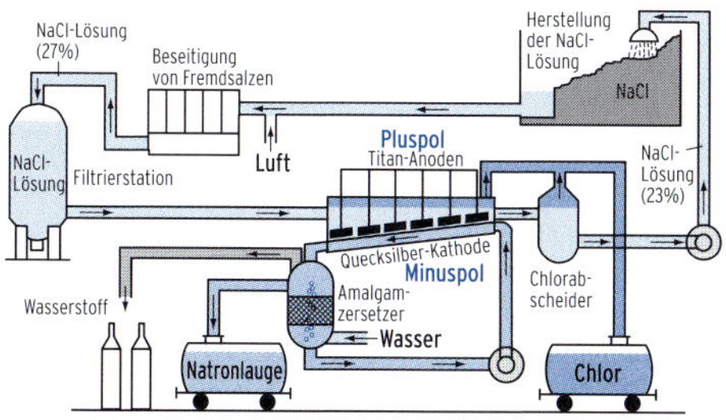

Abb. 8.11: Amalgam-Verfahren im Überblick

Die Amalgam-Elektrolysezelle besteht aus einem leicht geneigten Stahltrog. Über seinen Boden fließt ein etwa 3 mm dicker Quecksilberfilm. Das elektrisch leitfähige, flüssige Quecksilber bildet die Kathode. In den Deckel der Zelle sind bis zu 180 Titan-Anoden eingelassen. Man verwendet heute mechanisch beständige Anoden aus Titan, die mit Rutheniumoxid beschichtet sind. Das Edelmetalloxid fördert katalytisch die Chlor-Bildung und wird von dem entstehenden Chlor auch nicht angegriffen. Der Abstand zwischen Anode und Kathode beträgt nur 2 mm. Er muss gleich bleiben, damit die Elektrolyse bei konstanter Spannung von etwa 4 V durchgeführt werden kann.

Anode: Da an den Titan-Anoden die Überspannung von Sauerstoff sehr viel größer als die Überspannung von Chlor ist, scheidet sich das gewünschte Chlorgas ab.

Kathode: Sehr reine Natronlauge erhält man, wenn metallisches Natrium mit Wasser reagiert. Daher ist man bestrebt, an der Kathode metallisches Natrium zu erzeugen. Dies wird erreicht, indem man einerseits das Abscheidungspotential von Wasserstoff ($U_H = -0{,}41$ V bei pH = 7) negativer, andererseits das von Natrium (U^0_H = 2,71 V) positiver werden lässt.

Das Abscheidungspotential von Wasserstoff wird negativer durch

- die Überspannung von Wasserstoff an Quecksilber: $U^*(H_2(Hg)) = -1{,}2$ V bei einer Stromdichte von 0,5 $A \cdot cm^{-2}$
- einen alkalischen pH-Wert an der Kathode, der durch die entstehenden OH^--Ionen bei der anfänglichen Wasserstoff-Abscheidung entsteht: $U(H^+/H^2) = -0{,}71$ V bei pH = 12

So erhält man ein Wasserstoff-Abscheidungspotential von −1,91 V:

$$U(H^+/H_2) + U^*(H_2(Hg)) = -1{,}91 \text{ V}.$$

Das Abscheidungspotential von Natrium wird positiver durch die Bildung von flüssigem Natriumamalgam, einer Natrium-Quecksilber-Legierung, da die Amalgambildung ein Energie freisetzender Prozess ist (entspricht 0,87 V). Somit muss für die Elektrolyse weniger elektrische Energie aufgewendet werden:

$$U(Na^+/Na) = -2{,}71 \text{ V} + 0{,}87 \text{ V} = -1{,}84 \text{ V}.$$

An der Kathode entsteht daher metallisches Natrium, das sich im Quecksilber löst. Das Quecksilber fließt beständig durch die Elektrolysezelle. Im Amalgamzersetzer reagiert das Natriumamalgam mit Wasser zu reiner Natronlauge und Wasserstoff. Graphitstäbe beschleunigen dabei die Reaktion, indem sie die Überspannung für die Abscheidung von Wasserstoff herabsetzen. Das natriumfreie Quecksilber wird in die Elektrolysezelle zurückgeleitet, womit sich der Kreislauf schließt.

Überblick über die Reaktionen beim Amalgamverfahren

Anode: $2\,Cl^-(aq) \Rightarrow Cl_2(g) + 2\,e^-$

Kathode: $2\,Na^+(aq) + 2\,e^- \Rightarrow 2\,Na(s)$

$2\,Na(s) + x\,Hg(l) \rightarrow 2\,NaHg_x$

Amalgamzersetzer

$2\,NaHg_x(l) + 2\,H_2O(l)$
$\rightarrow 2\,Na^+(aq) + 2\,OH^-(aq) + x\,Hg(l) + H_2(g)$

$2\,Na^+(aq) + 2\,Cl^-(aq) + 2\,H_2O$
$\rightarrow 2Na^+(aq) + 2\,OH^-(aq) + Cl_2(g) + H_2(g)$

$\Delta_R H^0_m = +454\ kJ \cdot mol^{-1}$

b) Diaphragma-Verfahren

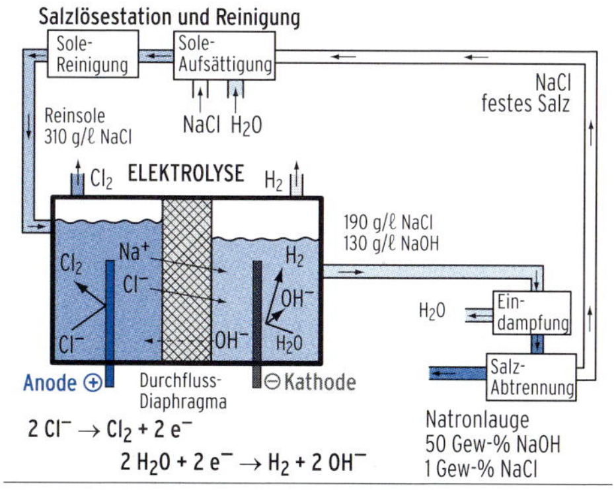

Abb. 8.12: Diaphragma-Verfahren im Überblick

Beim Diaphragma-Verfahren wird anstelle von Quecksilber eine Kathode aus feinem Eisennetz verwendet, das auf einem Eisenrost liegt. Da die Überspannung von Wasserstoff an Eisen viel geringer ist als an Quecksilber, wird Wasserstoff und nicht Natrium abgeschieden. An den mit Rutheniumoxid beschichteten Anoden aus Titan bildet sich wie beim Amalgam-Verfahren Chlor.

Elektrodenreaktionen

Pluspol, Anode (Oxidation):

$2\ Cl^-(aq) \Rightarrow Cl_2(g) + 2\ e^-$

Minuspol, Kathode (Reduktion):

$2\ H_2O(l) + 2\ e^- \Rightarrow H_2(g) + 2\ OH^-(aq)$

Um zu verhindern, dass die an der Kathode gebildeten Hydroxid-Ionen zur Anode gelangen und sich dort mit dem entstandenen Chlor in einer **Disproportionierung**sreaktion zu Chlorid und Hypochlorit (OCl^-) umsetzen, unterteilt man die Elektrolysezelle mit einem Diaphragma (poröse Scheidewand) in den Kathodenraum und Anodenraum. Das Diaphragma besteht aus mit Kunststofffasern verdichtetem Asbest oder aus Kunststoff. Es behindert die Ionenwanderung im elektrischen Feld nur wenig, sodass der elektrische Widerstand der Zelle kaum erhöht ist. Für Gasbläschen ist das Diaphragma dagegen praktisch undurchlässig, sodass sich Wasserstoff und Chlor nicht zu Chlorknallgas vermischen können. Damit eine Diffusion der Hydroxid-Ionen in den Anodenraum darüber hinaus erschwert wird, stellt man über die Fließgeschwindigkeit der Sole im Anodenraum einen höheren Flüssigkeitspegel ein, sodass sich über den hydrostatischen Druck eine Flüssigkeitsbewegung vom Anodenraum in den Kathodenraum einstellt.

c) Membran-Verfahren

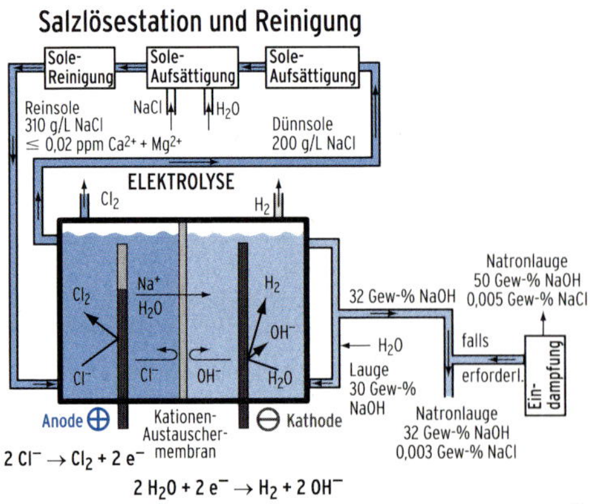

Abb. 8.13: Membran-Verfahren im Überblick

Das Membran-Verfahren arbeitet wie das Amalgam- und Diaphragma-Verfahren ebenfalls mit Rutheniumoxid beschichteten Titan-Anoden. Als Kathodenmaterial findet Edelstahl oder Nickel Verwendung. Beide sind mit einer für die Wasserstoffbildung katalytisch wirksamen Nickel-Aluminium-Legierung überzogen. An den Elektroden laufen die gleichen chemischen Reaktionen ab wie beim Diaphragma-Verfahren.

Anoden- und Kathodenraum sind durch eine nur 0,1 mm dünne chlor- und laugenbeständige **Kationenaustauscher-Membran** getrennt. Sie besteht aus Polytetrafluorethen mit negativ geladenen SO_3-Resten. Durch diese Membran gelangen Natrium-Kationen im Austausch mit $H^+(aq)$ zum Ladungsausgleich in den Kathodenraum. Für Hydroxid-Ionen und Chlorid-Ionen sowie für Chlor ist die Membran praktisch undurchlässig. Damit wird die Disproportionierung von Chlor im Kathodenraum vermieden. Die so erzeugte, etwa 35%ige Natronlauge ist daher fast frei von Chlorid-Ionen. Die Sole im Anodenraum wird im Kreislauf geführt und von außen mit Kochsalz angereichert. Auch der Elektrolyt im Kathoden-

	Amalgam-Verfahren	Diaphragma-Verfahren	Membran-Verfahren
Anodenmaterial	Mit Rutheniumoxid überzogenes Titan		
Kathodenmaterial	Quecksilber	Eisen oder Stahl	Mit Ni-Al-Legierung beschichteter Edelstahl oder Nickel
Diaphragma	–	mit Kunststofffasern verdichteter Asbest	ionenselektive Kationenaustauschmembran
Umweltbelastung	Quecksilber	Asbest	–
Chlor	sehr rein	verunreinigt (O_2)	verunreinigt (O_2)
Natronlauge	sehr rein	verunreinigt (NaCl)	sehr rein
Wasserstoff	sehr rein	verunreinigt (O_2)	rein
Energieverbrauch	relativ hoch	günstig	günstig
Verbreitung EU (2005)	ca. 50 %	ca. 17 %	ca. 30 %

Tab. 8.2: Verfahren der Chloralkali-Elektrolyse im Vergleich

raum fließt im Kreislauf; hierbei wird ein Teil der erzeugten Natronlauge ausgeleitet und Wasser wird zugegeben.

8.1.8 Galvanisieren

Beim Galvanisieren wird ein Gegenstand mit einer Schicht eines Metalls elektrolytisch überzogen. Das Verfahren wird beispielsweise beim Korrosionsschutz angewandt, um auf ein zu schützendes Metall eine Schicht eines widerstandfähigeren Metalls abzuscheiden.
Eine wesentliche Voraussetzung für gut haftende galvanische Überzüge ist die sorgfältige Vorbehandlung der Grundmetalle. Zunächst wird die Oberfläche durch Säuren wie Salzsäure oder Schwefelsäure von Oxidschichten befreit. Anschließend wird das Werkstück glatt geschliffen, poliert und entfettet.

Wenn das Werkstück vollständig gereinigt ist, wird es in eine Salzlösung des Überzugsmaterials getaucht und als Kathode geschaltet. Als Anode dient ein Stück des Überzugmetalls, das sich bei dem Vorgang langsam auflöst. Auf diese Weise bleibt die Konzentration der Ionen im Elektrolyten konstant. Denn es gehen genauso viele Ionen in Lösung, wie an der Kathode abgeschieden werden.

Um gleichmäßige Metallüberzüge zu erhalten, darf pro Zeiteinheit nur eine kleine, möglichst gleich bleibende Menge an Metall abgeschieden werden. Um zu verhindern, dass zu viele Metall-Ionen in Lösung gehen und sich unkontrolliert abscheiden, setzt man bei Galvanischen Bädern häufig Komplexbildner, wie zum Beispiel Cyanid-Ionen oder Ammoniak, zu, die einen Teil der abzuscheidenden Metall-Ionen binden. Zwischen den komplex gebundenen und den freien hydratisierten Metall-Ionen stellt sich ein Gleichgewicht ein.

$$[Ag(NH_3)_2]^+(aq) \rightleftharpoons Ag^+(aq) + 2\ NH_3(aq)$$

Die Konzentration der hydratisierten Kationen ist dabei sehr klein. Sie wird während des Galvanisierens konstant gehalten, da die verbrauchten Metall-Ionen kontinuierlich durch den Zerfall des Komplexes nachgebildet werden.

8.1.9 Herstellung von Aluminium mithilfe der Schmelzfluss-Elektrolyse

Ausgangsstoff für die Herstellung von Aluminium ist Bauxit. Die Hauptbestandteile von Bauxit lassen sich näherungsweise durch die Formeln $Al(OH)_3$ und $AlO(OH)$ beschreiben. In der Regel enthält Bauxit auch Silicium- und Titan-Verbindungen sowie wasserhaltiges Eisen(III)-oxid, das die Rotfärbung des Bauxits verursacht. Bauxit muss in einem speziellen Verfahren (→ Abb. 8.14) zu sehr reinem Aluminiumoxid aufgearbeitet werden.

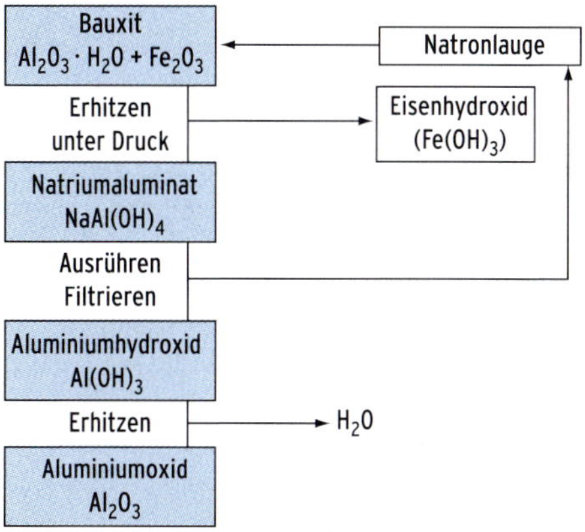

Abb. 8.14: Gewinnung von Aluminiumoxid aus Bauxit

Schmelzfluss-Elektrolyse

Aus Aluminiumoxid wird mithilfe der Schmelzfluss-Elektrolyse Aluminium hergestellt. Die Schmelzfluss-Elektrolyse findet in einer mit Graphit ausgekleideten Eisenwanne statt. Die Graphitauskleidung bildet die Kathode der Elektrolysezelle. Als Anode dienen Graphitblöcke. Sie sind oberhalb der Wanne beweglich angebracht.
Da Aluminiumoxid eine sehr hohe Schmelztemperatur von 2045 °C hat, wird es in geschmolzenem Kryolith (Natriumhexafluoroaluminat Na_3AlF_6) gelöst. Dadurch erfolgt eine Schmelztemperaturerniedrigung auf 940 °C sowie eine Leitfähigkeitserhöhung und damit eine Verbesserung der Stromausbeute. Die Temperatur der Schmelze beträgt während der Elektrolyse etwa 960 °C, die Elektrolysespannung liegt bei 4,5 bis 5 V. Die Schmelztemperatur von Aluminium beträgt 659 °C. Vereinfacht dargestellt laufen an den Elektroden folgende Reaktionen ab.

Pluspol, Anode (Oxidation):

$3\,C + 6\,O^{2-} \Rightarrow 3\,CO_2 + 12\,e^-$

Minuspol, Kathode (Reduktion):

$4\,Al^{3+} + 12\,e^- \Rightarrow 4\,Al(l)$

Gesamtreaktion:

$2\,Al_2O_3(l) + 3\,C\,(s) \rightarrow 4\,Al(l) + 3\,CO_2\,(g)$

$\Delta_R H^0_m = +2160\ kJ \cdot mol^{-1}$

Zu erwarten wäre, dass an der Anode Sauerstoff durch Oxidation der O^{2-}-Ionen entsteht. Tatsächlich bildet sich aber Kohlenstoffdioxid, in geringeren Mengen auch Kohlenstoffmonoxid durch elektrochemische Oxidation der Graphit-Anode im Kontakt mit der Schmelze. Dadurch löst sich die Graphitanode während der Elektrolyse auf und muss laufend nachgeführt werden.

Das gebildete flüssige Aluminium sammelt sich auf dem Boden der Wanne und wird zur Kathode. Dadurch ist es auch vor Oxidation geschützt. Das Aluminium wird täglich abgesaugt und nach einer Entgasungsphase in Barren gegossen. Es hat eine Reinheit von 99,5 % bis 99,9 %

Die Herstellung von Aluminium ist sehr umweltbelastend. Einerseits entstehen als Abgase CO_2, CO und HF aus dem Kryolith, andererseits beträgt der Energieverbrauch etwa 14 kWh je kg Aluminium.

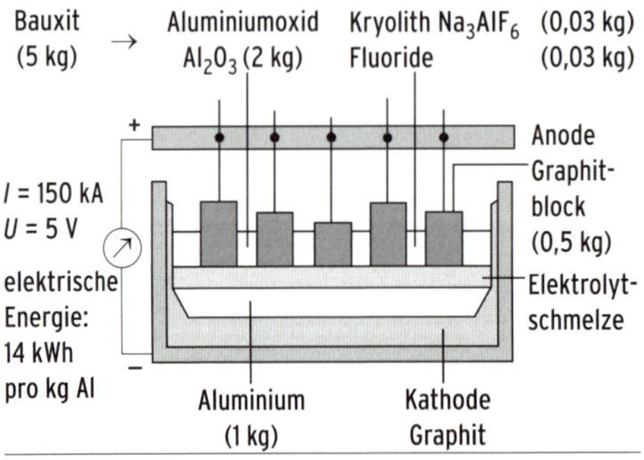

Abb. 8.15: Herstellung von Aluminium (Verbrauchswerte für 1 kg)

8.1.10 Eloxal-Verfahren

Das unedle Aluminium ist an Luft beständig, da es mit dem Luftsauerstoff eine etwa 5 bis 10 nm dicke, harte und durchsichtige Oxidschicht bildet, die es vor weiterer Oxidation schützt. Aufgrund dieser Oxidschicht reagiert Aluminium trotz seines unedlen Charakters auch nicht mit Wasser. Man sagt, Aluminium ist **passiviert**. Saure und alkalische Lösungen zerstören allerdings den dünnen Schutzfilm schnell und oxidieren dann das Aluminium vollständig. Um die Beständigkeit von Aluminium zu verbessern verstärkt man die natürliche Oxidschicht durch das **Eloxal-Verfahren** (**el**ektrolytische **Ox**idation des **Al**uminiums).

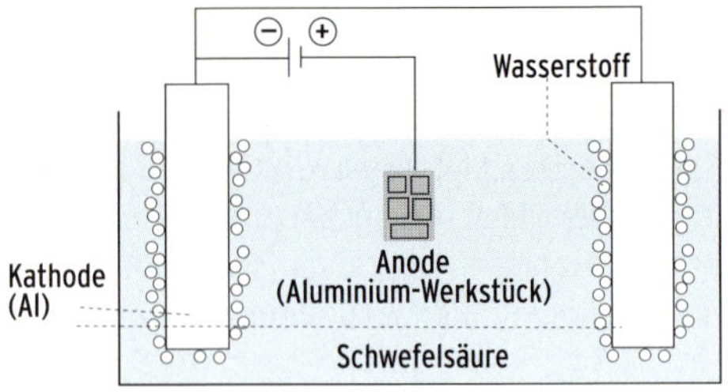

Abb. 8.16: Eloxal-Verfahren (schematisch)

Elektrolyse

Beim Eloxal-Verfahren wird der zu eloxierende Gegenstand in einer Elektrolyse-Apparatur als Anode geschaltet (→ Abb. 8.16). Verdünnte Schwefelsäure bildet den Elektrolyten, die Kathode besteht aus Blei oder Aluminium. Um eine gleichmäßige Dicke der Oxidschicht am Aluminiumwerkstück zu erhalten, muss die Stromdichte bei der Elektrolyse überall relativ gleich sein. Hierzu kann man das anodisch geschaltete Werkstück zwischen zwei Kathoden positionieren. Bei der Elektrolyse bildet sich an den Kathoden Wasserstoff. Die Vorgänge an der **Aluminium-Anode** sind kompliziert. Direkt an der Metalloberfläche entstehen durch Abgabe von Elektronen Al^{3+}-Ionen, die durch feine Poren in der Oxidschicht die Lösung erreichen. Vereinfacht läuft dort die folgende Reaktion ab:

$2\,Al^{3+}(aq) + 3\,H_2O(l) \rightarrow Al_2O_3(s) + 6\,H^+(aq)$

Die Oxidschicht wächst somit in das Metall hinein. Es bilden sich dicht nebeneinander liegende Poren, so dass sich eine wabenähnliche Struktur ergibt. Der behandelte Gegenstand wird dabei etwas dicker, denn die Oxidbildung ist mit einer Volumenzunahme verbunden. Bei den üblichen Verfahren wird die erzeugte Schicht gegenüber der natürlichen Oxidschicht um den Faktor Fünftausend auf etwa 0,025 mm verstärkt. In die Poren der Oxidschicht lassen sich Farbstoffe einlagern. Man kann eine breite Skala von Farben bis hin zu Messing-, Bronze- und Goldtönen erzielen.

8.1.11 Galvanische Zelle und Elektrolysezelle im Vergleich

	galvanische Zelle	Elektrolysezelle
Ablauf der Redoxreaktion in der Zelle	freiwillig	erzwungen
Spannung	Zellspannung = Elektrodenpotential (Kathode) – Elektrodenpotential (Anode)	Theoretische Zersetzungsspannung als Differenz zwischen anodischem und kathodischem Abscheidungspotential
Auswirkung der Überspannung	Zellspannung bei Stromfluss durch Überspannung herabgesetzt	Zersetzungs- und damit Elektrolysespannung durch Überspannung erhöht
Art der Energieumwandlung	Umwandlung chemischer Energie in elektrische Energie	Umwandlung von elektrischer Energie in chemische Energie, die in den Elektrolyseprodukten enthalten ist

Tab. 8.3: Vergleich von galvanischer Zelle und Elektrolysezelle

8.1.12 Elektrolyse und technische Elektrolyseverfahren im Überblick

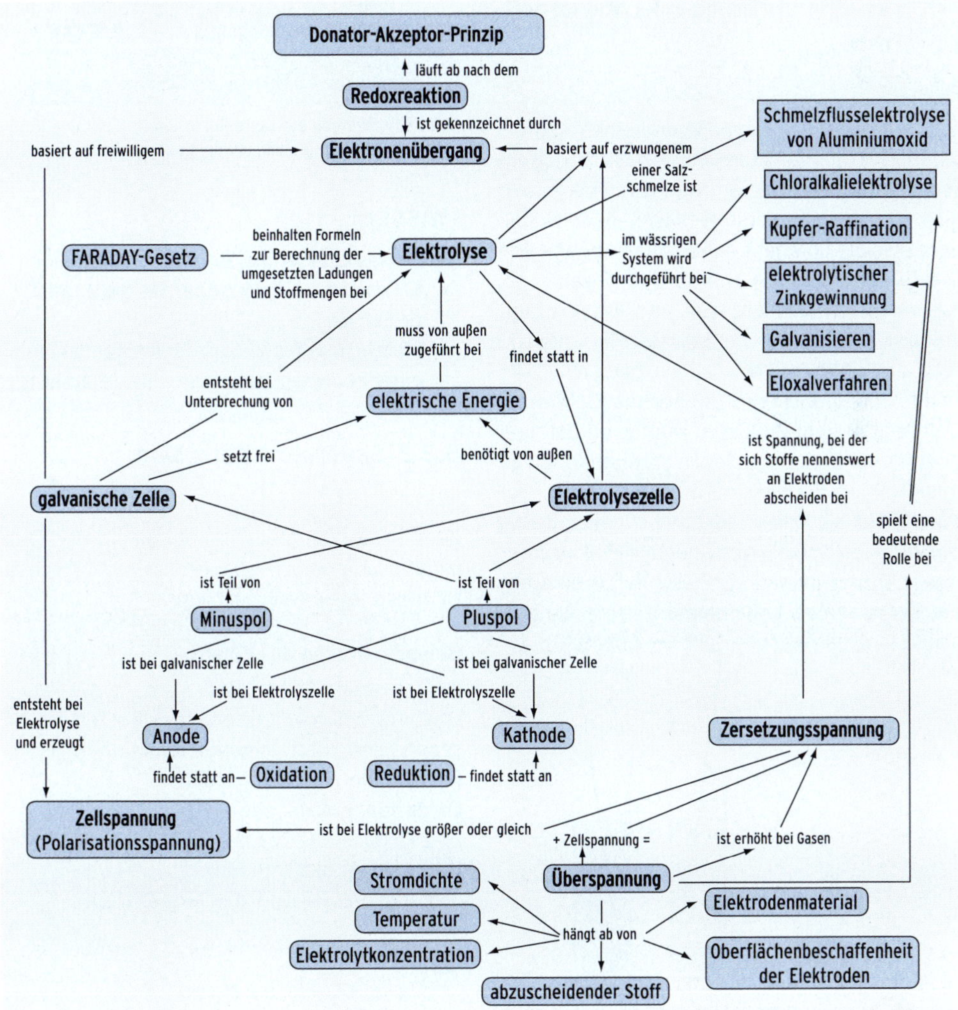

Abb. 8.17: Überblick „Elektrolyse“

8.2 Korrosion

Unter Korrosion versteht man die Zerstörung von Metallen von der Oberfläche her durch elektrochemische Reaktionen mit ihrer Umgebung (*corrodere*, lat. = zernagen, zerfressen). Bei diesem Prozess geben die Metalle Elektronen ab und bilden Kationen. Man unterscheidet hauptsächlich zwischen Säure- und Sauerstoff-Korrosion.

8.2.1 Säure-Korrosion

Unter Säure-Korrosion versteht man die Zerstörung von Metallen durch die Hydronium-Ionen einer Elektrolytlösung unter Wasserstoffentwicklung.

Beispiel

Gibt man eine Zink-Granalie und einen Kupfer-Draht in verdünnte Säure, bleibt das edlere Kupfer unverändert. Nur am unedlen Zink bilden sich langsam Wasserstoff-Bläschen: Das Zink wird oxidiert und geht dabei unter Abgabe von Elektronen in Lösung (→ Abb. 8.18, links).
Berühren sich Zinkgranalie und Kupferdraht, zeigt sich eine sehr viel stärkere Gasentwicklung am Kupferdraht: Sobald die beiden Metalle in direkten Kontakt sind, fließen die Elektronen unmittelbar vom Zink zum Kupfer und stehen dort für die Entladung der Hydronium-Ionen zu gasförmigen Wasserstoff zur Verfügung. Dadurch läuft die Redoxreaktion schneller. Durch den direkten Kontakt von unedlem Zink und edlerem Kupfer im sauren Elektrolyten entsteht ein sogenanntes **Lokalelement**, eine kurzgeschlossene galvanische Zelle (→ Abb. 8.19).

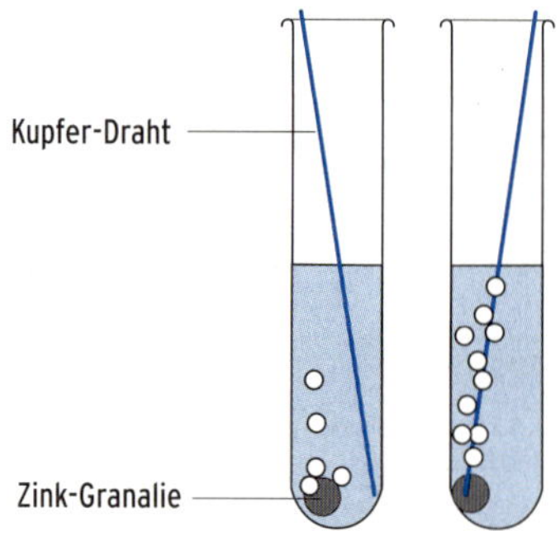

Abb. 8.18: Säure-Korrosion und Lokalelement-Bildung auf der Stoffebene

Oxidation (Lokalanode):

$Zn(s) \Rightarrow Zn^{2+}(aq) + 2\,e^-$

Reduktion (Lokalkathode):

$2\,H^+(aq) + 2\,e^- \Rightarrow H_2(g)$

Die Bildung von Lokalelementen ist typisch für elektrochemische Korrosion. Lokalelemente entstehen auch, wenn ein Metall mit geringen Mengen eines anderen Metalls verunreinigt ist.

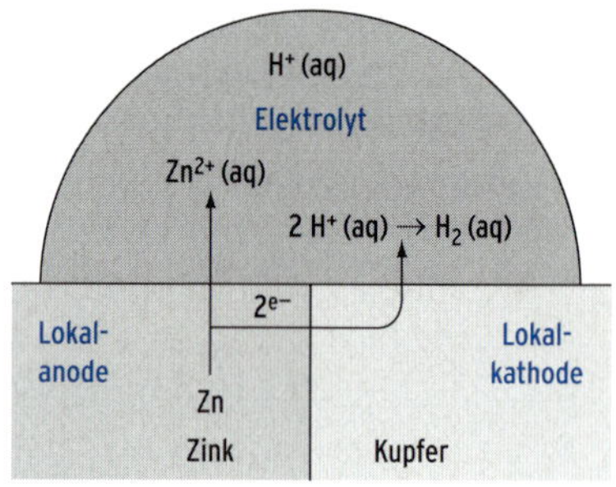

Abb. 8.19: Deutung der Säure-Korrosion und Lokalelement-Bildung auf der Teilchenebene

WISSEN:

Voraussetzungen für die Säure-Korrosion
- **Elektrolyt-Lösung: sauer ($H^+(aq)$), gelöste Salze**
- **Metall: unedles Metall, das im Kontakt mit einem edleren Metall ist (Lokalelement)**

8.2.2 Sauerstoff-Korrosion

Unter Sauerstoff-Korrosion versteht man die Zerstörung von Metallen, bei der in der Elektrolytlösung gelöster Sauerstoff kathodisch zu Hydroxid-Ionen reduziert wird.

Beispiel: Rosten des Eisens

Der insgesamt komplizierte Vorgang der Sauerstoff-Korrosion von Eisen, „das Rosten des Eisens", kann durch folgende Reaktionen vereinfacht wiedergegeben werden:

Oxidation (Lokalanode):

$2\,Fe\,(s) \Rightarrow 2\,Fe^{2+}(aq) + 4\,e^-; \qquad U_H^0 = -0{,}44\ V$

Reduktion (Lokalkathode):

$O_2(aq) + 2\,H_2O(l) + 4\,e^- \Rightarrow 4\,OH^-(aq); \qquad U_H^0 = 0{,}40 V$

Redoxreaktion:

$2\,Fe\,(s) + O_2(aq) + 2\,H_2O(l)$
$\rightarrow 2\,Fe^{2+}(aq) + 4\,OH^-(aq)$

Fe(II)-Ionen entstehen hauptsächlich in sauerstoffarmen Zonen, wohingegen Hydroxid-Ionen bevorzugt in sauerstoffreichen Bereichen entstehen (→ Abb. 8.20). Treffen Hydroxid- und Fe^{2+}-Teilchen aufgrund von Diffusion aufeinander, bildet sie einen schwerlöslichen Niederschlag von Eisen(II)-hydroxid:

$$2\ Fe^{2+}(aq) + 4\ OH^-(aq) \rightarrow 2\ Fe(OH)_2\,(s)$$

In einer Folgereaktion wird $Fe(OH)_2\,(s)$ von Luftsauerstoff zu rotbraunem Eisen(III)-oxidhydroxid (Rost) oxidiert:

$$4\ Fe(OH)_2(s) + O_2(g) \rightarrow 4\ FeO(OH) + 2\ H_2O(l)$$

Für FeO(OH) verwendet man häufig die vereinfachte Formel $Fe_2O_3 \cdot H_2O$ ($2\ FeO(OH) \triangleq Fe_2O_3 \cdot H_2O$).

Gealterter, wasserarmer Rost besteht oft aus einem heterogenen Gemisch von rotbraunem FeO(OH) und dem als Magnetit bezeichneten schwarzen Eisen(II)-Eisen(III)-oxid „$FeO \cdot Fe_2O_3$" oder vereinfacht „Fe_3O_4".

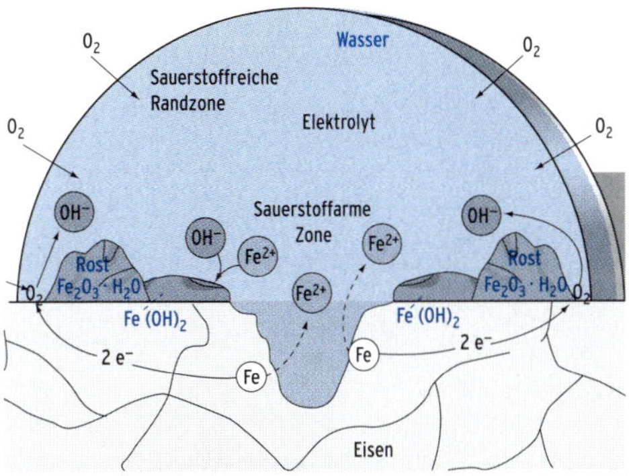

Abb. 8.20: Sauerstoff-Korrosion: Rosten des Eisens

Förderlich für die Sauerstoff-Korrosion sind

- höhere Konzentrationen an gelösten Salzen im Elektrolyten, da hierdurch die elektrische Leitfähigkeit erhöht und der Ladungstransport in der Lösung erleichtert wird.
- edlere Fremdmetalle im Eisen oder auch Eisenoxid aufgrund der Bildung von Lokalelementen.
- in Wasser gelöste Gase wie Schwefeldioxid, Kohlenstoffdioxid oder Stickstoffdioxid. Es entstehen saure Elektrolyte, die die Säure-Korrosion fördern.

WISSEN:

Voraussetzungen für Sauerstoff-Korrosion

- **Elektrolytlösung: neutral oder alkalisch (OH^-), mit gelösten Salzen**
- **Sauerstoff: gelöst in der Elektrolytlösung**
- **Metall: Das Potential Me^{Z+}/Me liegt unterhalb des Potentials des Redoxpaares O_2/OH^- (U^0_H = 0,40 V) bzw. des Redoxpaars O_2/H_2O, das bei pH 7 U = 0,82 V beträgt; ($O_2(g) + 4\ H^+(aq) + 4\ e^- \Rightarrow 2\ H_2O(l)$). Diese Voraussetzung erfüllt z.B. Eisen (Fe/Fe^{2+} bzw. Fe^{2+}/Fe^{3+}).**

8.2.3 Korrosionsschutz

Metall-Korrosion kann erhebliche wirtschaftliche und auch ökologische Schäden verursachen. Daher wurden verschiedene Verfahren zum Korrosionsschutz entwickelt. Die einfachste Methode besteht darin, die Oberfläche des Metalls vor Luft und Wasser zu schützen. Man unterscheidet zwischen Schutzschichten aus Metallen und aus Nichtmetallen.

Überzüge aus Nichtmetallen

Zu den Nichtmetallschutzschichten zählen Kunstharzlack-Anstriche, Anstriche von Zinkphosphat ($Zn_3(PO_4)_2$) oder Zinkchromat ($ZnCrO_3$). Mit guthaftenden glasigen Emaille-Schichten schützt man Badewannen und Haushaltsgeräte aus Stahl und Gusseisen. Waffen und Maschinenteile werden häufig zum Schutz vor Korrosion mit (Paraffin-)Ölen behandelt.

Metallschutzschichten

Zink, Aluminium (→ Seite 72, Eloxal-Verfahren), Chrom und Nickel bilden auf der Oberfläche dünne, festhaftende und sehr undurchlässige Metalloxid-Schichten und verhindern dadurch die Korrosion des darunter liegenden Metalls. Man bezeichnet dieses Phänomen als **Passivierung.** Diese Eigenschaft nutzt man, um das korrosionsanfällige Eisen mit einer Schutzschicht dieser Metalle zu überziehen.

Beim Aufbringen von Metallschutzschichten unterscheidet man grundsätzlich zwei Verfahren: das Schmelztauchen und das Galvanisieren (→ Seite 71, Galvanisieren).

Beim **Schmelztauchen** werden die zu schützenden Metalle, vor allem Eisen- und Stahlbleche, in eine Schmelze von flüssigem Metall getaucht, beispielsweise in flüssiges Zink beim Feuerverzinken von Autokarosserien oder in flüssiges Zinn bei der Feuerverzinnung.

Beim **Galvanisieren** werden Metalle durch elektrolytische Abscheidung (→ Elektrolyse) auf das zu schützende Metall aufgebracht, das als Kathode geschaltet wird. Wichtige Verfahren sind unter anderem das Vergolden, Vernickeln, Verchromen und Verzinnen. Bei der Verzinnung wird zur Herstellung von Weißblech für Konservendosen Zinn elektrolytisch abgeschieden.
Wenn Metallschutzschichten beschädigt werden, setzt bei entsprechenden Umweltbedingungen Korrosion ein. In Abb. 8.21 ist die Säure-Korrosion bei verzinktem und bei verzinntem Eisen (Weißblech) dargestellt. Beim verzinkten Eisen geht aufgrund des negativeren Potentials Zink, beim Weißblech aufgrund des negativeren Potentials Eisen in Lösung. In beiden Fällen scheidet sich Wasserstoff ab.

WISSEN:

Durch Metall- oder Nichtmetallüberzüge kann die Oberfläche unedler Metalle vor Luft und Feuchtigkeit geschützt werden, wodurch Korrosion verhindert wird.

Kathodischer Korrosionsschutz

Konstruktionen, die nicht durch Galvanisierung geschützt werden können, wie beispielsweise unterirdische Rohrleitungen, Öltanker,

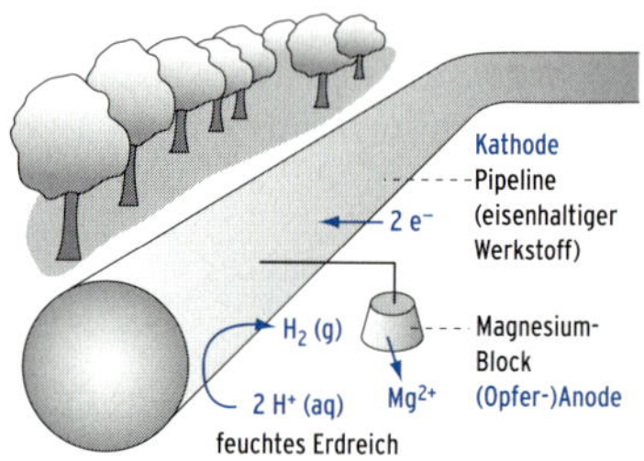

Abb. 8.22: Kathodischer Korrosionsschutz einer Rohrleitung

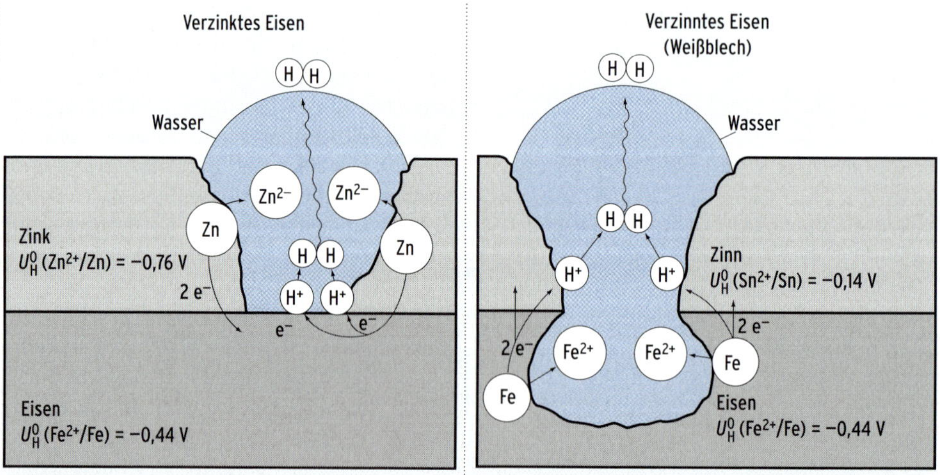

Verzinktes Eisen	Verzinntes Eisen (Weißblech)
Oxidation (Lokalanode): $Zn(s) \rightarrow Zn^{2+}(aq) + 2\,e^-$	Oxidation (Lokalanode): $Fe(s) \rightarrow Fe^{2+}(aq) + 2\,e^-$
Reduktion (Lokalkathode): $2H^+(aq) + 2\,e^- \rightarrow H_2(g)$	Reduktion (Lokalkathode): $2H^+(aq) + 2\,e^- \rightarrow H_2(g)$
Eisen ist edler als Zink. Daher wird Zink oxidiert, die Wasserstoff-Ionen werden am Eisen reduziert	Zinn ist edler als Eisen. Daher wird Eisen oxidiert, die Wasserstoff-Ionen werden am Zinn reduziert.

Abb. 8.21: Säure-Korrosion bei verzinktem und bei verzinntem Eisen

Öl-Bohrplattformen und Brücken, werden elektrisch leitend mit einem unedleren Metall verbunden, das sich in direkter Nähe ebenfalls im Wasser oder in feuchter Erde befindet. Hierfür verwendet man Zink- oder Magnesiumplatten, die in der kurzgeschlossenen galvanischen Zelle als Anode oxidiert werden, und der Kathode – z. B. Stahl – Elektronen für Reduktionsprozesse liefern. Dabei löst sich die Anode auf – man spricht von einer Opferanode. Dadurch ist die Kathode vor Korrosion geschützt und bleibt unbeschädigt (→ Abb. 8.22).

8.2.4 Korrosion im Überblick

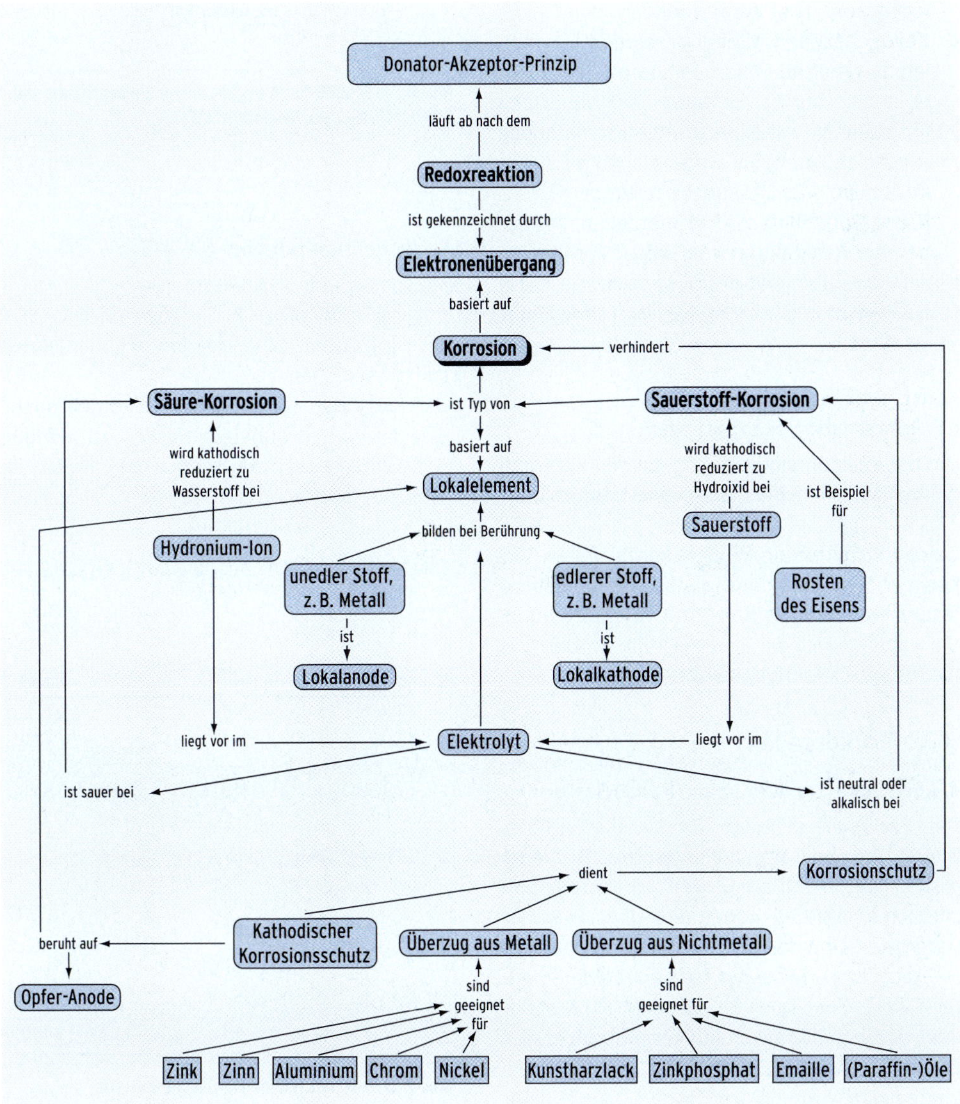

Abb. 8.23: Überblick „Korrosion"

8.3 Mobile Energiequellen

Mobile elektrochemische Energieerzeuger sind galvanische Zellen, die zum Betreiben ortsunabhängiger Elektrogeräte dienen. Nach dem Funktionsprinzip unterscheidet man Primär-, Sekundärzellen und Brennstoffzellen.

- **Primärzellen** (Primärelemente) sind galvanische Zellen, deren Zellreaktion nicht umkehrbar ist, das heißt sie lassen sich nur entladen, aber nicht mehr aufladen.
- **Sekundärzellen** (Sekundärelemente) stellen galvanische Zellen dar, deren Zellreaktion umkehrbar ist. Sie lassen sich mehrfach entladen und mit einer fremden Stromquelle wieder aufladen. Sie werden auch als Akkumulatoren oder „Akkus" bezeichnet
- **Brennstoffzellen** sind Primärzellen, bei denen die Reaktanden von außen kontinuierlich zugeführt und an Elektroden mit Katalysatorwirkung elektrochemisch umgesetzt werden.

Konstruktionsprinzipien bei Primär- und Sekundärzellen

Um hohe Spannungen zu erreichen, muss man ein möglichst unedles Metall wie Lithium oder Zink am Minuspol mit einem möglichst starken Oxidationsmittel am Pluspol kombinieren. Neben der Spannung sind auch die erreichbare Stromstärke und die Kapazität von Bedeutung. Sie werden durch die Größe der Elektroden und die Art der Elektrolytlösung beeinflusst.

8.3.1 Primärzellen

a) Leclanché-Element (Zink/Kohle-Batterie)

Das Leclanché-Element (Zink/Kohle-Batterie, Trockenelement, Monozelle) wurde 1867 zum ersten Mal der Öffentlichkeit vorgestellt und ist auch heutzutage neben der Alkali/Mangan-Batterie die Standard-Batterie für den Haushalt (→ Abb. 8.24). Minuspol ist der stahlummantelte Zinkbecher. Den Pluspol bildet ein Graphitstab, der in ein Gemisch aus Graphitpulver und Braunstein taucht. Eine 20%ige, durch Stärke eingedickte Ammoniumchlorid-Lösung dient als Elektrolyt. Die Batterie liefert eine Spannung von 1,5 V.

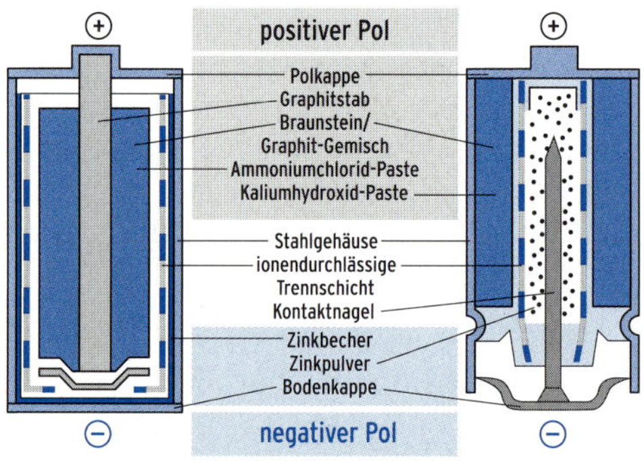

Abb. 8.24: Schnitt durch ein Leclanché-Element(links) und eine Alkali/Mangan-Batterie (rechts)

Elektrodenreaktionen:

Minuspol, Anode (Oxidation):

$$Zn(s) \Rightarrow Zn^{2+}(aq) + 2\,e^- \quad U_H^0 = -0{,}76\ V$$

Zink wird oxidiert. Die Zink-Ionen gehen in den Elektrolyten über.

Die Reaktionen am Pluspol sind komplizierter. Letztlich wird Braunstein (MnO_2) zu Mangan (III)-Oxidhydroxid reduziert, wobei Hydroxid-Ionen entstehen.

Pluspol, Kathode (Reduktion):

$$2\,\overset{IV}{Mn}O_2(s) + 2H_2O(l) + 2\,e^- \Rightarrow 2\,\overset{III}{Mn}OOH(s) + 2OH^-$$

$U_H^0 = 1{,}01\ V$

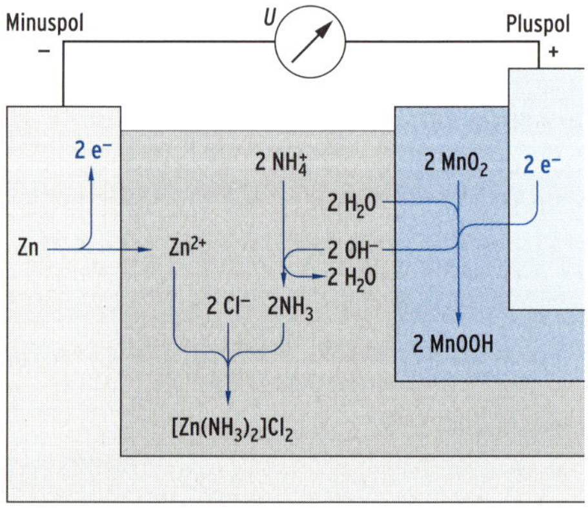

Abb. 8.25 Reaktionen in der Leclanché-Batterie

Sekundärreaktionen

Durch die Reduktion von Braunstein am Pluspol steigt der pH-Wert und es bilden sich im Elektrolyten aus Hydroxid- und Ammonium-Ionen Ammoniak und Wasser:

$NH_4^+(aq) + OH^-(aq) \rightarrow NH_3(aq) + H_2O(l)$

Ammoniak setzt sich dann mit den am Minuspol entstandenen Zink-Ionen zu Diamminzink-Ionen – $[Zn(NH_3)_2]^{2+}(aq)$ – um. Diese bilden mit den Chlorid-Ionen des Elektrolyten schwer lösliches Diamminzinkchlorid, das sich auf den Elektroden ablagert:

$[Zn(NH_3)_2]^{2+}(aq) + 2\ Cl^-(aq) \rightarrow [Zn(NH_3)_2]Cl_2(s)$

Dadurch erhöht sich mit der Zeit der elektrische Widerstand der Batterie und ihre Leistung sinkt.

Berechnung der Elektrodenpotentiale

Minuspol:

$U_H(Zn^{2+}/Zn)$

$= U_H^0(Zn^{2+}/Zn) + 0{,}0295\ V \cdot \lg c(Zn^{2+}(aq))$

$= -0{,}76\ V + 0{,}0295\ V \cdot \lg c(Zn^{2+})$

$U_H(Zn^{2+}/Zn) = -0{,}76\ V$ (bei $c(Zn^{2+}) = 1\ mol \cdot \ell^{-1}$)

Pluspol:

$U_H(MnO_2/MnOOH)$

$= U_H^0(MnO_2/MnOOH) + 0{,}059\ V \cdot \lg c(H^+(aq))$

$= 1{,}014\ V - 0{,}059\ V \cdot pH$

$U_H(MnO_2/MnOOH) = 1{,}014\ V - 0{,}059\ V \cdot 5$

$= 0{,}719$ (bei pH = 5)

Batteriespannung des Leclanché-Elements (pH = 5, $c(Zn^{2+}) = 1\ mol \cdot \ell^{-1}$):

$U = U_H(\text{Akzeptorhalbzelle}) - U_H(\text{Donatorhalbzelle})$

$U = 0{,}719\ V - (-0{,}76)\ V = 1{,}479\ V$

b) Alkali/Mangan-Batterie

Die Alkali/Mangan-Batterie ist eine Weiterentwicklung des Leclanché-Elements (→ Abb. 8.25). Der Batteriebecher besteht aus Stahl und nimmt an elektrochemischen Reaktionen nicht teil (Auslaufsicherheit).

Als Minuspol dient eine Zink-Pulverpaste (Oberflächenvergrößerung und damit höhere Entladungsströme). Als Elektrolyt wird Kaliumhydroxid-Lösung verwendet.

Die Hydroxid-Ionen reagieren mit Zink-Ionen zu leichtlöslichem Hydroxozinkat $[Zn(OH)_4]^{2-}$, das sich nicht auf den Elektrodenflächen ablagert.

Die Alkali/Mangan-Batterie liefert wie das Leclanché-Element eine Spannung von 1,5 V.

c) Lithium-Batterie

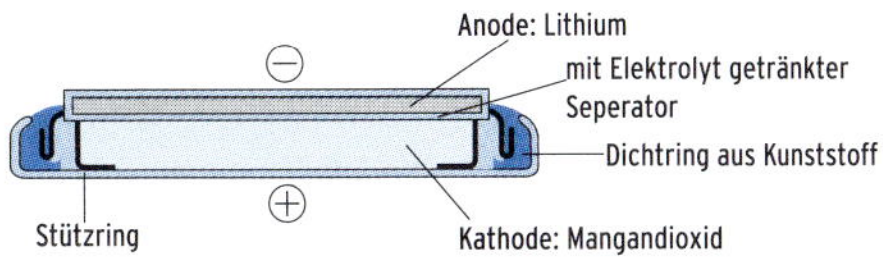

Abb. 8.26: Schnitt durch eine $Li\text{-}MnO_2$-Knopfzelle

Da Lithium das unedelste Metall ($U_H^0(Li/Li^+) = -3{,}04\ V$) ist und eine geringen Dichte hat, eignet es sich hervorragend als Elektrodenmaterial für den Minuspol in Batterien. Aufgrund der Tatsache, dass Lithium lebhaft mit Wasser reagiert, dürfen in der Batterie jedoch nur nichtwässerige Elektrolyte eingesetzt werden. Für den Pluspol werden in Lithium-Batterien unterschiedliche Oxidationsmittel wie Braunstein (MnO_2) und Thionylchlorid ($SOCl_2$) verwendet. Dabei ergeben sich je nach Oxidationsmittel unterschiedliche Batteriespannungen, die zwischen 2,8 V bis 3,6 V liegen können.

Am weitesten verbreitet ist das kostengünstige Li/MnO_2-System (→ Abb. 8.26). Bei der Zellreaktion wird Lithium zu Lithium-Ionen oxidiert und Mangandioxid wird reduziert. Praktisch werden bei diesem Vorgang Lithium-Kationen in das Mangandioxid-Ionengitter eingelagert:

Minuspol, Anode (Oxidation):

$Li(s) \Rightarrow Li^+ + e^-$

Pluspol, Kathode (Reduktion):

$Li^+ + e^- + \overset{IV}{Mn}O_2(s) \Rightarrow Li\overset{III}{Mn}O_2(s)$

Als Elektrolyt wird in dieser Lithium-Batterie eine Lösung von Lithiumperchlorat($LiClO_4$) in einem polaren organischen Lösungsmittel, Propylencarbonat oder Dimethoxyethan, eingesetzt.

8.3.2 Sekundärzellen

a) Blei-Akkumulator

Eines der am weitesten verbreiteten Sekundärelemente ist der Blei-Akkumulator.

Die Elektroden des geladenen Blei-Akkumulators bestehen aus Blei (Pb(s)) und Bleidioxid ($PbO_2(s)$), die in den Elektrolyten, eine 20%ige Schwefelsäure-Lösung, eintauchen. Bei Stromentnahme (galvanische Zelle) laufen an den Elektroden folgende Reaktionen ab:

Minuspol, Anode (Oxidation):

$Pb(s) + H_2SO_4(aq)$
$\Rightarrow PbSO_4(s) + 2\,H^+(aq) + 2\,e^-$

Pluspol, Kathode (Reduktion):

$PbO_2(s) + 2\,H_2SO_4(aq) + 2\,e^-$
$\Rightarrow PbSO_4(s) + 2\,H_2O(l) + SO_4^{2-}(aq)$

Die an beiden Polen entstehenden Blei(II)-Ionen bilden mit den Sulfat-Ionen des Elektrolyten (Schwefelsäure) das schwerlösliche Bleisulfat ($PbSO_4$). Die Reaktion lässt sich umkehren, der entladene Blei-Akku kann wieder aufgeladen werden (Elektrolyse):

Pluspol, Anode (Oxidation):

$PbSO_4(s) + 2\,H_2O(l) + SO_4^{2-}(aq)$
$\Rightarrow PbO_2(s) + 2\,e^- + 2\,H_2SO_4(aq)$

Minuspol, Kathode (Reduktion):

$PbSO_4(s) + 2\,H^+(aq) + 2\,e^-$
$\Rightarrow Pb(s) + H_2SO_4(aq)$

Wegen der hohen Überspannung von Sauerstoff an Bleidioxid und von Wasserstoff an Blei ist die Gasabscheidung bei der Elektrolyse behindert. So können die Blei(II)-Ionen mit den Elektroden reagieren und das Laden des Blei-Akkus ist überhaupt erst möglich. Sauerstoff- und Wasserstoffgasbildung (Elektrolyse des Wassers) setzen erst bei höheren Spannungen gegen Ende des Aufladevorgangs ein, wenn die Konzentration der Pb^{2+}-Ionen schlagartig abnimmt.

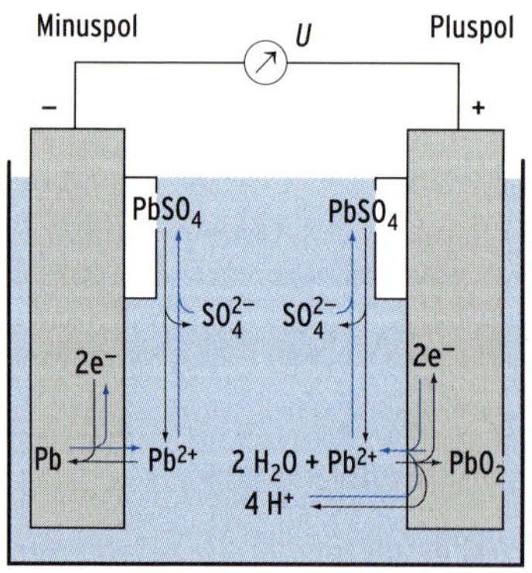

Abb. 8.27: Laden und Entladen eines Blei-Akkumulators

Gesamtreaktion:

$$Pb(s) + PbO_2(s) + 2H_2SO_4(aq) \underset{\text{laden}}{\overset{\text{entladen}}{\rightleftharpoons}} 2\,PbSO_4(s) + 2H_2O(l)$$

Die Zellspannung beträgt aufgrund der in der Praxis vorliegenden Säurekonzentration und wegen des geringen Löslichkeitsproduktes von $PbSO_4$ etwa 2,1 V.

b) Nickel/Cadmium-Akkumulator

Die Elektroden des Nickel/Cadmium-Akkumulators bestehen im geladenen Zustand aus Platten, die am Minuspol mit fein verteiltem Cadmium und am Pluspol mit Nickel(III)-oxidhydroxid beladen sind. 20%ige Kaliumhydroxid-Lösung wird als Elektrolyt verwendet.

Folgende Reaktionen laufen beim Entladen ab:

Minuspol, Anode (Oxidation):

$Cd(s) + 2\,OH^-(aq) \Rightarrow Cd(OH)_2(s) + 2\,e^-$

Pluspol, Kathode (Reduktion):

$2\,NiO(OH)(s) + 2\,H_2O(l) + 2\,e^-$
$\Rightarrow 2\,Ni(OH)_2\,(s) + 2\,OH^-(aq)$

Der Nickel/Cadmium-Akkumulator liefert eine Spannung von etwa 1,3 V. Durch Anlegen einer genügend großen äußeren Spannung werden die Elektrodenreaktionen umgekehrt.

$$Cd + 2\,NiO(OH)(s) + 2\,H_2O(l) \underset{\text{laden}}{\overset{\text{entladen}}{\rightleftharpoons}} Cd(OH)_2(s) + 2\,Ni(OH)_2(s)$$

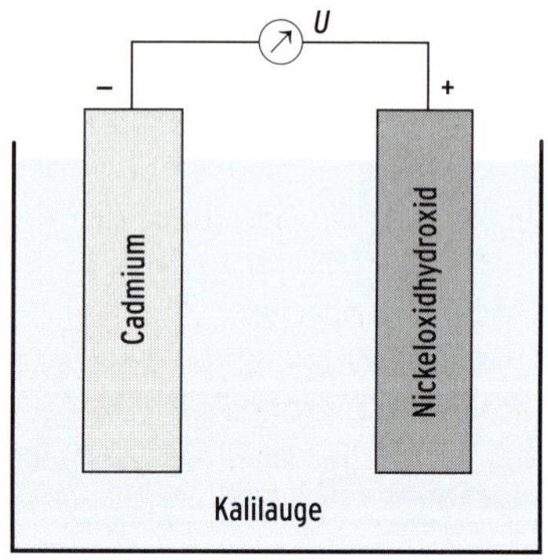

Abb. 8.28: Funktionsschema eines Nickel/Cadmium-Akkus

Da Cadmium ein starkes Umweltgift ist, ist es Ziel der Umweltpolitik, die Nutzung von Cadmium und auch des Nickel/Cadmium-Akkus zu minimieren.

c) Nickel/Metallhydrid-Akkumulator

Als Alternative für den Nickel/Cadmium-Akku bietet sich der umweltfreundlichere Nickel/Metallhydrid-Akku an.

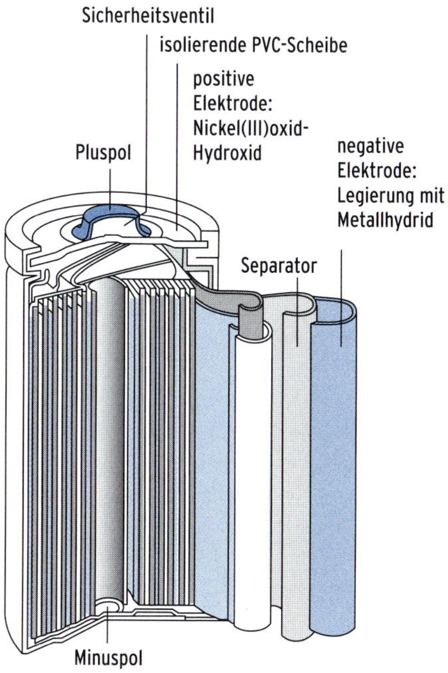

Abb. 8.29: Bau einer Nickel/Metallhydrid-Rundzelle

Am Pluspol laufen die gleichen Reaktionen ab wie beim Nickel/Cadmium-Akkumulator. Als negative Elektrode verwendet man eine Metalllegierung wie $La_{0,8}Nd_{0,2}Ni_{2,5}Co_{2,4}Si_{0,1}$, die beim Laden des Akkus atomaren Wasserstoff bei Zimmertemperatur in den Lücken ihres Metall-Gitters als Metallhydrid speichern kann. Beim Entladen der Zelle wird der Wasserstoff aus dem Gitter abgegeben und oxidiert.

Elektrodenreaktion beim Entladen

Minuspol, Anode (Oxidation):

$$\text{Metall-}\overset{0}{\text{H}}\text{(s)} + \text{OH}^-\text{(aq)} \Rightarrow \text{Metall} + \overset{+I}{\text{H}}_2\text{O(l)} + e^-$$

Pluspol, Kathode (Reduktion):

$$\overset{+III}{\text{Ni}}\text{O(OH)(s)} + \text{H}_2\text{O(l)} + e^- \Rightarrow \overset{+II}{\text{Ni}}\text{(OH)}_2\text{(s)} + \text{OH}^-\text{(aq)}$$

Der Nickel/Metallhydrid-Akku liefert eine Spannung von ungefähr 1,2 V.

Beim **Aufladen** des Akkus werden durch Anlegen einer genügend großen äußeren Spannung die Elektrodenreaktionen umgekehrt.

$$\text{Metall-H (s)} + \text{NiO(OH)(s)} \underset{\text{laden}}{\overset{\text{entladen}}{\rightleftharpoons}} \text{Metall} + \text{Ni(OH)}_2\text{(s)}$$

d) Lithium-Ionen-Akkumulator

Lithium-Ionen-Akkus finden aufgrund ihrer im Vergleich zu anderen Akkus sehr hohen Energiedichte und Spannung (3,7 V) immer mehr Verbreitung.

Als negative Elektrode (Minuspol) verwendet man Graphit, bei dem in den Lücken des Schichtgitters, das aus Kohlenstoff-Atomen besteht, Lithium-Kationen eingelagert werden können. Man spricht von einer Lithium/Graphit-Einlagerungsverbindung, bei der ein Lithium-Kation auf sechs Kohlenstoff-Atome kommt(LiC_6). Als Material für die positive Elektrode (Pluspol) werden Lithium-Einlagerungsverbindungen von Übergangsmetalloxiden wie $LiCoO_2$ verwendet. Beide Elektroden sind durch einen Separator voneinander getrennt und haben ein sehr unterschiedliches Redoxpotential:

$$U(CoO_2/LiCoO_2) > U(C_6/LiC_6)$$

Als Elektrolyt dient eine wasserfreie organische Lithium-Ionen-haltige Flüssigkeit.

Aufladevorgang

Beim Laden des Akkus wird durch die angelegte äußere Spannung am Pluspol Cobalt(III) zu Cobalt(IV) oxidiert, wobei die dabei freigesetzten Elektronen über den äußeren Leiter zum Minuspol in das Graphit-Atomgitter „gepumpt" werden, das durch die Elektronenaufnahme quasi reduziert wird. Gleichzeitig verlassen Lithium-Kationen zum Ladungsausgleich das Cobaltoxid-Ionengitter am Pluspol und lagern sich in die Lücken des negativ aufgeladenen Graphit-Schichtgitters am Minuspol ein. Dadurch werden die negativen Ladungen im Graphit ausgeglichen und stabilisiert.

Pluspol, Anode (Oxidation):

$$\overset{+I}{\text{Li}}\overset{+III}{\text{Co}}\overset{-II}{\text{O}}_2 \Rightarrow \overset{+I}{\text{Li}}^+ + \overset{+IV}{\text{Co}}\overset{-II}{\text{O}}_2 + e^-$$

Minuspol, Kathode (Reduktion):

$$\overset{0}{\text{C}}_6 + \overset{+I}{\text{Li}}^+ + e^- \Rightarrow \overset{+I}{\text{Li}}\text{C}_6$$

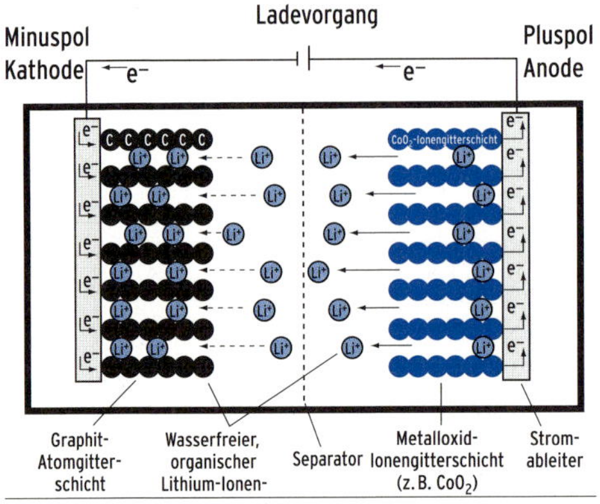

Abb. 8.30: Ladevorgang beim Lithium-Ionen-Akku

Entladevorgang

Beim Entladen fließen die Elektronen über den äußeren Leiter vom Graphit zum Cobaltoxid-Ionengitter am Pluspol, wodurch Cobalt(IV) zu Cobalt(III) reduziert wird. Zum Ladungsausgleich verlassen die Lithium-Kationen gleichzeitig das Graphit-Schichtgitter und bauen sich in das Cobaltoxid-Schichtgitter ein.

Minuspol, Anode (Oxidation):

$$\overset{+I\,-I}{LiC_6} \Rightarrow \overset{0}{C_6} + \overset{+I}{Li^+} + e^-$$

Pluspol, Kathode (Reduktion):

$$\overset{+I}{Li^+} + \overset{+IV\,-II}{CoO_2} + e^- \Rightarrow \overset{+I\,+III\,-II}{LiCoO_2}$$

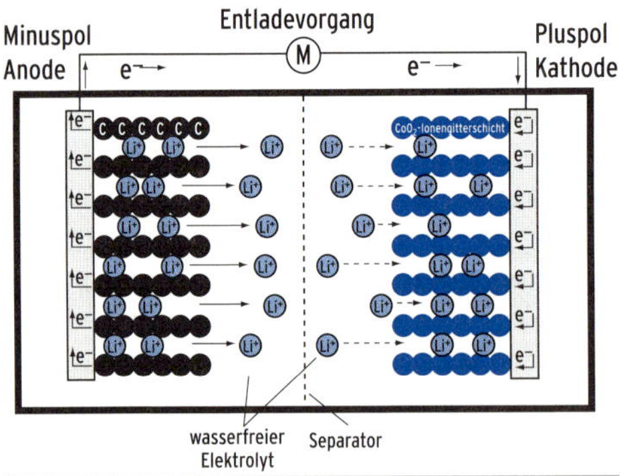

Abb. 8.31: Entladevorgang beim Lithium-Ionen-Akku

Beachtenswert bei diesen Vorgängen ist die Tatsache, dass die Lithium-Ionen lediglich als positive Ladungsträger dienen, die in das Elektrodenmaterial am Plus- und Minuspols zum Ladungsausgleich ein- oder ausgelagert werden, während das Elektrodenmaterial selbst oxidiert oder reduziert wird. Der Elektrolyt ermöglicht den Transport der Lithium-Kationen zwischen den Elektroden.

Neben $LiCoO_2$ wird auch $LiNiO_2$ oder auch $LiMn_2O_4$ als Material für die positive Elektrode verwendet.

Lithium-Ionen-Polymer-Akkumulator

Eine Weiterentwicklung des Lithium-Ionen-Akkus stellt der Lithium-Ionen-Polymer-Akkumulator dar. Wie beim Lithium-Ionen-Akku besteht die positive Elektrode aus einem Lithium-Metalloxid, die negative Elektrode aus Graphit. Der Elektrolyt hingegen ist nicht flüssig, sondern besteht aus einer gelartigen Polymermembran, in die ein Lithiumsalz gelöst ist. Die Polymermembran liegt zwischen der positiven und negativen Elektrode.

Da Elektroden wie Elektrolyt sich als Schichtfolien verbauen lassen, muss man die Zelle nicht mehr auslaufsicher in einen Edelstahlbehälter einschweißen. Da eine Verbundfolie in der Regel als Verpackung der Zelle ausreicht, kann man einen Lithium-Polymer-Akku in beliebiger Bauform herstellen. Der Lithium-Polymer-Akku erreicht aufgrund seiner Bauweise noch eine höhere Energiedichte als der Lithium-Ionen-Akku. Er wird vorwiegend in Mobiltelefonen und in tragbaren Computern eingesetzt.

8.3.3 Brennstoffzellen

Da energiereiche Verbrennungsreaktionen auch Redoxreaktionen sind, lassen sie sich ebenfalls in speziellen galvanischen Zellen, den Brennstoffzellen, zur Stromerzeugung nutzen. In Brennstoffzellen wird die bei Verbrennungsreaktionen normalerweise frei werdende (Wärme-)Energie unmittelbar in elektrische Energie umgewandelt. So lässt sich ein elektrischer Wirkungsgrad bis zu 80 % erreichen, wohingegen in Wärmekraftwerken ein Wirkungsgrad von nur etwa 40 % realisierbar ist.

Die Brennstoffe müssen in Brennstoffzellen allerdings von außen kontinuierlich zugeführt werden, um elektrische Energie zu erzeugen. Damit unterscheiden sie sich von Batterien, in denen die umzusetzenden Stoffe schon enthalten sind. Brennstoffzellen sind also keine Energiespeicher, sondern können nur die in den

Stoffen enthaltene chemische Energie in elektrische Energie umwandeln, solange sie von außen zugeführt werden.

a) Knallgaszelle

In einer Wasserstoff/Sauerstoff-Brennstoffzelle wird die stark exotherm verlaufende Oxidation von Wasserstoff (Knallgasreaktion) zur Stromerzeugung genutzt. Dabei bleiben die Reaktionspartner durch den Separator räumlich getrennt, sodass der größte Teil der chemischen Energie in elektrische Energie umgewandelt wird. Als Elektroden können inerte palladinierte Nickel-Netze verwendet werden. Der Elektrolyt besteht aus Kalilauge (KOH(aq)).

Elektrodenreaktionen

Minuspol, Anode (Oxidation):

$2\ H_2(g) + 4\ OH^-(aq) \Rightarrow 4\ H_2O(l) + 4\ e^-$;

$U_H = -0{,}83\ V$

Pluspol, Kathode (Reduktion):

$O_2(g) + 2\ H_2O(l) + 4\ e^- \Rightarrow 4\ OH^-(aq)$;

$U_H = 0{,}4\ V$

Gesamtreaktion:

$2\ H_2(g) + O_2(g) \rightarrow 2\ H_2O(l)$;

Zellspannung: $U = 1{,}23\ V$

Brennstoff, Reduktionsmittel: H_2 (wird oxidiert)

Oxidationsmittel: O_2 (wird reduziert)

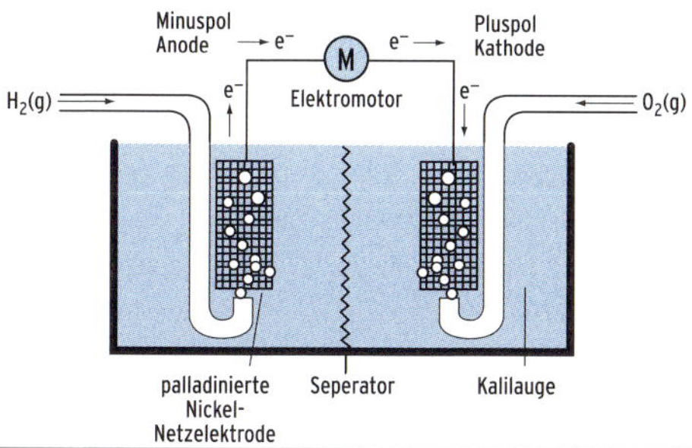

Abb. 8.32: Schema einer Knallgaszelle (Wasserstoff/Sauerstoff-Brennstoffzelle)

Vorteile der Knallgaszelle

- kontinuierlicher Betrieb, kein Aufladen nötig
- umweltfreundlich, nur H_2O als Abgas
- Rohstoffe praktisch unbegrenzt vorhanden

Als Brennstoffe können unter anderem auch Hydrazin $N_2H_4(l)$, Methanol $CH_3OH(l)$, Methan $CH_4(g)$ und Ammoniak $NH_3(g)$ verwendet werden.

Beispiel

Reaktion von flüssigem Hydrazin als Brennstoff mit Sauerstoff als Oxidationsmittel in einer Brennstoffzelle:

Minuspol, Anode (Oxidation):

$N_2H_4(l) \Rightarrow N_2(g) + 4\ H^+(aq) + 4\ e^-$;

$U_H = -0{,}23\ V\ (pH = 0)$

Pluspol, Kathode (Reduktion):

$O_2(g) + 4\ H^+(aq) + 4\ e^- \Rightarrow 2\ H_2O(l)$;

$U^0{}_H = 1{,}23\ V\ (pH = 0)$

Gesamtreaktion:

$N_2H_4(l) + O_2(g) \rightleftharpoons N_2(g) + 2\ H_2O(l)$

Zellspannung: $U = 1{,}46\ V$

b) PEM-Brennstoffzelle

Von den verschiedenen Brennstoffzellentypen wird die PEM-Brennstoffzelle hauptsächlich als mobiles Akkuladegerät sowie als Stromlieferant für den Antrieb von Kraftfahrtzeugen eingesetzt.

Bau

PEM (Abkürzung für englisch „Proton Exchange Membrane") steht für „Protonenaustauschmembran" die das Kernstück der mit Wasserstoff und Luftsauerstoff betriebene Brennstoffzelle ist. Die etwa 0,1 mm dicke Kunststoffmembran hat die Funktion eines Elektrolyten: durch sie können Protonen als Hydronium-Ionen (H_3O^+) von der Anode aus einseitig in Richtung Kathode diffundieren. Weiterhin hat sie die Funktion eines Separators und verhindert, dass sich Wasserstoff und Sauerstoff mischen. Die Membranoberflächen sind auf beiden Seiten jeweils mit dem Katalysator, meist Platin, sowie mit gasdurchlässigem, porösem Elektrodenmaterial (z. B. Graphitpapier oder Metall-Nanostrukturen) beschichtet. Anode und Kathode sind über einen äußeren elektrischen Leiter miteinander verbunden, an den beispielsweise ein Elektromotor angeschlossen sein kann. Direkt an die Elektroden schließen sich dann auf beiden Seiten Platten mit feinen Kanälen an, durch die Wasserstoff und Luftsauerstoff an die Elektroden herangeführt werden (→ Abb. 8.33).

Funktion

In der Anode zerlegen sich Wasserstoffmoleküle an der Katalysatorschicht in Protonen und Elektronen (Oxidation). Die Elektronen fließen über das Anodenmaterial und den äußeren elektrischen Leiter zur Kathode. Die Protonen hingegen werden von Wassermolekülen in der Membran aufgenommen und als Hydronium-Ionen durch die Membran zur Kathode geleitet. Auf der Kathodenseite treffen sie auf Sauerstoffatome, die sich an Katalysatorschicht aus Sauerstoffmolekülen gebildet haben. Protonen, Elektronen und Sauerstoffatome reagieren zusammen zu Wassermolekülen (Reduktion), die über einen Kanal als Wasserdampf nach außen abgeführt werden. Die Betriebstemperatur der PEM-Brennstoffzelle liegt zwischen 20 und 80 °C.

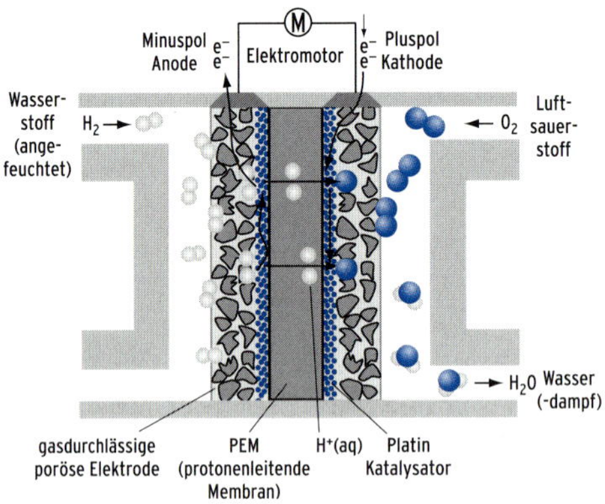

Minuspol, Anode (Oxidation):	Pluspol, Kathode (Reduktion):
$2\,H_2(g) \Rightarrow 4\,H^+(aq) + 4\,e^-$	$O_2 + 4\,H^+(aq) + 4\,e^- \Rightarrow 2\,H_2O$

Abb. 8.33: Aufbau und Funktion einer PEM-Brennstoffzelle (schematisch, nicht maßstabsgerecht)

c) Direkt-Methanol-Brennstoffzelle

Eine Variante der PEM-Brennstoffzelle ist die Direkt-Methanol-Brennstoffzelle, die als mobile Energiequelle im Automobil- und Freizeitbereich (Wohnmobil, Boot, Ferienhaus) vielfach Anwendung findet. Die Direkt-Methanol-Brennstoffzelle hat den gleichen Bau wie die PEM-Brennstoffzelle.

Brennstoff ist flüssiges Methanol (CH_3OH), dessen chemische Energie direkt in elektrische Energie umgewandelt wird. Das Methanol-Wassergemisch wird in der Anode an die Katalysatorschicht (meist Platin-Ruthenium) geführt, wo sich die Methanol- und Wassermoleküle in Elektronen und Protonen zerlegen und dabei Kohlenstoffdioxid-Moleküle bilden.

Die Elektronen wandern über das Anodenmaterial und den äußeren elektrischen Leiter, die Protonen als Hydronium-Ionen durch die Protonenaustauschmembran auf die Kathodenseite. Dort bilden sie zusammen mit Sauerstoffatomen an der Katalysatorschicht Wassermoleküle. Die Betriebstemperatur der Zelle liegt unter 130 °C.

Minuspol, Anode (Oxidation):

$$2\,CH_3OH(l) + 2\,H_2O(l)$$
$$\Rightarrow 2\,CO_2(g) + 12\,H^+(g) + 12\,e^-;$$
$$U_H^0 = +\,0{,}04\ V$$

Pluspol, Kathode (Reduktion):

$$3\,O_2 + 12\,H^+(g) + 12\,e^- \Rightarrow 6\,H_2O;$$
$$U_H^0 = +\,1{,}23\ V$$

Gesamtreaktion:

$$2\,CH_3OH + 3\,O_2 \rightarrow 2\,CO_2 + 4\,H_2O$$

Zellspannung: $U = 1{,}19\ V$

WISSEN:

Brennstoffzellen sind spezielle galvanische Zellen, in denen die bei der Oxidation einer Verbindung freiwerdende Energie unmittelbar in elektrische Energie umgewandelt wird. Zum Betrieb einer Brennstoffzelle muss das Reduktionsmittel (Brennstoff) und das Oxidationsmittel (Sauerstoff) kontinuierlich von außen zugeführt werden.

8.3.4 Wichtige elektrochemische mobile Energiequellen im Überblick

Typ	Funktionsprinzip	Minuspol	Pluspol	Elektrolyt	Zellreaktion	Zellspannung
Leclanché-Element (Zink/Kohle)	primär	Zn-Becher	MnO_2	NH_4Cl-Lösung	$2\,MnO_2(s) + 2\,H_2O(l) + Zn \rightarrow 2MnOOH(s) + Zn^{2+}(aq) + 2\,OH^-(aq)$	1,5 V
Alkali/Mangan-Batterie (Zink/Braunstein)	primär	Zn-Paste	MnO_2	KOH-Lösung	$2\,MnO_2(s) + 2\,H_2O(l) + Zn \rightarrow 2MnOOH(s) + Zn^{2+}(aq) + 2\,OH^-(aq)$	1,5 V
Lithium-Batterie	primär	Li	MnO_2	$LiClO_4$ in polaren organischen Lösungsmittel	$Li(s) + MnO_2(s) \rightarrow LiMnO_2(s)$	2,9 V
Blei-Akku (Blei/Bleioxid)	sekundär	Pb	PbO_2	H_2SO_4	$Pb(s) + PbO_2(s) + 2\,H_2SO_4\,(aq) \rightleftharpoons 2PbSO_4(s) + 2H_2O(l)$	2 V
Nickel/Cadmium-Akku	sekundär	Cd	NiO(OH)	KOH-Lösung	$Cd + 2\,NiO(OH)(s) + 2\,H_2O(l) \rightleftharpoons Cd(OH)_2(s) + 2\,Ni(OH)_2(s)$	1,3 V
Nickel/Metallhydrid-Akku	sekundär	Metall-H(s)	NiO(OH)	KOH-Lösung	$Metall\text{-}H(s) + NiO(OH)(s) \rightleftharpoons Metall + Ni(OH)_2(s)$	1,2 V
Lithium-Ionen-Akku	sekundär	LiC_6	Nebengruppenmetalloxid, z. B. CoO_2 oder MnO_2	$LiClO_4$ in polarem organischem Lösungsmittel	$LiC_6(s) + CoO_2(s) \rightleftharpoons C_6(s) + LiCoO_2(s)$ oder $Li_2C_{12}(s) + MnO_2(s) \rightleftharpoons C_{12}(s) + Li_2MnO_2(s)$	3,7 V
Lithium-Ionen-Polymer-Akku	sekundär	LiC_6	Nebengruppenmetalloxid, z. B. CoO_2 oder MnO_2	gelartige Polymermembran mit Lithiumsalzlösung	$LiC_6(s) + CoO_2(s) \rightleftharpoons C_6 + LiCoO_2(s)$ oder $Li_2C_{12}(s) + MnO_2(s) \rightleftharpoons C_{12}(s) + Li_2MnO_2(s)$	3,7 V
Knallgaszelle Wasserstoff/ Sauerstoff	Brennstoffzelle	H_2	O_2	KOH-Lösung	$2\,H_2(g) + O_2(g) \rightleftharpoons 2\,H_2O(g)$	1,23 V
PEM-Brennstoffzelle	Brennstoffzelle	H_2	O_2	Protonenaustauschmembran	$2\,H_2(g) + O_2(g) \rightleftharpoons 2\,H_2O(g)$	1,23 V
Direkt-Methanol-Brennstoffzelle	Brennstoffzelle	CH_3OH	O_2	Protonenaustauschmembran	$2\,CH_3OH(l) + 3\,O_2(g) \rightarrow 2\,CO_2(g) + 4\,H_2O(g)$	1,19 V

Tab. 8.4: elektrochemische mobile Energiequellen

9_Strukturaufklärung organischer Verbindungen

BASISKONZEPT: Struktur-Eigenschafts-Beziehungen

Konzept der Struktur-Eigenschafts-Beziehungen als Leitlinie in der organischen Chemie

Die organische Chemie als Chemie der Kohlenstoffverbindungen ist das umfangreichste Teilgebiet der Chemie. Auch die Fachinhalte der organischen Chemie lassen sich mithilfe aller sechs Basiskonzepte bequem strukturieren und systematisieren. Dabei kommt dem **Struktur-Eigenschafts-Konzept** eine Leitfunktion zu: Um die ungefähr 20 Millionen bekannten organischen Stoffe und die noch täglich neu dazukommenden Verbindungen ordnen zu können, klassifiziert man sie nach den **Strukturmerkmalen** ihrer Moleküle. Wichtige Ordnungskritierien sind dabei der Bau des Kohlenstoffgerüsts und die funktionellen Gruppen. Aus den Strukturmerkmalen auf der Teilchenebene ergeben sich die **Eigenschaften** auf der Stoffebene sowie das **Reaktionsverhalten**. Daher ist die **Strukturaufklärung** einer organischen Verbindung mit der Aufstellung der **Strukturformel** für die Klassifizierung der Verbindung unabdingbar. Durch Kenntnis der Strukturformel kann man weitere Eigenschaften und das Reaktionsverhalten der Verbindung vorhersagen.

Merke: Mithilfe des Struktur-Eigenschaftskonzepts werden organische Verbindungen klassifiziert. Eigenschaften einer Verbindung auf der Stoffebene und ihr Reaktionsverhalten lassen sich auf Strukturmerkmale auf der Teilchenebene zurückführen.

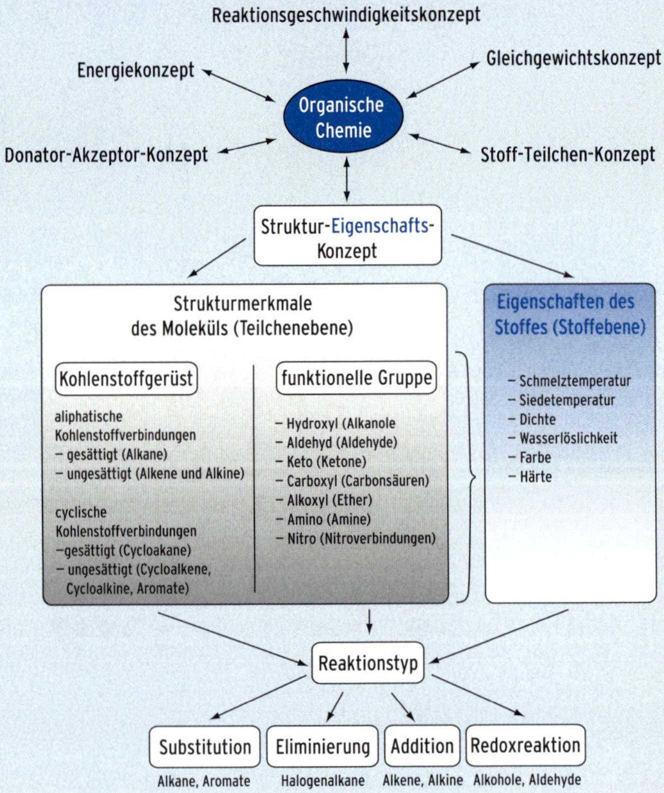

Abb. 9.1: Bedeutung des Struktur-Eigenschafts-Konzepts in der organischen Chemie

Zur Strukturaufklärung organischer Verbindungen dienten früher überwiegend chemische Methoden, während heute Spektroskopie und chromatografische Verfahren (Gas-Chromatografie, Papier-Chromatografie, Dünnschicht-Chromatografie, Säulen-Chromatografie, Ionenaustausch-Chromatografie) im Vordergrund stehen.

Diese **instrumentelle Analytik** ermöglicht es aufgrund der fortgeschrittenen Computer- und Sensortechnik Analysen einfacher und schneller durchzuführen.

9.1 Chemische Methoden

Um die Eigenschaften einer organischen Verbindung erklären zu können, muss die Struktur ihrer Moleküle bekannt sein.

Der klassische Weg der Strukturermittlung führt über verschiedene Einzelschritte:

- **Reindarstellung der Substanz:** Aus einem Stoffgemisch muss die Reinsubstanz zunächst isoliert werden. Dies geschieht z.B. durch Extrahieren, Destillieren oder Umkristallisieren.
- **Qualitative Elementaranalyse:** Die Elemente, die in der Verbindung enthalten sind, werden ermittelt.
- **Quantitative Elementaranalyse:** Das Atomanzahlverhältnis der Elemente in der Verbindung wird bestimmt. Als Ergebnis erhält man die Verhältnisformel.
- **Ermittlung der molaren Masse:** Die Molekülformel (Summenformel) kann aufgestellt werden.
- **Charakteristische chemische Reaktionen der Substanz:** Sie dienen dem Nachweis der funktionellen Gruppen und geben Hinweise zur Gesamtstruktur des Moleküls.
- **Synthese der Verbindung:** Durch sie wird die hypothetische Molekülstruktur bestätigt.

>> BEISPIEL

Strukturermittlung von Ethanol mithilfe chemischer Methoden der Strukturaufklärung

- Die **qualitative Elementaranalyse** zeigt, dass in Ethanol C und H enthalten sind, denn bei der Verbrennung entstehen Kohlenstoffdioxid und Wasser. Bei der Reaktion von Ethanol mit Magnesium in der Gasphase entsteht Magnesiumoxid (Sauerstoffnachweis).
- Die **quantitative Elementaranalyse** führt zur Verhältnisformel $(C_2H_6O_1)_n$. Dazu wird eine genau gewogene Probe der Substanz vollständig zu Kohlenstoffdioxid und Wasser verbrannt. Aus den Versuchsergebnissen lassen sich die Massen und das Stoffmengenverhältnis der in der Probe enthaltenen Elemente berechnen.
- Die **Ermittlung der molaren Masse** führt zur Summenformel $C_2H_6O_1$. Dazu wird eine genau gewogene Probe der Substanz verdampft. Man bestimmt das Gasvolumen und berechnet mithilfe der allgemeinen Gasgleichung die molare Masse.
- **Reaktion mit Natrium:** Bei einer Verbindung mit der Summenformel $C_2H_6O_1$ kann es sich um einen Alkohol oder um einen Ether handeln. Durch die Reaktion mit Natrium lässt sich die Hydroxyl-Gruppe nachweisen: Das polar gebundene H-Atom der Hydroxyl-Gruppe wird reduziert, Natrium wird oxidiert; es entsteht Wasserstoff.

Die Formel der Verbindung lautet daher CH_3CH_2OH.

Diese Formel ist zunächst nur hypothetisch. Sie muss anschließend durch die Synthese des Alkohols bestätigt werden.

9.2 Spektroskopie

Die Methoden der Spektroskopie beruhen auf der Absorption elektromagnetischer Strahlung durch die Moleküle. Man trägt die Absorption in Abhängigkeit von der Wellenlänge auf und erhält ein **Absorptionsspektrum** des Stoffes, das Aussagen über den Molekülbau ermöglicht.

9.2.1 Spektroskopie im sichtbaren und im UV-Bereich

Die Moleküle absorbieren sichtbares Licht, wobei Elektronen angeregt werden. Farbige organische Verbindungen besitzen delokalisierte π-Elektronen (Carotin, Chlorophyll), die leicht angeregt werden können (→ Kap. 14). Bei diesen Verbindungen reicht daher die Energie des sichtbaren Lichts.
Bei farblosen organischen Verbindungen reicht die Energie des sichtbaren Lichts nicht aus, um Elektronen anzuregen. Dies ist nur mit der energiereicheren UV-Strahlung möglich. Da σ-Elektronen besonders viel Energie zur Anregung benötigen, absorbieren gesättigte Kohlenwasserstoff nur unterhalb einer Wellenlänge von 140 nm.

9.2.2 IR-Spektroskopie

Infrarotstrahlen können Moleküle oder Molekülteile zu Schwingungen und Rotationen anregen, die es ermöglichen, bestimmte funktionelle Gruppen im Molekül zu erkennen.

9.2.3 NMR-Spektroskopie

NMR = *nuclear magnetic resonance* (magnetische Kernresonanz): Bei der Absorption elektromagnetischer Strahlung in einem Magnetfeld ändert sich der Spin der Wasserstoff-Atomkerne. Das Absorptionsverhalten ist dabei vom Bindungspartner des H-Atoms abhängig (chemische Verschiebung).

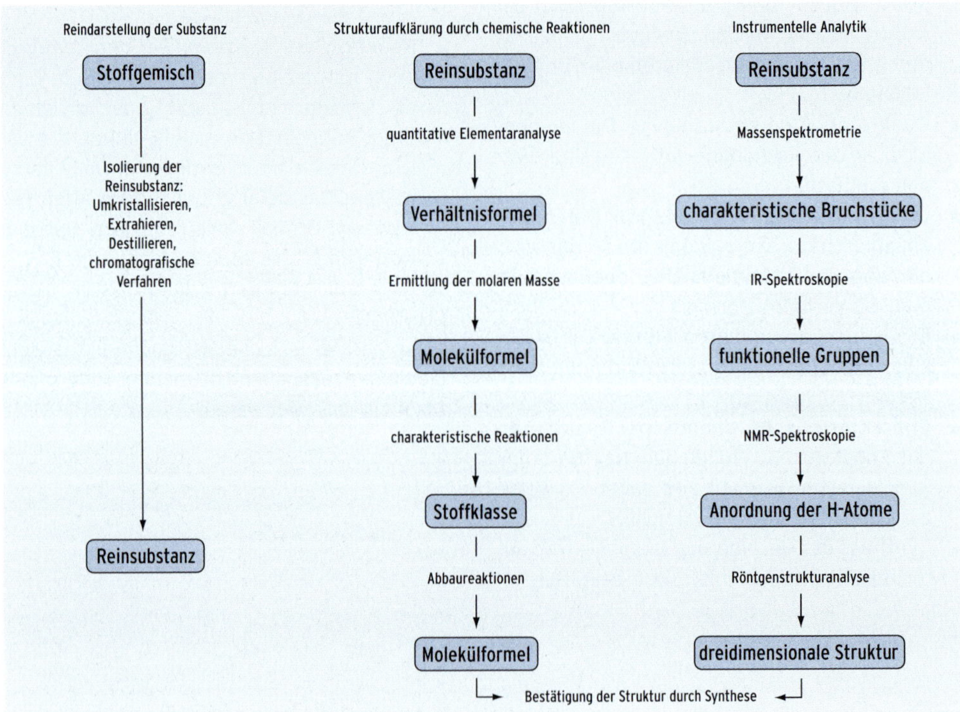

Abb. 9.2: Aufklärung der Struktur einer organischen Verbindung

10__Kohlenwasserstoffe

BASISKONZEPT: Struktur-Eigenschafts-Beziehungen

Bei Kohlenwasserstoffen steht von den sechs Basiskonzepten das **Struktur-Eigenschafts-Konzept** im Vordergrund.

Kohlenwasserstoffe sind Verbindungen, die aus Kohlenstoff und Wasserstoff bestehen, wobei Kohlenstoffatome untereinander durch unpolare und Kohlenstoff- und Wasserstoffatome durch fast polare Atombindungen (Elektronenpaarbindung) miteinander verknüpft sind. Daher existieren zwischen Kohlenwasserstoff-Molekülen VAN-DER-WAALS-Wechselwirkungen, die mit zunehmender Größe der Moleküle stärker werden. Aufgrund dieser **molekularen Strukturmerkmale** kann man folgende Eigenschaften auf der **Stoffebene** beobachten:

- relativ niedrige Schmelz- und Siedetemperaturen in Abhängigkeit von der Molekülgröße,
- Wasserunlöslichkeit.

Kohlenwasserstoffe werden in **Stoffklassen** wie Alkane, Cylcoalkane, Alkene, Cycloalkene, Alkine und Aromate eingeteilt.

- Bei **Alkan-** und **Cycloalkan-Molekülen** sind die Kohlenstoffatome mit Wasserstoffatomen abgesättigt. Daher sind sie reaktionsträge. Hauptsächlicher Reaktionstyp bei Alkanen ist die **radikalische Substitution** (Substitution: Austausch eines Bindungspartners).
- **Alkene und Cycloalkene** zeichnen sich durch mindestens eine C=C-Doppelbindung aus, die aus jeweils einer σ- und π-Bindung besteht. An der Doppelbindung existiert eine hohe Elektronendichte, so dass elektrophile Reaktionspartner an der Doppelbindung angreifen und über **elektrophile Addition** (Addition: Anlagerung eines Bindungspartners) an das Molekül binden können.
- **Alkine** verfügen über mindestens eine Dreifachbindung zwischen den Kohlenstoffatomen, die sich aus einer σ- und zwei π-Bindungen zusammensetzt. Bevorzugter Reaktionstyp ist daher ebenfalls die **elektrophile Addition.**
- **Aromatische Kohlenwasserstoffe** besitzen ein π-Elektronensystem, bei dem die Elektronen delokalisiert sind und das stabiler als die Mehrfachbindungen der Alkene und Alkine ist. Aromate reagieren daher vornehmlich mit elektrophilen Reagenzien in Form einer **elektrophilen Substitution.**

Merke: Stoffeigenschaften von Kohlenwasserstoffen sowie die von ihnen bevorzugten chemischen Reaktionen beruhen auf Bau und Struktur ihrer Moleküle.

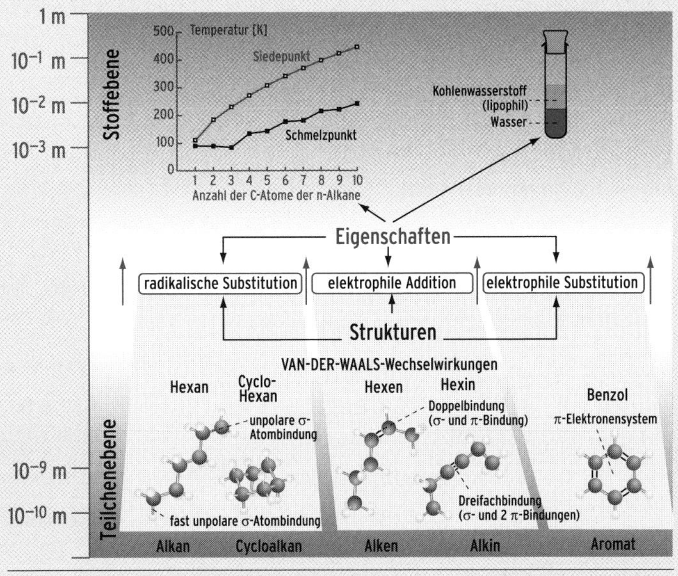

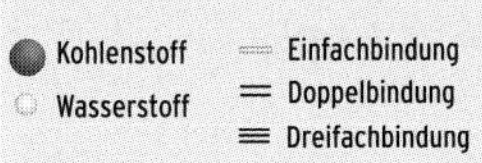

Abb. 10.1: Das Struktur-Eigenschafts-Konzept als Leitlinie bei Kohlenwasserstoffen

10.1 Gesättigte Kohlenwasserstoffe

10.1.1 Alkane

Alkane sind Kohlenwasserstoffe mit maximal möglicher Zahl an Wasserstoff-Atomen. Allgemeine Formel: C_nH_{2n+2}

IUPAC-Name	Summenformel	IUPAC-Name	Summenformel
Methan	CH_4	Hexan	C_6H_{14}
Ethan	C_2H_6	Heptan	C_7H_{16}
Propan	C_3H_8	Octan	C_8H_{18}
Butan	C_4H_{10}	Nonan	C_9H_{20}
Pentan	C_5H_{12}	Decan	$C_{10}H_{22}$

Tab. 10.1: Übersicht über die ersten Glieder der homologen Reihe der Alkane

Bei Alkanen ab drei C-Atomen gibt es neben gradkettigen auch verzweigte Isoalkane.

WISSEN: Isomerie

Unterschiedliche Verbindungen mit gleicher Molekülformel.

Konstitutions-Isomere (Struktur-Isomere) unterscheiden sich in der unterschiedlichen Verknüpfung der Reihenfolge ihrer Atome. Handelt es sich dabei um unterschiedliche Verknüpfung der Kohlenstoffatome, spricht man von Gerüst-Isomerie. Sind Alkane halogeniert, kommt die Stellungs-Isomerie zum Tragen: 1-Chlorpropan und 2-Chlorpropan.

WISSEN: Stellungs-Isomerie

Unterschiedliche Verknüpfungsstellen bei gleichen funktionellen Gruppen.

Nomenklaturregeln nach IUPAC

IUPAC: *International Union of Pure and Applied Chemistry*

1. Die längste Kette aus verbundenen Kohlenstoff-Atomen ergibt den Stammnamen, z. B. 4-Ethyl-2,2-dimethylheptan

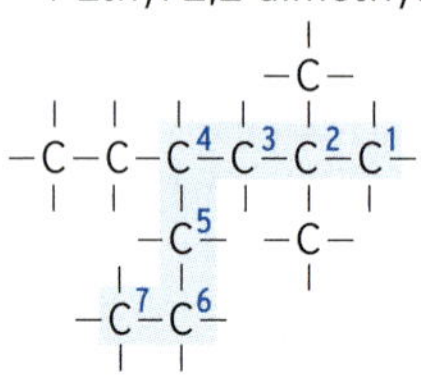

2. Die Seitenketten werden vorangestellt und erhalten die Endung -yl. Gleiche Seitenketten werden durch Zahlwörter (di-, tri- tetra-) zusammengefasst.
3. Die Verzweigungsstelle wird durch Zahlen angegeben. Dabei werden die Kohlenstoff-Atome der Hauptkette so durchnummeriert, dass möglichst kleine Zahlen entstehen, z. B.: 2,2,4-Trimethylhexan:

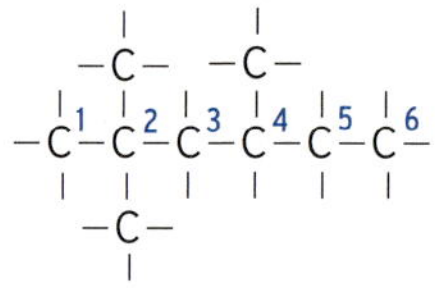

4. Enthält das verzweigte Alkan unterschiedliche Seitenketten, so werden diese alphabetisch aufgeführt, wobei die Zahlwörter als Vorsilbe nicht berücksichtigt werden. Nur der erste Buchstaben des gesamten Namens wird großgeschrieben, z. B. 3-Ethyl-5-methylheptan:

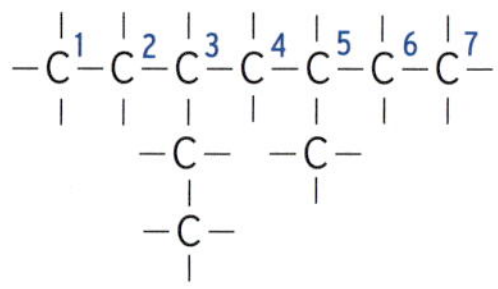

!!! VORSICHT FALLE

Alkylsubstituenten müssen immer mindestens ein C-Atom weniger besitzen als C-Atome nach links bzw. rechts in der Kette folgen, das heißt, es kann *nicht* benannt werden: 2-Ethyl-, 3-Propyl usw. In diesem Fall muss die tatsächlich längste Kette untereinander verbundener C-Atome geprüft werden.

Hybridisierung, Bau und Bindungslänge

Das Kohlenstoff-Atom ist in den Alkanen **sp^3-hybridisiert** (→ Seite 15).

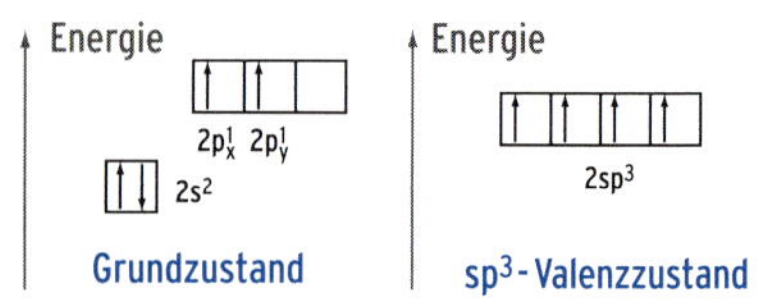

Abb. 10.2: Valenzelektronen des C-Atoms

Die Bindungen des Kohlenstoff-Atoms werden durch vier energiegleiche Atomorbitale beschrieben. Die geometrische Anordnung entspricht der eines Tetraeders, das heißt, der Winkel zwischen zwei Bindungen beträgt 109,5°, die Bindungslänge zwischen C und H beträgt 0,109 nm, die zwischen C und C 0,154 nm.

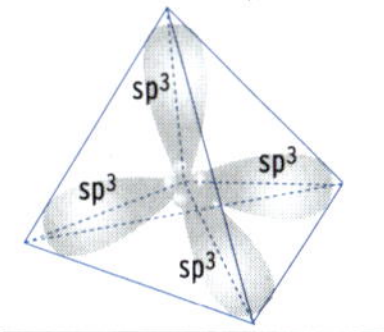

Abb. 10.3: sp^3-Hybridorbitale des C-Atoms

Physikalische Eigenschaften der Alkane

Aggregatzustand: Alle Alkane sind völlig unpolar, zwischen ihnen herrschen nur VAN-DER-WAALS-Kräfte. Diese nehmen mit zunehmender Masse zu, daher steigen auch die Schmelz- und Siedetemperaturen mit steigender Kettenlänge:

$C_1 - C_4$ gasförmig
$C_5 - C_{16}$ flüssig
ab C_{17} fest

Bei Alkanen mit sehr großer Molekülmasse sind die **VAN-DER-WAALS-Kräfte** so stark, dass sich die Moleküle durch Aufspaltung der Atombindungen zersetzen, noch ehe sie die Schmelz- bzw. Siedetemperaturen erreichen. Verzweigte Kohlenwasserstoffe haben tiefere Siede- und Schmelztemperaturen als ihre unverzweigteren Gerüst-Isomeren gleicher Molekülmasse.

Grund: Je verzweigter ein Molekül, desto näher ist es der Kugelgestalt, desto geringer ist die Oberfläche und umso geringer sind die VAN-DER-WAALS-Kräfte.

Löslichkeit: Aufgrund ihres unpolaren Charakters sind Alkane hydrophob, das heißt sie sind in Wasser kaum löslich. Gleichzeitig sind sie aber lipophil und damit in unpolaren Lösemitteln löslich.

Chemische Reaktionen der Alkane: Radikalische Substitution

Alle Alkane sind sehr reaktionsträge (Paraffine, *parum affinis*: wenig teilnehmend, das heißt, geringe Neigung zu Reaktionen mit anderen Stoffen), da ihre C–H- und C–C-Bindungen sehr stabil sind. Auch besitzen sie im Gegensatz zu den andern organischen Verbindungen keine funktionellen Gruppen. Alkane lassen sich lediglich durch radikalische Substitution halogenieren (→ Tab. 10.2).

Teilschritt	Erklärung	Reaktionsgleichungen
Startreaktion **Homolyse**	Der erste Schritt zur Halogenisierung von Alkanen besteht in einer Homolyse der Halogene durch Licht und Wärme. Dabei wird die Bindung zwischen den Halogenatomen so aufgespalten, dass jeder der Partner eines der beiden Bindungselektronen erhält. Es entstehen Halogenatome, die so reaktionsfreudig sind, dass man sie als **Radikale** bezeichnet.	$Br-Br \xrightarrow{Licht} 2\ Br\cdot$ 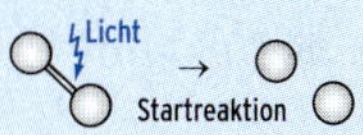
Kettenreaktion	Durch Reaktion eines Bromradikals mit Methan entsteht Bromwasserstoff und ein neues Methylradikal. Dieses stabilisiert sich durch Reaktion mit einem weiteren Brommolekül. Dabei entsteht Brommethan und ein neues Bromradikal. Die Reaktion setzt sich auf diese Weise bis zum Kettenabbruch fort.	$CH_4 + \cdot Br \rightarrow \cdot CH_3 + HBr$ $\cdot CH_3 + Br_2 \rightarrow CH_3Br + \cdot Br$ 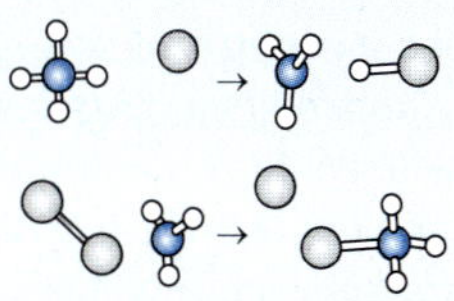
Kettenabbruch	Durch Zusammenstoß zweier Radikale werden die Radikale aus dem Reaktionsgeschehen entfernt.	$H_3C\cdot + \cdot CH_3 \rightarrow CH_3-CH_3$ 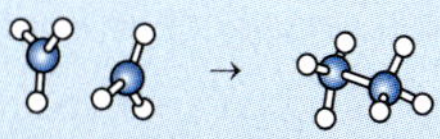 $H_3C\cdot + \cdot Br \rightarrow H_3CBr$
Nachteile	Keine Methode zur Herstellung definierter Halogenprodukte; die Reaktion ist nicht steuerbar	
Tipp	Zur Darstellung von Monohalogenalkanen ▪ Anlagerung von Halogenwasserstoff an Alken ▪ Nucleophile Substitution von Alkanolen mit Halogenwasserstoff	

Tab. 10.2: Reaktionsmechanismus der radikalischen Substitution

WISSEN: Substitution

Unter Substitution versteht man den Austausch einzelner Atome oder Atomgruppen im Molekül einer organischen Verbindung gegen andere Atome oder Atomgruppen.

Im Prinzip lassen sich alle unpolaren organischen Verbindungen radikalisch substituieren, aber die Alkane lassen sich *ausschließlich* durch radikalische **Substitution** halogenieren.
Durch radikalische Substitution können Alkane nur bromiert oder chloriert werden. Die Iodierung verläuft endotherm, die Fluorierung so stark exotherm, dass auch die C–C-Bindung angegriffen wird und es nicht zu den gewünschten Reaktionsprodukten kommt.

	mittlere molare Bindungsenthalpien in $kJ \cdot mol^{-1}$ für				molare Reaktions-enthalpien $kJ \cdot mol^{-1}$
	C – H	X – X	C – X	H – X	
F	413	159	489	567	–484
Cl	413	242	339	431	–115
Br	413	193	285	366	–45
I	413	151	218	298	48

Tab. 10.3: Bindungs- und Reaktionsenthalpien

10.1.2 Cycloalkane

Cycloalkane sind ringförmig gebaute Kohlenwasserstoffe mit der allgemeinen Summenformel C_nH_{2n}. Cycloalkane sind erst ab fünf C-Atomen im Ring stabil, Ringe mit weniger C-Atomen stehen unter zu großer Spannung. Der bekannteste Vertreter ist Cyclohexan. Das Cyclohexan-Molekül ist durch die tetraedrische Anordnung der von den Kohlenstoff-Atomen ausgehenden Bindungen nicht eben gebaut. Durch die freie Drehbarkeit um die C–C-Bindungen kann Cyclohexan verschiedene **Konformationen** einnehmen.

WISSEN: Konformations-Isomerie

Unter Konformations-Isomerie versteht man unterschiedliche Atompositionen durch Drehung um Einfachbindungen.

Dabei unterscheiden sich die Isomeren durch die unterschiedliche räumliche Anordnung benachbarter H-Atome zueinander. Man unterscheidet zwischen Sessel- und Wannenform:

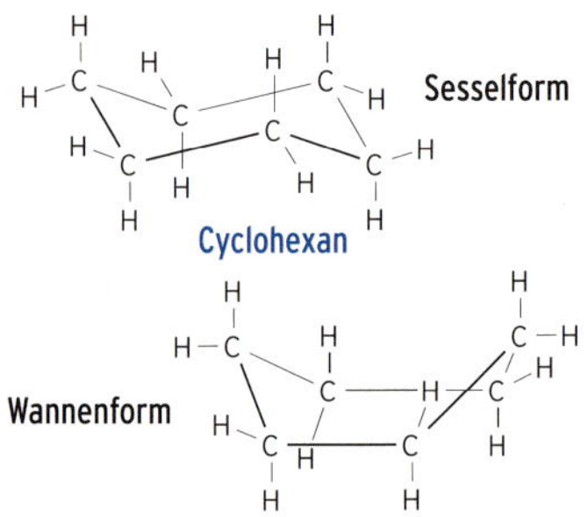

Abb. 10.4: Cyclohexan in Sessel- und Wannenform

Cyclohexan ist als Sessel-Konformeres stabiler als in der Wannen-Konformation.

Cycloalkane entsprechen in ihrem physikalischen und chemischen Verhalten dem der Alkane.

ZUSAMMENFASSUNG: Alkane

- **Alkane bestehen nur aus Kohlenstoff und Wasserstoff mit der allgemeinen Formel C_nH_{2n+2}**
- **Die zwischenmolekularen VAN-DER-WAALS-Kräfte beeinflussen Schmelz- und Siedetemperaturen und nehmen mit steigender Masse zu.**
- **Alkane sind hydrophob und mischen sich daher kaum mit Wasser.**
- **Die C-Atome sind sp^3-hybridisiert, die geometrische Gestalt der Alkane entspricht einem Tetraeder.**
- **Aufgrund der unpolaren C–H-Bindungen sind Alkane äußerst reaktionsträge. Sie lassen sich jedoch mit Sauerstoff oxidieren und radikalisch substituieren.**
- **Cycloalkane sind ringförmige Kohlenwasserstoffe mit der allgemeinen Formel C_nH_{2n}.**

10.2 Ungesättigte Kohlenwasserstoffe: Alkene, Alkine

10.2.1 Alkene

Alkene sind Kohlenwasserstoffe mit Doppelbindung. Die allgemeine Formel lautet C_nH_{2n}.

Nomenklatur nach IUPAC

Der Name der Alkene ergibt sich aus dem Namen des entsprechenden Alkyl-Restes und der Endung -en, die Lage der Doppelbindung wird durch möglichst kleine Zahlen gekennzeichnet. Beispiel: Pent-2-en.

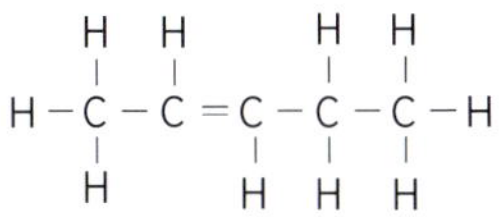

Hybridisierung, Bau und Bindungslänge

Das Kohlenstoff-Atom ist in den Alkenen sp^2-hybridisiert (→ Seite 16).

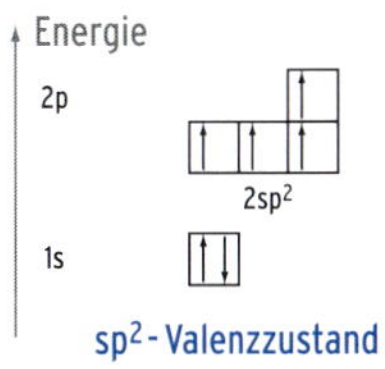

Abb. 10.5: sp^2-Hybridisierung des C-Atoms

Die **räumliche Anordnung** wird als trigonal-planar bezeichnet, der Winkel beträgt 120°. Die beiden nicht an der Hybridisierung beteiligten p-Orbitale überlappen ober- und unterhalb der Ebene zur π-Bindung, die Bindungslänge beträgt 134 pm.

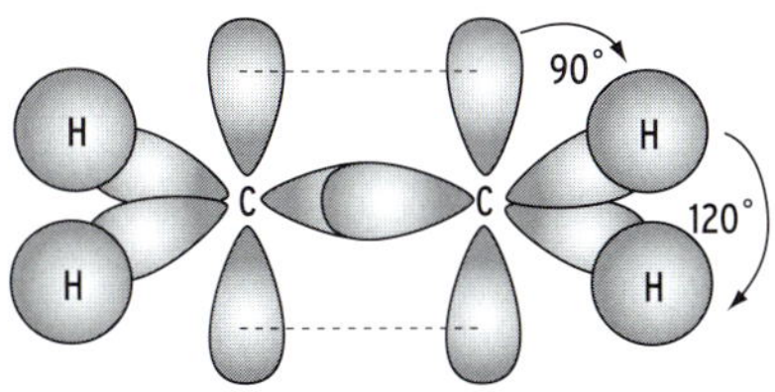

Abb. 10.6: schematischer Überblick über die Bindungen im Ethen-Molekül

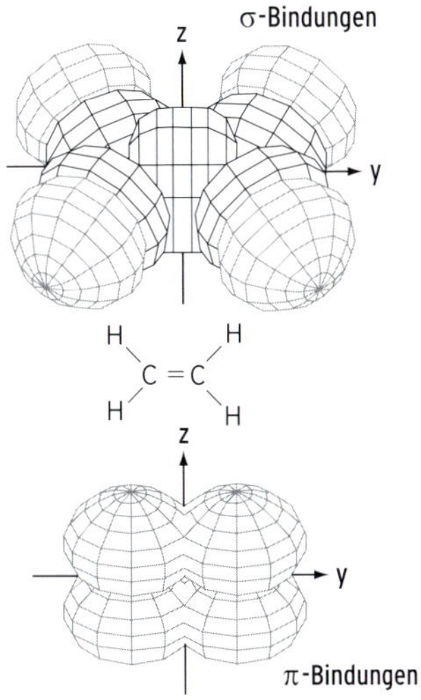

Abb. 10.7: Die Bindungen im Ethen-Molekül

!!! VORSICHT FALLE

Befinden sich zwei Doppelbindungen am selben C-Atom, so ist dieses sp-hybridisiert, z. B. Buta-1,2-dien

Cis-trans-Isomerie (geometrische Isomerie)

Durch die ¼-Bindung ist die freie Drehbarkeit um die C–C-Bindungsachse aufgehoben. Es existieren cis-trans-Isomere, welche sich durch unterschiedliche Lage der Substituenten an der Doppelbindung unterscheiden.
Beispiele:

Abb. 10.8: cis-1,2-Dichlorethen (rechts); trans-1,2-Dichlorethen (links)

WISSEN: cis-trans-Isomerie

Unter cis-trans-Isomerie (geometrischer Isomerie) versteht man die unterschiedliche Stellung von Substituenten an Doppelbindungen.

Mehrfach ungesättigte Alkene

Enthält der ungesättigte Kohlenwasserstoff mehrere Doppelbindungen, so wird deren Anzahl durch die Vorsilben di-, tri- tetra- usw. angegeben: Alkadiene, Alkatriene. Bei Alkenen mit mehreren Doppelbindungen unterscheidet man je nach Lage:

- **Kumulierte Doppelbindung:** Die Doppelbindungen befinden sich unmittelbar nebeneinander.

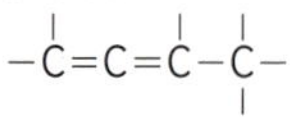

- **Isolierte Doppelbindung:** mindestens zwei Einfachbindungen zwischen zwei Doppelbindungen

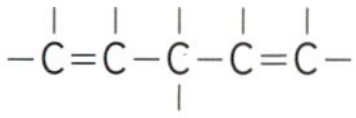

- **Konjugierte Doppelbindung:** alternierende Anordnung von Einfach- und Doppelbindungen

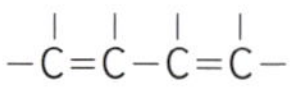

Physikalische Eigenschaften

Alkene entsprechen in ihren physikalischen Eigenschaften denen der Alkane. Die cis- und trans-Isomere unterscheiden sich in ihren Schmelz- und Siedetemperaturen.

- **Schmelztemperatur:** Die trans-Form hat eine höhere Molekülsymmetrie. Ihre Moleküle lassen sich leichter in ein Molekülgitter einbauen, die Schmelztemperatur liegt daher über der der cis-Form.
- **Siedetemperatur:** Bei der cis-Form fallen die Ladungsschwerpunkte nicht aufeinander, es ist ein **Dipol**. Die Siedetemperatur der cis-Form liegt daher über der der trans-Form.

Chemische Reaktionen der Alkene: Elektrophile Addition

Aufgrund der hohen Elektronendichte der Doppelbindung werden Alkene leicht durch **elektrophile** Teilchen (Teilchen mit Elektronenunterschuss) angegriffen (→ Tab. 10.4).

Reaktionsgleichung: $C_6H_{12} + Cl_2 \rightarrow C_6H_{12}Cl_2$

Nachweis des Mechanismus

Die Existenz der bei der elektrophilen Addition gebildeten Zwischenstufe lässt sich indirekt belegen: Führt man beispielsweise die Reaktion in Gegenwart von konkurrierenden Nucleophilen wie z. B. Bromid-Ionen durch, so entsteht neben der Dichlor-Additionsverbindung auch das entsprechende gemischte Additionsprodukt.

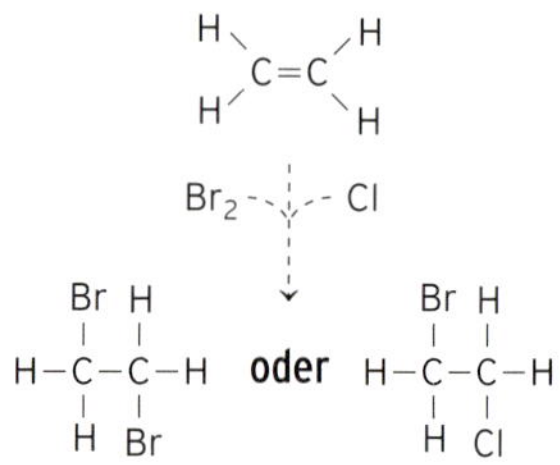

Abb. 10.9: Nachweis einer kationischen Zwischenstufe

Die π-Elektronen der Doppelbindung sind leicht polarisierbar und deshalb das reaktive Zentrum für einen elektrophilen Angriff.	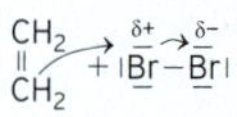	
Durch die hohe Elektronendichte der π-Bindung wird am Brom-Molekül durch Polarisierung der Bindung ein Dipol induziert, es kommt zur heterolytischen Spaltung des Brom-Moleküls.	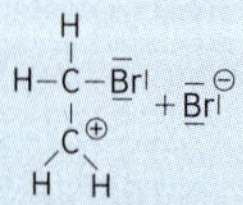	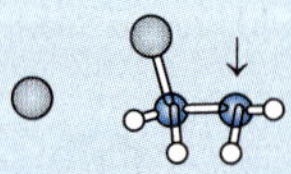
Das elektrophile Brom-Kation wird nun an eines der beiden C-Atome der Doppelbindung addiert: Es entsteht ein Carbeniumion, an welches sich das nucleophile Bromid-Ion von der Rückseite her anlagert.	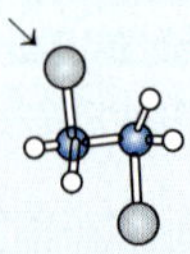	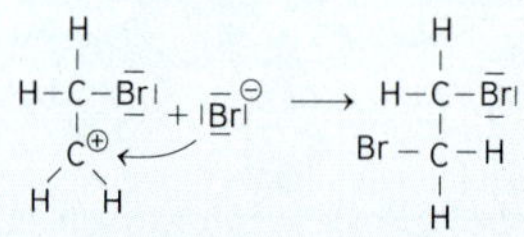
Reaktionsbedingungen	Die elektrophile Addition bevorzugt polare Lösemittel, da dies zu einer Stabilisierung der ionischen Zwischenstufe führt. Wasser ist allerdings nicht geeignet, da sonst Hydroxid-Ionen in Konkurrenz zum Halogenid-Ion treten.	

Tab. 10.4: Reaktionsmechanismus der elektrophilen Addition am Beispiel der Addition von Brom an Ethen

Die MARKOWNIKOW-Regel

Wird HX (X = Halogen) an ein unsymmetrisches Alken addiert, so ergibt sich nur ein einziges Produkt, da der elektrophile Wasserstoff stets am wasserstoffreicheren C-Atom der Doppelbindung angreift.

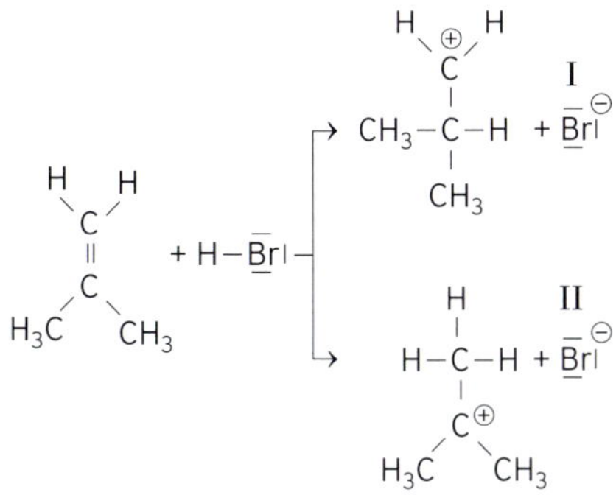

Abb. 10.10: Addition von HCl an ein unsymmetrisches Alken

Begründung: Das Carbenium-Ion II ist stabiler als das Carbenium-Ion I, da bei ihm die positive Ladung durch den +I-Effekt der beiden Methyl-Gruppen stärker ausgeglichen wird.
Als reaktive Zwischenstufe entsteht deshalb bevorzugt das Carbenium-Ion II, als Endprodukt wird daher 2-Brom-2-methylpropan gebildet.

Reaktivität verschiedener Alkene

Die Elektronendichte der Doppelbindung hat einen entscheidenden Einfluss auf die Induzierung des Dipols am Halogen und damit auf die Reaktionsgeschwindigkeit.
Benachbarte Atome und Atomgruppen beeinflussen die Reaktivität einer funktionellen Gruppe in einem Molekül. Diesen Nachbargruppeneffekt bezeichnet man als **induktiven Effekt**.

WISSEN:

Alkylsubstituenten an der Doppelbindung erhöhen ihre Elektronendichte, man bezeichnet diesen Einfluss als +I-Effekt. Sie beschleunigen die Reaktion.
Substituenten mit höherer Elektronegativität als das C-Atom, wie etwa Halogene, bewirken eine Elektronenverschiebung vom C-Atom weg, man bezeichnet ihren Einfluss als –I-Effekt. Sie vermindern die Elektronendichte und damit die Reaktivität.

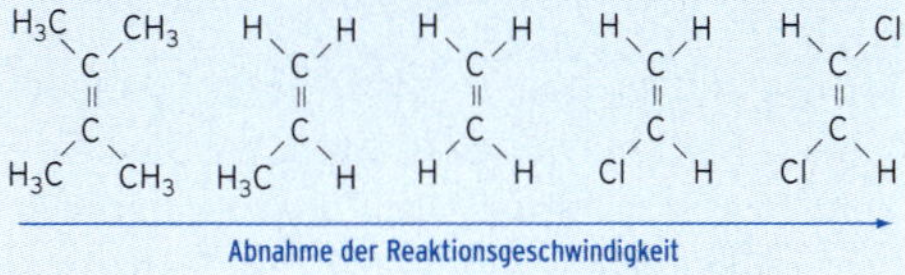

10.2.2 Alkine

Alkine sind Kohlenwasserstoffe mit Dreifachbindung. Die allgemeine Formel lautet C_nH_{2n-2}.

Nomenklatur nach IUPAC

Der Name der Alkine ergibt sich aus dem Namen des entsprechenden Alkyl-Restes und der Endung -in. Die Lage der Dreifachbindung wird durch möglichst kleine Zahlen gekennzeichnet.
Beispiel: Pent-2-in $H_3C-C{\equiv}C-CH_2-CH_3$

Hybridisierung, Bau und Bindungslänge

Das C-Atom ist in den Alkinen sp-hybridisiert.

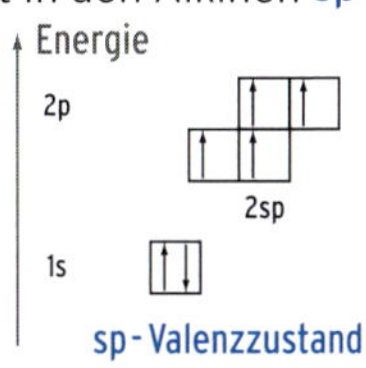

Abb. 10.11: sp-Hybridisierung des C-Atoms

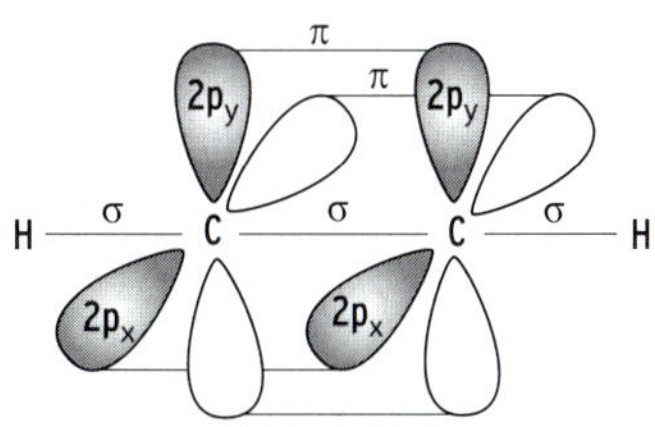

Abb. 10.12: Bindungen im Ethin- Molekül

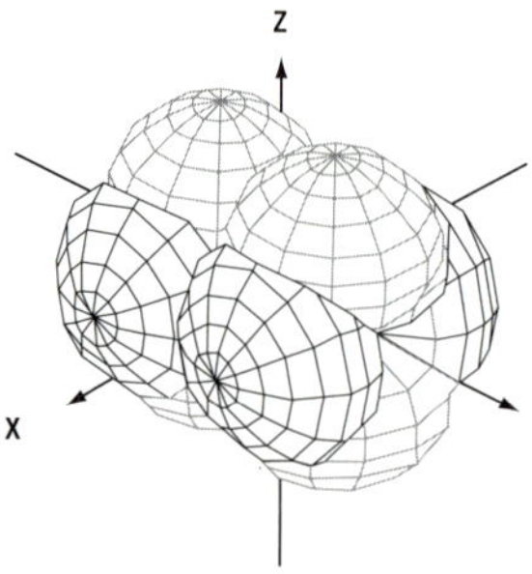

Abb. 10.13: Die π-Bindungen im Ethin-Molekül

Der **räumlicher Bau** ist linear (180°), dabei liegen alle C-Atome auf einer Geraden. Die beiden nicht hybridisierten p-Orbitale überlappen zu zwei π-Bindungen, welche die C–C-Bindung als zylinderförmige Ladungswolke umgeben. Die Länge der Dreifachbindung beträgt 120 pm und ist damit kürzer als die C–C-Bindung im Ethen-Molekül. Dies beruht auf dem höheren Anteil an s-Orbitalen an der Hybridisierung. Dadurch verkürzt sich der mittlere Abstand der Elektronen vom Atomkern und somit auch die Bindungslänge zum H-Atom.

Chemische Reaktionen der Alkine: Elektrophile Addition

Hinweis: Die elektrophile Addition verläuft im Vergleich zu Ethen langsamer, da durch die kleine Bindungslänge die π-Elektronen fester an die Atomrümpfe gebunden sind; dadurch wird die Induzierung des Dipols beim Halogen-Molekül erschwert.

	C – C	C = C	C ≡ C
Bindungslänge [pm]	154	134	120
Bindungsenthalpie [$kJ \cdot mol^{-1}$]	348	614	837
Hybridisierung	sp^3	sp^2	sp
Anteil der s-Orbitale an der Hybridisierung	25%	33%	50%

Tab. 10.5: Bindungsdaten von Einfach-, Doppel- und Dreifachbindung im Vergleich

Die π-Bindung ist weniger stabil, reaktionsfreudiger und energiereicher als die σ-Bindung. Grund: Der Überlapungsgrad zwischen den p-Orbitalen ist geringer als bei der σ-Bindung. Die Bindungslänge der Mehrfachbindung ist kürzer als die der Einfachbindung, da die Atomrümpfe wegen der hohen Elektronendichte stärker angezogen werden. Außerdem ist bei höherem s-Orbitalanteil der mittlere Abstand der Elektronen vom Atomkern kleiner.

ZUSAMMENFASSUNG: Alkene, Alkine

- **Nicht alle Bindungen in Alkenen und Alkinen sind mit Wasserstoff abgesättigt, sie besitzen mindestens eine Doppel- bzw. Dreifachbindung.**
- **Die an der Doppelbindung beteiligten C-Atome in Alkenen sind sp^2-hybridisiert, bei zwei Doppelbindungen am selben C-Atom ist dieses sp-hybridisiert.**
- **Die an der Dreifachbindung beteiligten C-Atome sind sp-hybridisiert.**
- **Die geometrische Anordnung der Alkene ist trigonal-planar, die der Alkine linear.**
- **Aufgrund der hohen Elektronendichte werden Alkene und Alkine bevorzugt elektrophil angegriffen und reagieren unter Addition, dabei sind Alkene reaktionsfreudiger als Alkine.**
- **Cycloalkene reagieren wie Alkene.**

10.3 Aromatische Kohlenwasserstoffe: Benzol

Nach der **HÜCKEL-Regel** sind Aromaten cyclische Moleküle mit großer Mesomerieenergie, bei denen sämtliche Ringatome zu einem **konjugierten System** gehören, das heißt sie besitzen alternierend angeordnete C=C-Doppelbindungen. Die allgemeine Formel des Benzols lautet C_6H_6, der entsprechende Rest ($-C_6H_5$) wird **Phenyl** genannt.

Hybridisierung und Mesomerie

Die sechs C-Atome des Benzols sind **sp^2-hybridisiert** und somit trigonal-planar angeordnet. Die nicht hybridisierten p-Orbitale stehen senkrecht auf der Ebene der σ-Bindungen. Sie überlappen ober- und unterhalb der Ebene zu einem ringförmigen ¼-Elektronensystem. Somit sind die Elektronen über den ganzen Ring **delokalisiert** und das Benzol-Molekül ist **mesomeriestabilisiert**.

WISSEN:

Die besondere Stabilität des Benzol-Moleküls ist in der Delokalisation der π-Elektronen über den gesamten Ring begründet.

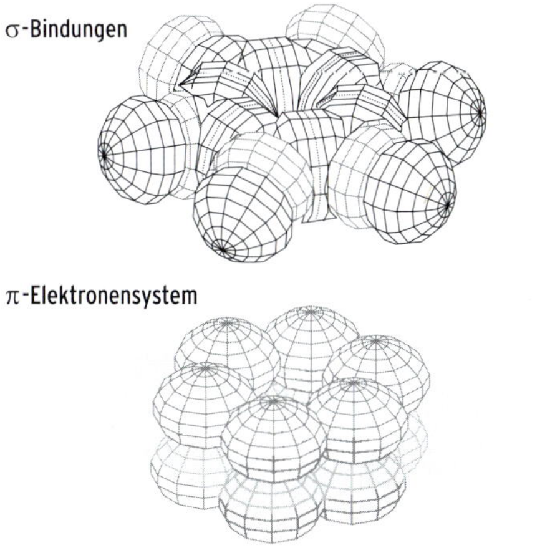

Abb. 10.14: Die Bindungen im Benzol-Molekül

Delokalisierte Elektronen werden mithilfe hypothetischer Grenzformeln angegeben, welche durch Mesomeriepfeile verbunden sind, die tatsächliche Elektronenverteilung liegt dazwischen:

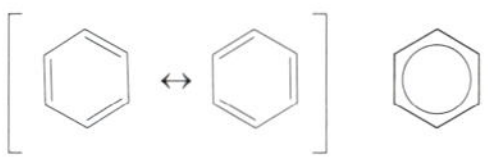

Zur Ermittlung der Mesomerieenergie des Benzols vergleicht man die experimentell ermittelte und mit drei multiplizierte Hydrierungsenthalpie von Cyclohexen mit der Hydrierungsenthalpie von Benzol; die Differenz entspricht der Mesomerieenergie.

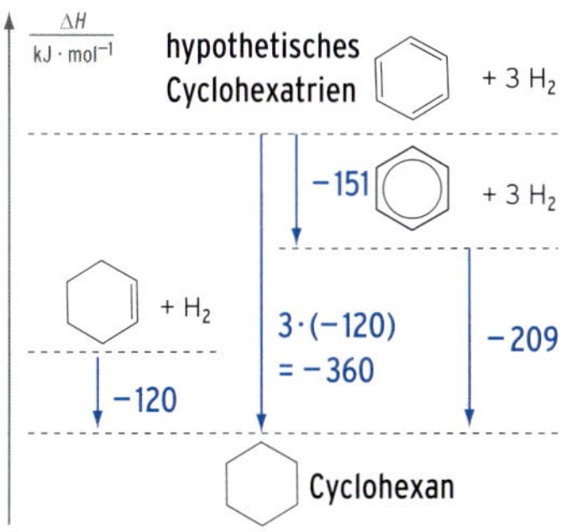

Abb. 10.15: Berechnung der Mesomerieenergie

WISSEN:

Die Mesomerieenergie ist die Energiedifferenz zwischen den Verbindungen mit delokalisierten Elektronen und der hypothetischen Form mit lokalisierten Doppelbindungen.

Physikalische Eigenschaften

Benzol ist eine stark lichtbrechende, farblose Flüssigkeit, die bei 80 °C siedet und bei 5,5 °C zu Kristallen erstarrt. Aufgrund seines unpolaren Charakters ist Benzol in polaren Lösemitteln nicht löslich. Benzol ist sehr giftig und kanzerogen.

Chemische Reaktionen: Elektrophile Substitution

Durch die hohe Elektronendichte reagieren Aromaten wie Alkene mit Elektrophilen. Zur Erhaltung des energetisch begünstigten π-Elektronensystems verläuft die Reaktion jedoch nicht als Addition, sondern in Form einer Substitution. Eine Bromierung von Benzol erfolgt nach Zusatz eines geeigneten Katalysators wie z. B. $FeBr_3$ (→ Tab. 10.6, Seite 98).

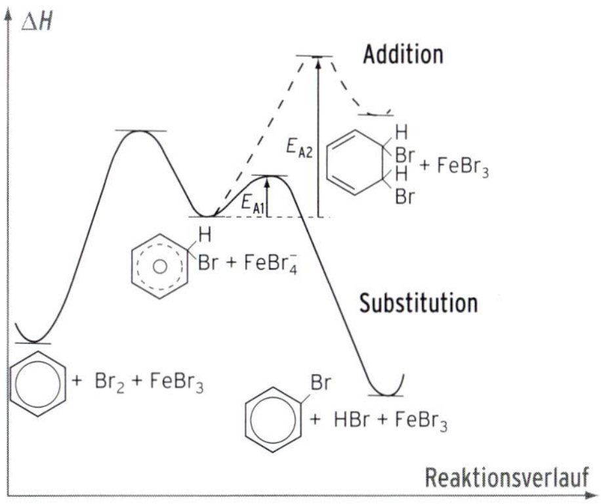

Abb. 10.16: Energiediagramm der Bromierung von Benzol

WISSEN:

Typisch für Aromaten ist die elektrophile Substitution, da nur so das stabile aromatische System erhalten bleibt. Dabei wird ein Wasserstoff-Atom eines Aromaten durch ein angreifendes Elektrophil ersetzt.

10

Schritt	Erläuterung	Reaktionsmechanismus
Reaktion	Benzol reagiert mit Brom zu Monobrombenzol und Bromwasserstoff	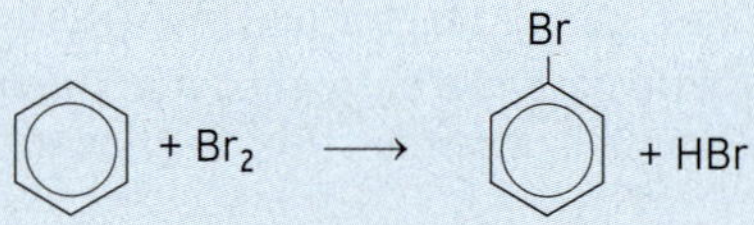
Induzierung des Dipols	Durch Wechselwirkung der ¼-Elektronen des Benzols mit dem Brom- Molekül bildet sich zunächst ein ¼-Komplex. Durch die Delokalisation der ¼-Elektronen reicht die Elektronendichte des Benzolmoleküls allerdings nicht zur Induzierung eines Dipols beim angreifenden Brom.	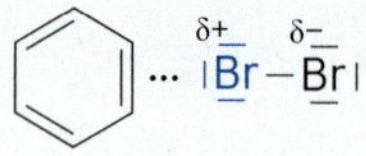
Heterolyse	Die Heterolyse des Brommoleküls ist der geschwindigkeitsbestimmende Schritt dieser Reaktion und erfordert eine hohe Aktivierungsenergie. Sie erfolgt erst mithilfe des zugesetzten Katalysators, der stark polarisierend auf die Br-Br-Bindung wirkt. Als Katalysator kann Aluminiumbromid wirken.	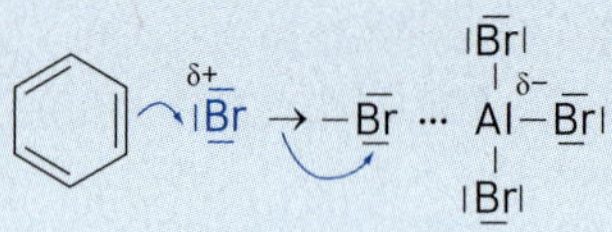 **Bildung des π-Komplexes** 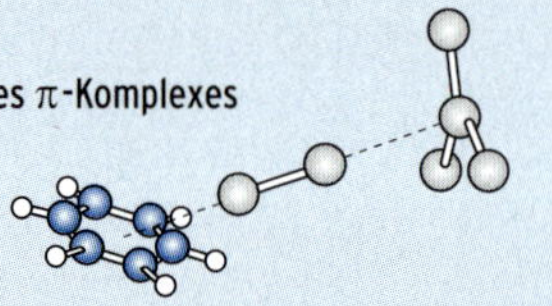
Anlagerung des Elektrophils	Das elektrophile Br^+ wird durch Ausbildung einer σ-Bindung an Benzol gebunden (**σ-Komplex, Carbenium-Ion**). Die Stabilisierung des Carbenium-Ions ist durch die Delokalisierung der positiven Ladung über fünf C-Atome innerhalb des Rings gegeben (siehe Grenzformeln)	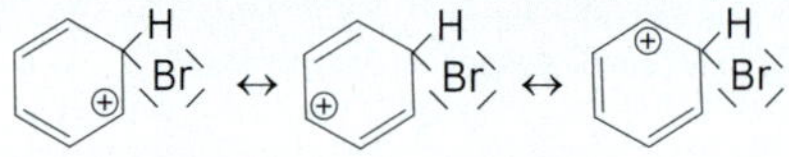 **Grenzformel für den σ-Komplex** 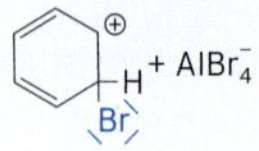 **σ-Komplex** **Bildung des σ-Komplexes** 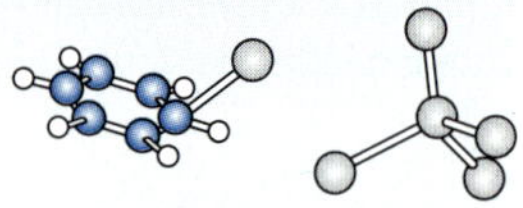
Stabilisierung durch Rearomatisierung	Zur Wiederherstellung des aromatischen Systems (**Rearomatisierung**) spaltet sich ein Proton ab, welches mit $FeBr_4^-$ unter Regeneration des Katalysators zu HBr reagiert (Nachweis durch Indikator wie z. B. Lackmus)	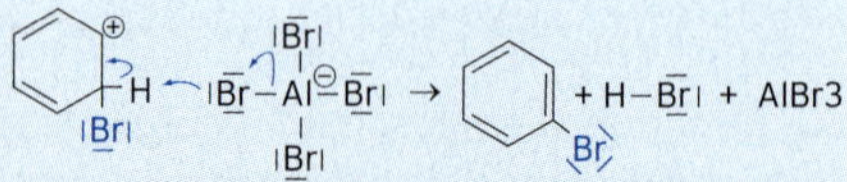 **Rückbildung des aromatischen Systems** 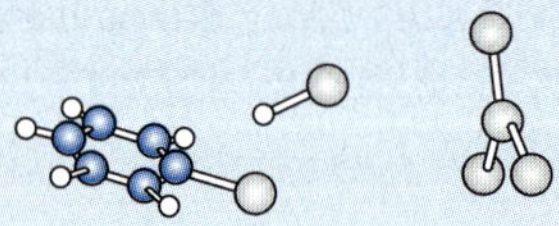
Reaktionsbedingungen	polare Lösemittel zur Stabilisierung der ionischen Zwischenformen, Katalysator	

Tab. 10.6: Reaktionsmechanismus am Beispiel der Bromierung von Benzol

Außer mit Halogenen reagieren Aromaten auch mit weiteren elektrophilen Stoffen (→ Tab. 10.7)

Halogenierung von Alkylbenzolen am Beispiel des Toluols

Je nach Reaktionsbedingungen reagieren bei der Halogenierung der aromatische Kern oder die Seitenkette mit dem angreifenden Halogen.

KKK-Regel (Kälte, Katalysator, Kern)

Bei niedriger Temperatur (Kälte) und in Anwesenheit eines Katalysators reagiert der Kern durch elektrophile **Substitution**.

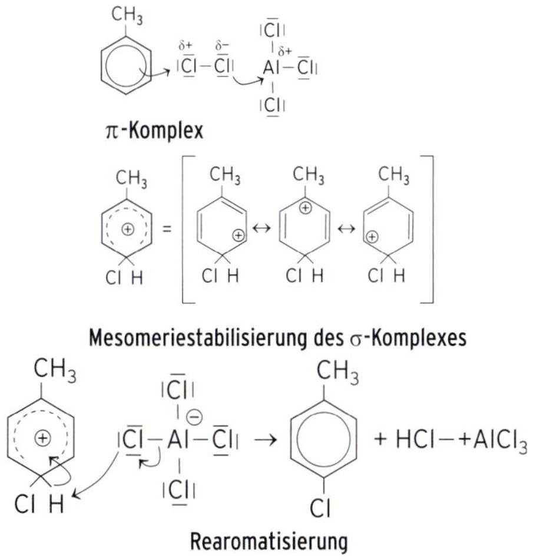

Reaktion	Durchführung, Reaktionsgleichung	Reaktionsmechanismus
Nitrierung	Aus einem Gemisch von konzentrierter Schwefelsäure und rauchender Salpetersäure (Nitriersäure) entsteht ein Nitroniumion (NO_2^+), welches mit Benzol zu Nitrobenzol reagiert: Reaktionsgleichung der Nitrierung: $HNO_3 + H_2SO_4 \longrightarrow HSO_4^- + NO_2^+ + H_2O$ 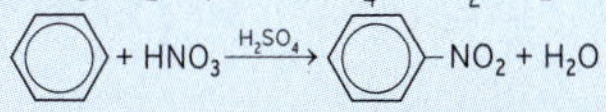 **Nitrobenzol**	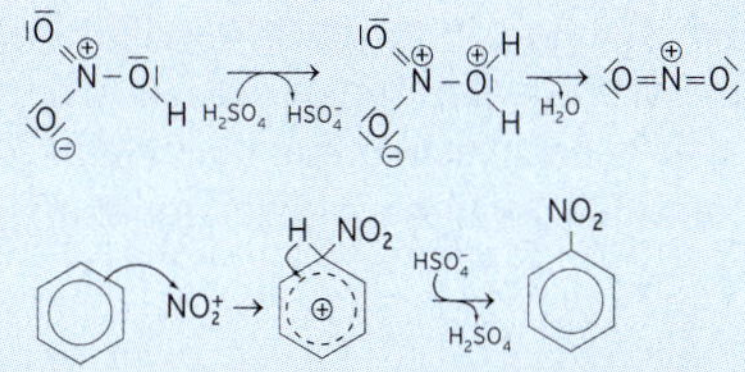 π-Komplex σ-Komplex Nitrobenzol
Sulfonierung	Mit rauchender Schwefelsäure entsteht Benzolsulfonsäure. Im Gegensatz zur Bromierung und Nitrierung ist diese Reaktion reversibel. 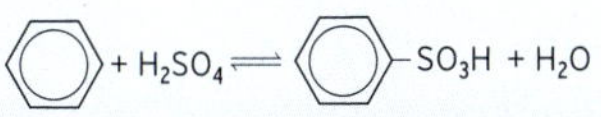 **Benzolsulfonsäure**	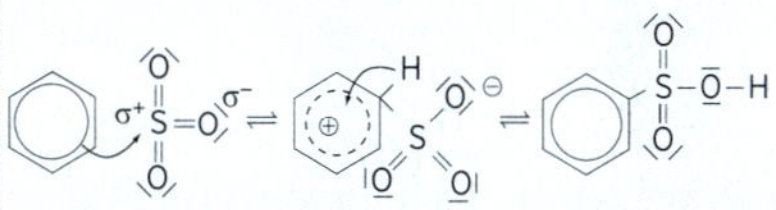 π-Komplex σ-Komplex Benzolsulfonsäure
Alkylierung (FRIEDEL-CRAFTS-Reaktion)	Mit Aluminiumchlorid als Katalysator können auch Halogenalkane mit Benzol reagieren. Das durch den Katalysator stärker positivierte C-Atom reagiert mit Benzol unter Bildung eines π-Komplexes; die Stabilisierung erfolgt durch Abspaltung eines Protons. Bei Verwendung von Chlormethan entsteht Toluol (Methylbenzol). 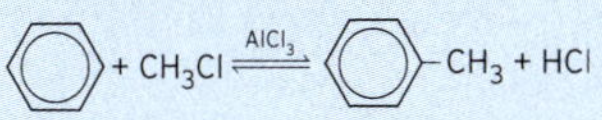 **Toluol**	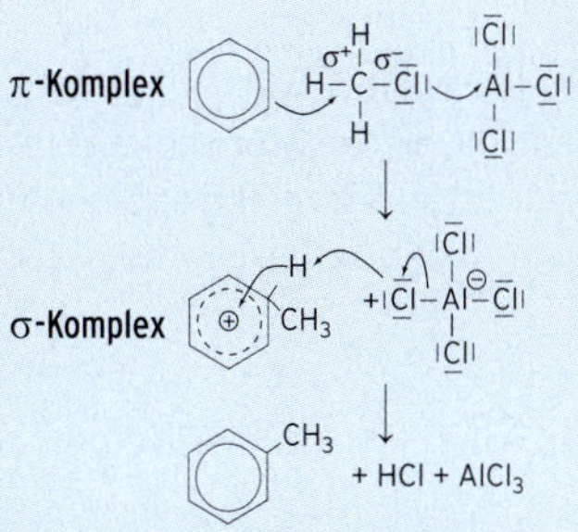
Weitere Reaktionen	Mit Aluminiumchlorid als Katalysator reagieren Aromaten auch mit Alkenen, Alkanalen, Alkanonen und Carbonsäurederivaten	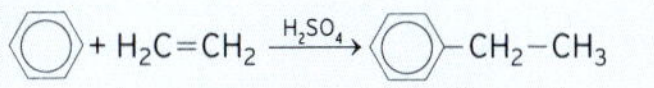 **Ethylbenzol** 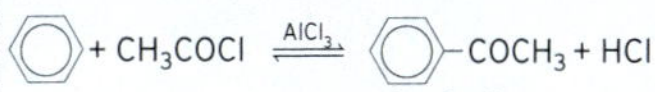 **Acetophenon**

Tab. 10.7: Weitere elektrophile Substitutionsreaktionen am Benzol

SSS-Regel: **S**onnenlicht, **S**iedehitze, **S**eitenkette

Bei erhöhter Temperatur (Siedehitze) und gleichzeitiger Bestrahlung mit Licht (Sonnenlicht) reagiert die Seitenkette durch radikalische Substitution.

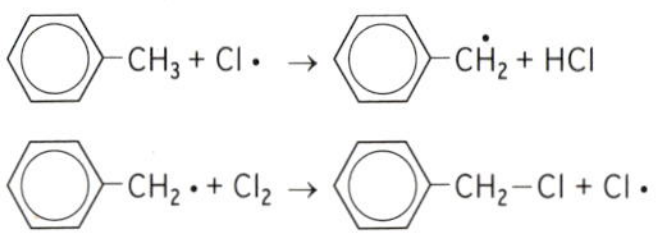

Kettenreaktion

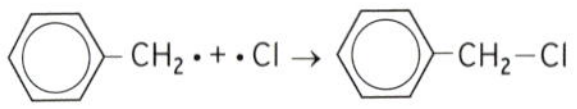

Kettenabbruch

Ersetzt man im Benzol ein oder mehrere H-Atome durch Atome oder Atomgruppen, so gelangt man zu den Derivaten des Benzols (→ Abb. 10.14). Die Benennung erfolgt nach der Stellung der beiden Substituenten zueinander als ortho- (unmittelbar benachbart), meta- (durch ein C-Atom getrennt) und para- (gegenüberstehend).

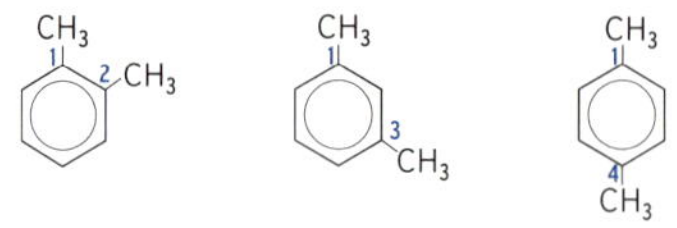

o-Xylol *m*-Xylol *p*-Xylol

Auch Benzol-Derivate können mit Elektrophilen reagieren, wobei der Erstsubstituent die Reaktionsgeschwindigkeit (Reaktivität) und den Ort der Zweitsubstitution beeinflusst.

a) Reaktionsgeschwindigkeit

Substituenten, die die Elektronendichte im Kern erhöhen, erleichtern den **elektrophilen** Angriff und damit die Reaktionsgeschwindigkeit. Umgekehrt erschweren Substituenten, die die Elektronendichte vermindern, den elektrophilen Angriff. Diese Beeinflussung geschieht durch induktive und mesomere Effekte.

WISSEN:

Definition mesomerer Effekt (M-Effekt):
Das freie Elektronenpaar eines im oder am Ring befindlichen Fremdatoms oder eine Atomgruppe mit Doppelbindung nimmt an der Elektronenverteilung im Kern teil.

Erstsubstituent	Induktionseffekt, Mesomerie-Effekt	Reaktivität im Vergleich zu Benzol	Dirigiert nach
$-OH$ $-OR$ $-NH_2$	$-I < +M$	viel größer	ortho und para
$-R$	$+I$	größer	ortho und para
$-Cl$ $-Br$	$-I > +M$	geringer	ortho und para
$-NO_2$ $-CHO$ $-SO_3H$ $-COOH$ $-COOR$	$-I$ und $-M$	viel geringer	meta

Tab. 10.8: Übersicht über mesomere und induktive Effekte

Positiver mesomerer Effekt (+M-Effekt)

Substituenten, deren freies Elektronenpaar an der Delokalisation des π-Elektronensystems des Rings beteiligt sind, erhöhen die Elektronendichte im Ring und beschleunigen dadurch den elektrophilen Angriff des Zweitsubstituenten, z. B.: $-O^-$, $-NH_2$, $-OH$, $-OCH_3$, $-C_6H_5$

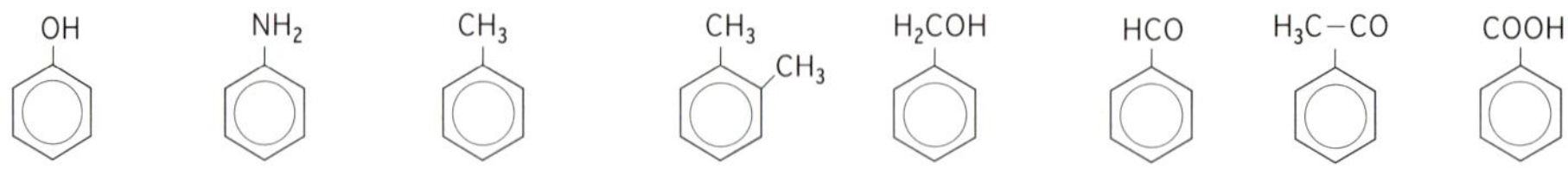

Phenol Hydroxybenzol	**Anilin Aminobenzol**	**Toluol Methylbenzol**	***ortho*-Xylol 1,2-Dimethylbenzol**	**Benzylalkohol**	**Benzaldehyd**	**Acetophenon**	**Benzoesäure**

Abb. 10.14: Derivate des Benzols

10

Negativer mesomerer Effekt (−M-Effekt):

Substituenten mit negativem Mesomerieeffekt (-M-Effekt) erschweren den Angriff des Zweitsubstituenten durch Herabsetzung der Elektronendichte des Rings.
Beispiele: $-CHO$, $-NO_2$, $-SO_3H$

Die Beeinflussung der Reaktivität ist immer dann besonders groß, wenn mesomere und induktive Effekte die gleiche Richtung haben.

b) Dirigierende Wirkung des Erstsubstituenten

1. In **ortho- und para-Stellung** am Beispiel der Bromierung von Phenol:
   Substituenten mit +M-Effekt dirigieren den Zweitsubstituenten in ortho- oder para-Stellung. Hier lassen sich mehr vergleichbare mesomere Grenzformeln aufstellen als bei Substitution in meta-Stellung, das heißt, die entsprechenden σ-Komplexe sind wegen umfangreicherer Delokalisation der π-Elektronen stabiler, die Anlagerung des Elektrophils ist energetisch begünstigt.

   Angriff in *ortho*-Stellung

   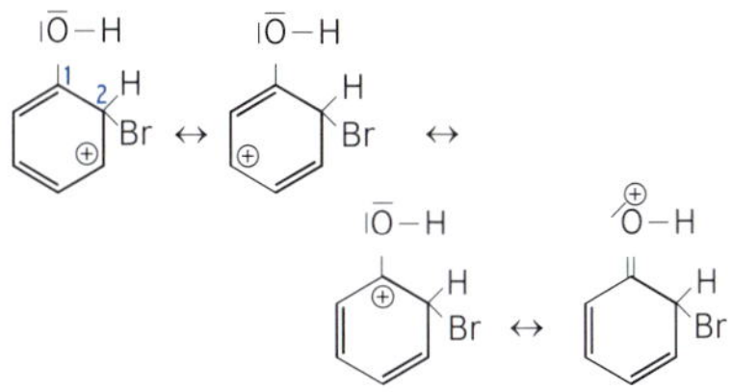

   Angriff in *meta*-Stellung

   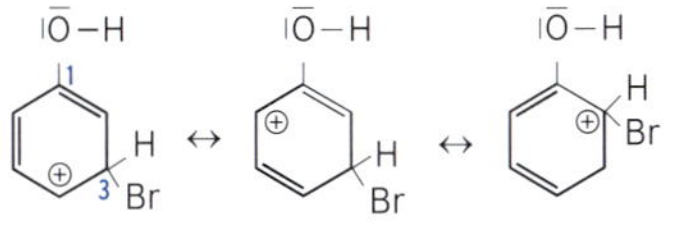

   Angriff in *para*-Stellung

   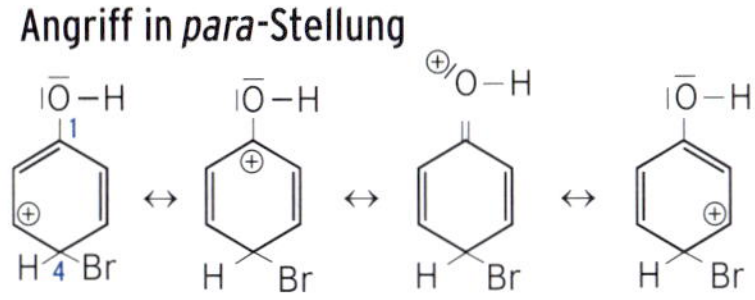

2. In **meta-Stellung** am Beispiel der Nitrierung von Nitrobenzol:
   Erstsubstituenten mit −M-Effekt dirigieren den Zweitsubstituenten in meta-Stellung. Wie aus den mesomeren Grenzformeln ersichtlich, findet man für die Substitution in ortho- oder para-Stellung je eine Grenzformel, bei der sowohl das N-Atom der Nitrogruppe als auch das unmittelbar benachbarte C-Atom der Grenzstrukturen im aromatischen Ring je eine positive Formalladung tragen. Eine solche räumliche Nähe gleichartiger Ladungen ist jedoch energetisch ungünstig, die Substitution in meta-Stellung ist also energetisch weniger ungünstig

   Angriff in *ortho*-Stellung

   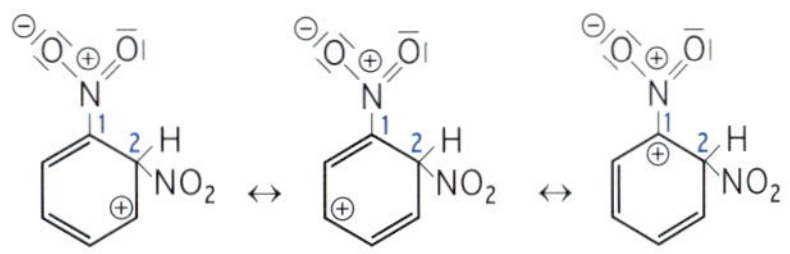

   Angriff in *meta*-Stellung

   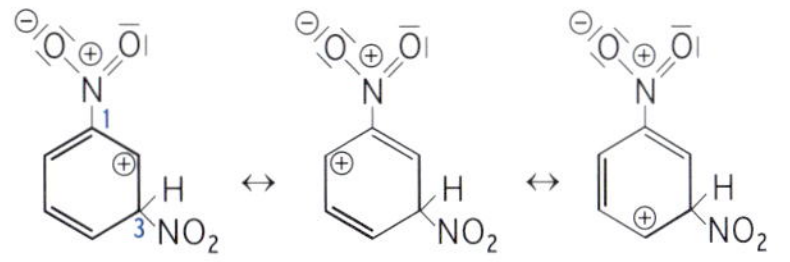

   Angriff in *para*-Stellung

   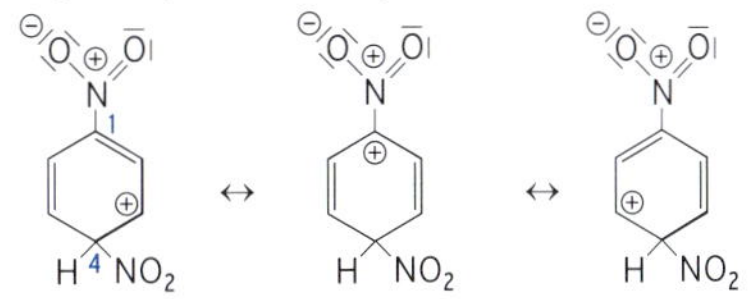

10.4 Aromaten mit Heteroatomen und mehrkernige aromatische Verbindungen

Neben Benzol gehören auch Verbindungen zu den Aromaten, die der HÜCKEL-Regel folgend delokalisierte π-Elektronen mit der Formel $4n+2$ (n = 0, 1, 2, ...) gehorchen und deren ringförmige Moleküle einen planaren Bau aufweisen. Die Ringsysteme von heterocyclischen Aromaten enthalten neben Kohlenstoff-Atomen Stickstoff-, Sauerstoff- und Schwefel-Atome:

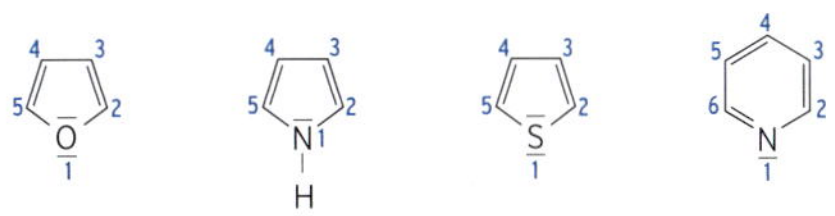

Furan Pyrrol Thiophen Pyridin

In den Molekülen von Furan, Pyrrol und Thiophen ist ein freies Elektronenpaar des Heteroatoms am delokalisierten π-Elektronensystem

beteiligt; auch diese Verbindungen haben somit ein π-Elektronensextett.
Die Heteroatome im Benzol haben eine größere Elektronegativität als das Kohlenstoffatom, sodass die Elektronenverteilung unregelmäßiger als bei Benzol ist.
Die Struktur des Pyridins gleicht der des Benzols. Im Gegensatz zum symmetrischen und unpolaren Benzol sind Pyridin-Moleküle allerdings durch das Stickstoffatom polar.

Mehrkernige aromatische Verbindungen

Kondensierte Aromaten bestehen aus mehreren Benzolringen, bei denen die einzelnen Ringe zwei gemeinsame Kohlenstoff-Atome besitzen und die ein gemeinsames delokalisiertes π-Elektronensystem aufweisen. Der einfachste kondensierte Aromat heißt Naphthalin.

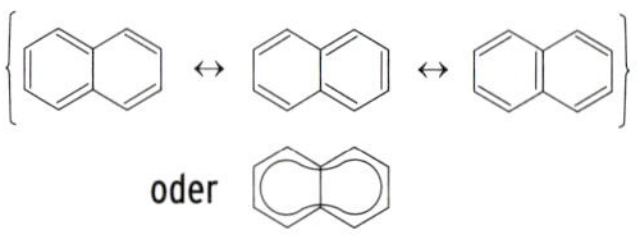

Haben die Ringe keine gemeinsamen Kohlenstoff-Atome, so liegt ein nicht kondensierter mehrkerniger Aromat vor.

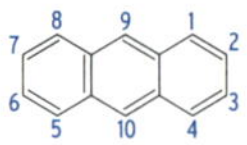
Anthracen

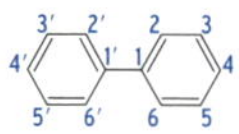
Biphenyl

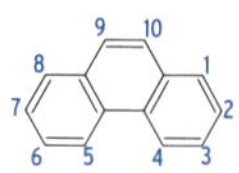
Phenanthren

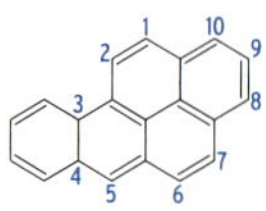
3,4-Benzpyren

ZUSAMMENFASSUNG: Aromaten

- Aromaten sind ringförmige Kohlenwasserstoffverbindungen, die der HÜCKEL-Regel folgend ein delokalisiertes π-Elektronensystem mit 4 n + 2 Elektronen besitzen.
- Ein bedeutsamer Aromat ist Benzol mit der Formel C_6H_6.
- Alle Kohlenstoff-Atome des Benzols sind sp^2-hybridisiert, die π- Elektronen bilden ein delokalisiertes Ringsystem ober- und unterhalb der planaren C–C-Ebene.
- Aufgrund der hohen Elektronendichte werden Aromaten elektrophil angegriffen. Da Additionsreaktionen zu einer teilweisen Aufhebung des mesomeren Systems führen würden, werden Substitutionen bevorzugt.
- Bei einer Zweitsubstitution beeinflusst der Erstsubstituent den Ort und die Geschwindigkeit der Zweitsubstitution.
- Neben substituierten Benzolderivaten exisitieren auch Heteroaromaten mit Fremdatomen im Ring und mehrkernige Aromaten

	Alkane	Alkene	Alkine	Benzol
Hybridisierung	sp^3	sp^2	sp	sp^2
Anordnung der π-Elektronen	keine	ober- und unterhalb der σ-Bindung	rotationssymmetrisch um die σ-Bindung	ober- und unterhalb der Ringebene als π-Elektronenwolke
räumliche Anordnung	Tetraeder	trigonal-planar	linear	Ringatome in einer Ebene
funktionelle Gruppe	keine	Doppelbindung	Dreifachbindung	keine
typische Reaktionen	radikalische Substitution	elektrophile Addition	elektrophile Addition	elektrophile Substitution
Reaktionsgleichung	$C_2H_6 + Br_2 \longrightarrow C_2H_5Br + HBr$	$C_2H_4 + Br_2 \longrightarrow C_2H_4Br_2$	$C_2H_2 + Br_2 \longrightarrow C_2H_2Br_2$	$C_6H_6 + Br_2 \longrightarrow C_6H_5Br + HBr$
Reaktionsbedingungen	Wärme, Licht, unpolares Lösemittel	Kälte, polares Lösemittel	Kälte, polares Lösemittel	Kälte, Katalysator, polares Lösemittel

Tab. 10.9: Überblick über Bau und Reaktionsverhalten der Kohlenwasserstoffverbindungen

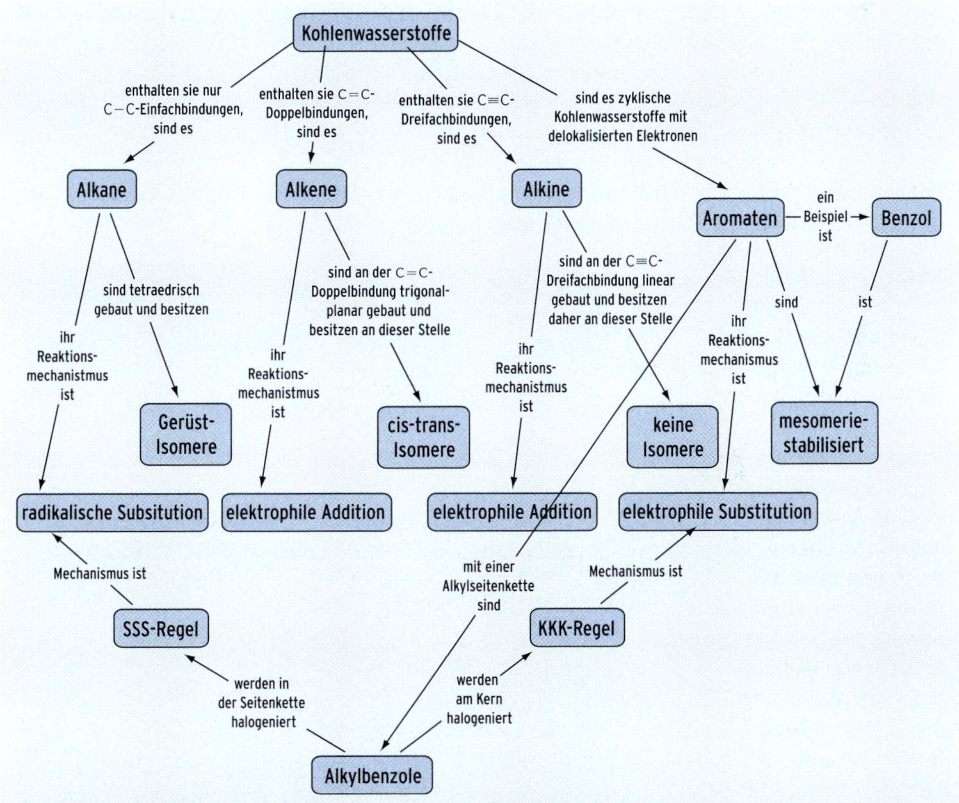

Abb. 10.18: Überblick „Kohlenwasserstoffe“

11_Sauerstoffhaltige organische Verbindungen

BASISKONZEPTE: Struktur-Eigenschafts- und Donator-Akzeptor-Konzept

Sauerstoffhaltige organische Verbindungen besitzen funktionelle Gruppen, die Sauerstoffatome enthalten wie

- die Hydroxyl-Gruppe bei Alkanolen und Phenolen,
- die Carbonyl-Gruppe bei Alkanalen und Alkanonen,
- die Carboxyl-Gruppe bei Carbonsäuren.

Da die Kohlenstoff-Sauerstoff- sowie die Sauerstoff-Wasserstoff-Atombindung polar sind, können als zwischenmolekulare Wechselwirkungen Dipol-Dipol-Wechselwirkungen, aber auch Wasserstoffbrückenbindungen wie beispielsweise bei Ethanol auftreten. Daher besitzen zumindest kleine Moleküle wie Ethanol, Ethanal und Propanon als Stoffeigenschaft eine gute Wasserlöslichkeit. Weiterhin unterscheiden sich sauerstoffhaltige organische Verbindungen von Kohlenwasserstoffen auf der Stoffebene durch höhere Siede- und Schmelztemperaturen.
Wegen ihrer polaren sauerstoffhaltigen funktionellen Gruppen – Strukturmerkmale auf Teilchenebene – sind diese Verbindungen in der Regel auch reaktionsfreudiger als Kohlwasserstoffe. Die Hydroxyl-Gruppe und die Carbonyl-Gruppe der Alkanale lassen sich durch milde Oxidationsmittel oxidieren, sodass aufgrund der **Elektronenübergänge** das **Donator-Akzeptor-Konzept** neben dem **Struktur-Eigenschafts-Konzept** eine große Rolle spielt. Da die Hydroxyl-Gruppe wie beim Phenol und die Carboxyl-Gruppe wie bei der Essigsäure Protonen reversibel abspalten kann, also als Säure oder als Base fungieren kann, hat das Donator-Akzeptor-Prinzip aufgrund von **Protonenübergängen** hier wiederum Bedeutung.
Darüber hinaus können bei Alkoholen **nucleophile Substitutions-** wie auch **Eliminierungsreaktionen** und an Carbonyl-Gruppen **nucleophile Additionsreaktionen** stattfinden. Carbonsäuren können sich mit Alkoholen durch **Veresterung** miteinander verbinden.

Merke: Aufgrund ihrer sauerstoffhaltigen funktionellen Gruppen haben sauerstoffhaltige organische Verbindungen stärkere zwischenmolekulare Wechselwirkungen auf der Teilchenebene, und somit als Stoffeigenschaften beispielsweise höhere Schmelz- und Siedetemperaturen und eine größere Reaktionsfreudigkeit als Kohlenwasserstoffe.

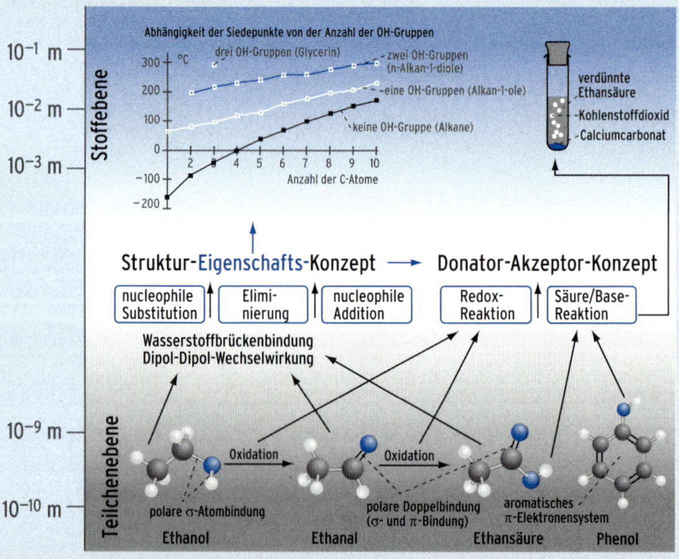

Kohlenstoff — Einfachbindung
Sauerstoff — Doppelbindung
Wasserstoff

Abb. 11.1: Das Struktur-Eigenschafts-Konzept und das Donator-Akzeptor-Konzept bei sauerstoffhaltigen organischen Verbindungen

11.1 Alkohole, Alkanole

Alkohol-Moleküle besitzen als funktionelle Gruppe die Hydroxyl-Gruppe (OH-Gruppe). Stellt der Molekülrest eine Alkyl-Gruppe dar, spricht man von einem Alkanol.

11.1.1 Nomenklatur und Einteilung

Die **Nomenklatur** erfolgt durch Anhängung der Endung -ol an den entsprechenden Alkannamen. Die Stellung der OH-Gruppe wird durch die Nummer des betreffenden C-Atoms vor der Silbe -ol angegeben. Mehrere OH-Gruppen im Molekül werden durch die Silben di-, tri-, tetra- usw. gekennzeichnet.

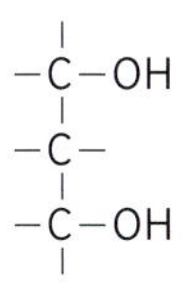
Propan-1,3-diol

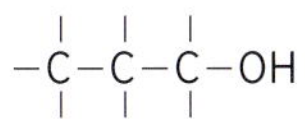
Propan-1-ol

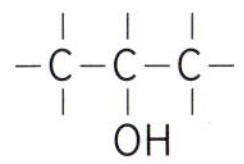
Propan-2-ol

Die **Einteilung** der Alkohole erfolgt nach zwei Kriterien: nach der Stellung und der Anzahl der OH-Gruppe/n.

primärer Alkohol	sekundärer Alkohol	tertiärer Alkohol
$R-CH_2-OH$	$RR'CH-OH$	$RR'R''C-OH$

Tab. 11.1 Einteilung nach der Stellung der OH-Gruppe

DEFINITION:

Beim primären Alkohol sitzt die funktionelle Gruppe an einem primären Kohlenstoff-Atom, dieses geht nur eine Bindung zu einem benachbarten Kohlenstoffatom ein.
Bei einem sekundären Alkohol bildet das die OH-Gruppe tragende Kohlenstoffatom zwei Bindungen zu zwei weiteren Kohlenstoff-Atomen aus.
Das die OH-Gruppe tragende C-Atom eines tertiären Alkohols ist mit drei weiteren Kohlenstoff-Atomen verbunden.

einwertiger Alkohol	zweiwertiger Alkohol	dreiwertiger Alkohol
CH_3–OH	CH_2-CH_2 (je OH)	$CH_2-CH-CH_2$ (je OH)
Methanol	Ethan-1,2-diol	Propan-1,2,3-triol

Tab. 11.2: Einteilung nach der Anzahl der OH-Gruppen

Alkohole mit mehreren OH-Gruppen werden als **Polyole** bezeichnet. Beachte: Pro Kohlenstoffatom enthalten Polyole in der Regel nur eine OH-Gruppe

11.1.2 Molekülbau

Formal kann man die Alkohole als Derivate des Wassers ansehen, wobei ein H-Atom durch die Hydroxyl-Gruppe ersetzt ist. Auch hier liegt durch die sp^3-Hybridisierung des C-Atoms und

Name nach IUPAC	Trivialname	Formel	Verwendung bzw. Eigenschaften
Methanol	Methylalkohol, Holzgeist	CH_3OH	Entsteht beim trockenen Erhitzen von Holz, giftig, bereits geringe Mengen führen zu Sehstörungen und Erblindung, etwa 30 g sind tödlich. Verwendung als Lösemittel und zur Herstellung von Formaldehyd, als Treibstoff für Verbrennungsmotoren
Ethanol	Weingeist	C_2H_5OH	Herstellung als Genussmittel durch alkoholische Gärung, großtechnisch durch Hydratisierung von Ethen. Verwendung als Brennspiritus, in Reinigungsmitteln
Propan-2-ol	Isopropylalkohol	C_3H_7OH	Lösemittel in der kosmetischen Industrie, Frostschutzmittel in Scheibenwaschanlagen, Ausgangsstoff zur Herstellung von Aceton, Desinfektionsmittel
Ethan-1,2-diol	Glykol	$C_2H_4(OH)_2$	Frostschutzmittel in Motorkühlern, zur Herstellung von Kunststoffen
Propan-1,2,3-triol	Glycerin	$C_3H_5(OH)_3$	Als Zusatz in Salben, Cremes, Zahnpasta; Frostschutzmittel; Verwendung in der Kunststoff- und Sprengstoffindustrie

Tab. 11.3: Überblick über einige wichtige Alkohole

die dadurch bedingte tetraedrische Anordnung eine gewinkelte Struktur vor. Wegen der beiden freien Elektronenpaare des Sauerstoffs wird der Tetraederwinkel auf 107° zusammengedrückt. Zwischen C-, H- und O-Atomen bestehen Elektronegativitätsunterschiede, dadurch besitzen Alkoholmoleküle polare Atombindungen und sind somit permanente Dipole.

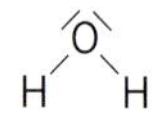

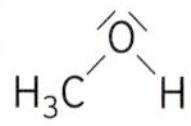

11.1.3 Physikalische Eigenschaften

Siedetemperaturen: Alkohole haben viel höhere Siedetemperaturen als Alkane vergleichbarer Masse.

		Molekülmasse in u	Siedetemperatur in °C
Alkan	Ethan	30	-88
	Propan	44	-42
	Butan	58	-1
Alkohol	Methanol	32	63
	Ethanol	46	78
	Propan-1-ol	60	97

Tab. 11.4: Physikalische Eigenschaften

Zwischen den Alkohol-Molekülen herrschen im Gegensatz zu den unpolaren Alkanen Dipol-Wechselwirkungen und darüber hinaus noch Wasserstoffbrückenbindungen. Dabei kommt es ähnlich wie beim Wasser zum Zusammenschluss von großen Molekülverbänden.

Mit zunehmender Anzahl an C-Atomen steigt die Siedetemperatur der Alkohole, da mit zunehmender Masse auch die VAN-DER-WAALS-Kräfte steigen.

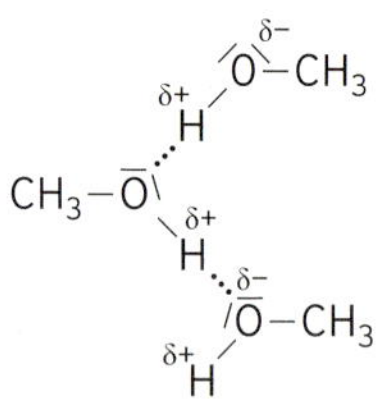

Für die Siedetemperaturen der Alkohole spielen vor allem die Wasserstoffbrückenbindungen eine Rolle. Alkohole mit mehreren OH-Gruppen können mehrere Wasserstoffbrücken ausbilden.

Löslichkeit: Kurzkettige Alkohole sind mit Wasser aufgrund des polaren Charakters der OH-Gruppe in jedem Verhältnis mischbar, mit steigender Anzahl an C-Atomen überwiegt jedoch der hydrophobe Charakter des unpolaren Kohlenwasserstoffrestes, sodass die Löslichkeit in Wasser abnimmt; Butanol ist nur noch begrenzt mit Wasser mischbar. Langkettige Alkohole ähneln den entsprechenden Alkanen, sie sind in Wasser unlöslich.

11.1.4 Chemische Reaktionen der Alkohole

Aufgrund der Hydroxyl-Gruppe gehen Alkohole und Wasser einige ähnliche chemische Reaktionen ein.

1 Alkohole als BRÖNSTED-Säuren und BRÖNSTED-Basen

Alkohole können im Sinne BRÖNSTEDS – je nach Reaktionspartner – als Säuren oder Basen reagieren (→ Seite 41). Durch den +I-Effekt des Alkyl-Restes wird die Polarität der Hydroxyl-Gruppe jedoch stark vermindert, sodass Alkohole viel schwächere Säuren als Wasser sind.

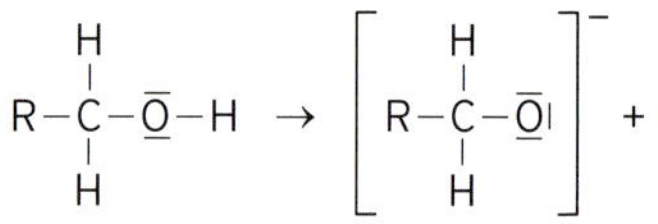

Abb. 11.2: Alkohol als Brönsted-Säure

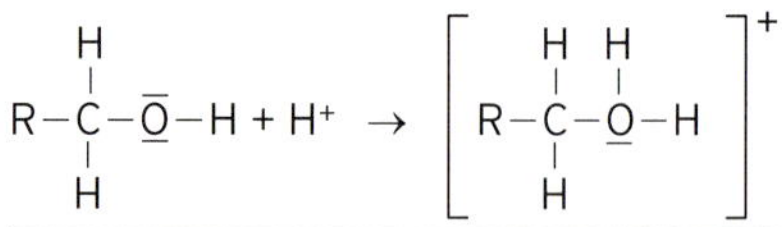

Abb. 11.3: Alkohol als Brönsted-Base

2 Reaktionen mit Alkalimetallen

Mit Alkalimetallen reagieren Alkohole wie Wasser unter Freisetzung von Wasserstoff, die Reaktion verläuft jedoch beim Alkohol bedeutend weniger heftig. Die entstehenden Alkanolate sind salzartig aufgebaut. Das Alkanolat-Ion RO^- ist eine sehr starke Base, die mit Wasser zu Alkohol und OH^- reagiert.

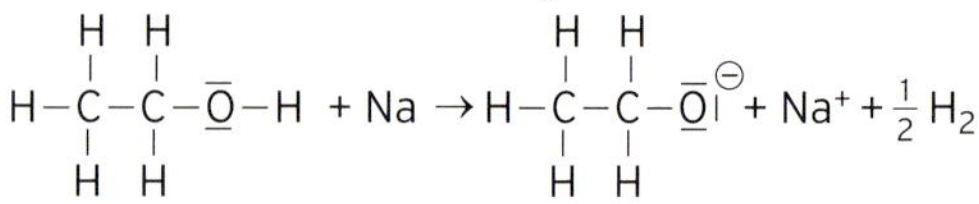

Ethanol Ethanolat-Ion

2 Nucleophile Substitution

Alkohole reagieren mit Säuren unter Bildung eines Esters und Wasser (Veresterung). Ist der Reaktionspartner eine Halogenwasserstoff-Säure, entsteht als Ester ein Halogenalkan:

$R{-}OH + HBr \rightarrow R{-}Br + H_2O$

Tipp: Dies ist im Gegensatz zur radikalischen Substitution eine Möglichkeit zur Darstellung definierter Halogenalkane.

Die Veresterung ist eine typische **Gleichgewichtsreaktion:**

Alkohol + Säure $\underset{\text{Esterspaltung (Verseifung)}}{\overset{\text{Veresterung}}{\rightleftharpoons}}$ Ester + Wasser

Allgemein:

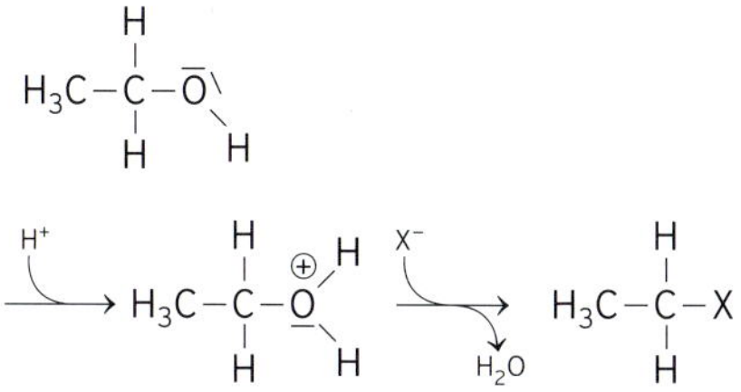

Da das angreifende Teilchen zur Ausbildung der neuen Bindung ein freies Elektronenpaar zur Verfügung stellt, bezeichnet man diesen Reaktionstyp als **nucleophile Substitution** (→ Tab. 11.5).

WISSEN: Nucleophile

Negativ geladene Ionen oder polare bzw. polarisierte Teilchen, die mit einem freien Elektronenpaar positivierte C-Atome angreifen.

Die nucleophile Substitution ist umkehrbar; so reagieren z. B. Halogenalkane mit Hydroxiden zu Alkoholen und Halogeniden:

$CH_3CH_2Br + OH^- \rightarrow CH_3CH_2OH + Br^-$

Reaktionsgeschwindigkeit der nucleophilen Substitution

Die Art des angreifenden Nucleophils und des Abgangsteilchens sowie die Struktur des angegriffenen Moleküls haben einen entscheidenden Einfluss auf die Geschwindigkeit der Reaktion.

- **Einfluss des angreifenden Nucleophils:** Ein Nucleophil ist umso stärker, je leichter es sein freies Elektronenpaar für die Bildung der neuen Bindung zur Verfügung stellt. Die Nucleophilie hängt zum einen von der Elektronendichte am betreffenden Atom, zum anderen von der Polarisierbarkeit ab. Ein Elektronenpaar lässt sich um so leichter zur Bindung zur Verfügung stellen, je weiter es vom Kern entfernt ist, da es dann weniger stark angezogen wird. Die Nucleophilie wird aber auch durch das Lösemittel beeinflusst. Anionen werden von polaren Lösemitteln mit Wasserstoffbrücken solvatisiert, die das nucleophile Zentrum blockieren können. Mit zunehmendem Ionenradius sinkt die Anziehungskraft zwischen Lösemittel und Anion, sodass die nucleophile Kraft stärker wirksam ist. Die Nucleophilie zeigt folgende Reihenfolge: $HS^- > I^- > OH^- > NH_3 > Br^- > Cl^- > F^- > H_2O$
- **Einfluss des austretenden Teilchens:** Eine Abgangsgruppe löst sich um so leichter, je geringer die Bindungsstärke zum C-Atom und umso größer die Polarisierbarkeit ist. Für die Abspaltung ergibt sich folgende Reihenfolge: $I^- > Br^- > Cl^- > F^- > OH^-$

Die Bindung zwischen Sauerstoff und Kohlenstoff ist aufgrund der Elektronegativitätsdifferenz polar, das Kohlenstoff-Atom ist positiviert.	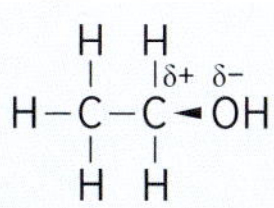
Bei der Substitution wird die Hydroxyl-Gruppe durch ein Nucleophil ersetzt. Dabei hat das angreifende Nucleophil eine polarisierende Wirkung auf die C–O-Bindung. Die Abspaltung der Hydroxyl-Gruppe wird durch eine Protonierung erleichtert.	**Protonierung:** 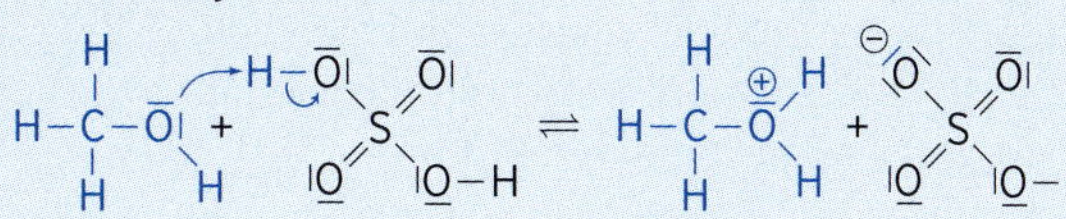
Das angreifende Nucleophil bildet eine Bindung zum positivierten C-Atom, gleichzeitig löst sich die C–OH bzw. C–H_2O^+-Bindung.	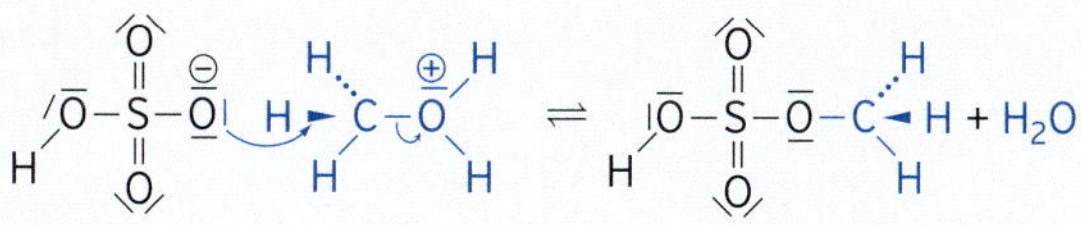 **Schwefelsäuremethylester**
Reaktionsbedingungen	Säureüberschuss, unter 100 °C

Tab. 11.5: Reaktionsmechanismus der nucleophilen Substitution am Beispiel der Veresterung mit Schwefelsäure

- **Einfluss der Struktur des angegriffenen Teilchens:** Je mehr Alkyl-Gruppen vorhanden sind bzw. je größer diese sind, desto stärker ist die sterische Behinderung für das angreifende Nucleophil.

Konkurrenzreaktionen der nucleophilen Substitution

Je nach Reaktionsbedingungen erhält man bei der Reaktion von Alkoholen mit anorganischen Säuren Ester, Alkene oder Ether.

1 **Darstellung von Alkenen: Eliminierung**
Reaktionsbedingungen: hohe Temperaturen, niedrige Alkoholkonzentration. Oberhalb von 150 °C kommt es in Gegenwart einer starken Säure nach Protonierung der Hydroxyl-Gruppe (Bildung eines Alkyloxonium-Ions) zur Eliminierung von Wasser und Abspaltung eines Protons vom benachbarten Kohlenstoff-Atom. Es bildet sich eine Doppelbindung aus. Die Säure wirkt hier als Katalysator. Die Eliminierung gelingt besonders gut bei tertiären Alkoholen

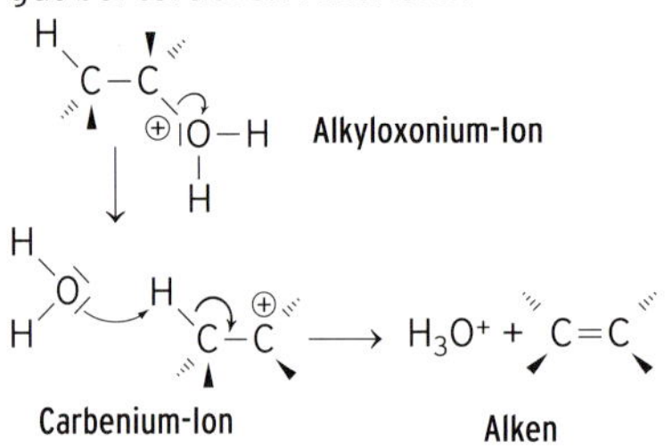

2 **Darstellung von Ethern: Nucleophile Substitution**
Reaktionsbedingungen: tiefe Reaktionstemperaturen und hohe Alkoholkonzentrationen. Ein Sauerstoff-Atom des einen Alkohol-Moleküls greift mit seinem freien Elektronenpaar nucleophil am positivierten Kohlenstoff eines zuvor gebildeten Alkyloxonium-Ions an. Der Ether stabilisiert sich durch Abspaltung von Wasser und von einem Proton.

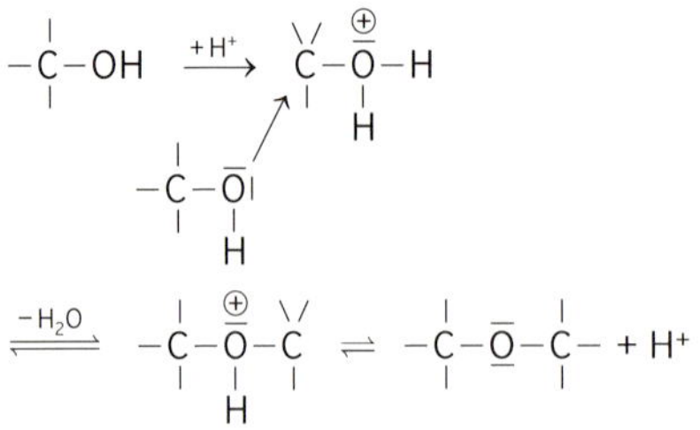

DEFINITION: Ether

Ether sind Verbindungen, in denen zwei organische Reste über eine Sauerstoffbrücke verbunden sind.
Sind beide Reste gleich, handelt es sich um einen einfachen Ether, sind die Reste ungleich, um einen gemischten Ether.

Die funktionelle Gruppe der Ether ist die **Alkoxy-Gruppe.** Die **Benennung** erfolgt durch Angabe der beiden Alkyl-Gruppen unter Hinzufügung des Wortes -ether, z. B. Diethylether, oder durch die Angabe Alk-oxy-alkan, z. B. Ethoxyethan.

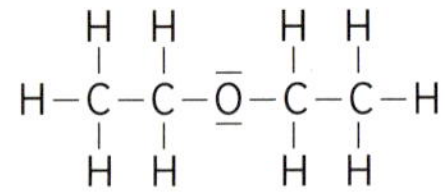

Die Ether haben niedrigere Siedetemperaturen als die Alkohole, da sie zwar Dipole sind, aber keine Wasserstoffbrückenbindung eingehen können. Sie sind brennbar und bilden mit Luft explosive Gemische.
Alkanole und Ether sind Funktions-Isomere.

WISSEN: Funktions-Isomerie

Funktions-Isomere besitzen unterschiedliche funktionelle Gruppen bei gleicher Summenformel.

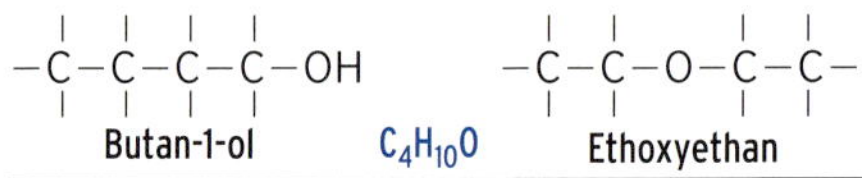

Abb. 11.4: Beispiel für Funktions-Isomerie

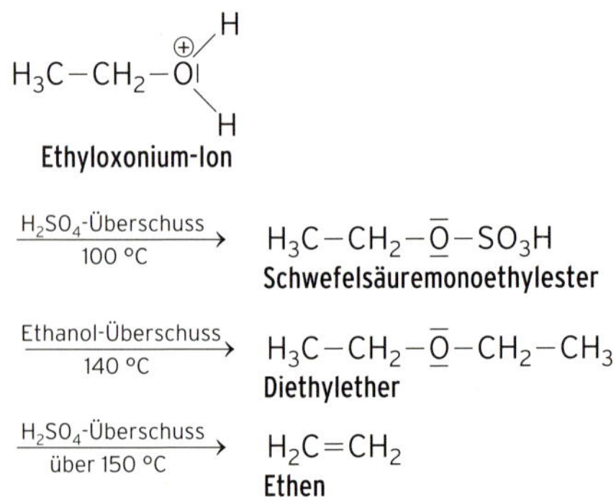

Abb. 11.5: Reaktionen von Alkohol in Abhängigkeit von den Reaktionsbedingungen

11.1.6 Oxidation von Alkoholen

Primäre und sekundäre Alkohole lassen sich mit milden Oxidationsmitteln zu Aldehyden bzw. Ketonen (→ Seite 111) oxidieren. **Tertiäre Alkohole** reagieren unter diesen Bedingungen nicht. Aldehyde wiederum lassen sich zu Alkansäuren oxidieren, Ketone jedoch nicht. Diese Tatsachen wendet man zur Unterscheidung der **Alkoholklassen** an. Als Oxidationsmittel können z.B. Kaliumdichromat, Kupferoxid oder Kaliumpermanganat dienen.

Bestimmung der Oxidationszahlen in organischen Verbindungen

Die Elektronen einer polaren Atombindung werden formal dem elektronegativeren Element zugeordnet (→ Seite 49). Bei einer unpolaren Atombindung wie die zwischen zwei C-Atomen werden die Bindungselektronen den beiden Atomen je zur Hälfte zugeordnet.

$\overset{-II}{C}H_2=\overset{-II}{C}H_2$	$H_2\overset{0}{C}=\overset{-II}{O}$
$\overset{-III}{C}H_3-\overset{-I}{C}H_2-\overset{-II}{O}H$	$\overset{-III}{C}H_3-C(=\overset{-II}{O})-\underset{-II}{O}H$
$H\overset{-II}{O}-\overset{-I}{C}H_2-\overset{-I}{C}H_2-\overset{-II}{O}H$	$\overset{-II}{C}H_2=\overset{-II}{C}H_2$

Tab. 11.6: Oxidationszahlbestimmung

Oxidation eines primären Alkohols am Beispiel des Ethanols

$$CH_3-\overset{-I}{C}H_2OH + \overset{II}{Cu}O \longrightarrow CH_3-\overset{I}{C}(H)=\underline{O}| + \overset{0}{Cu} + H_2O$$

Oxidation eines sekundären Alkohols am Beispiel von Propan-2-ol

$$CH_3-\overset{0}{C}HOHCH_3 + \overset{II}{Cu}O \longrightarrow CH_3-\overset{II}{C}(=O)-CH_3 + \overset{0}{Cu} + H_2O$$

11.1.5 Phenol

Verbindungen, bei denen eine oder mehrere OH-Gruppen unmittelbar an einen Benzolring gebunden sind, nennt man **Phenole**.

Die einfachste Verbindung dieser Stoffklasse ist Monohydroxybenzol, das Phenol selbst. Phenol bildet farblose Nadeln, ist giftig und wirkt stark ätzend.

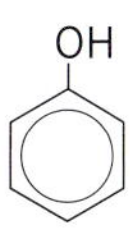

Es wurde früher unter dem Trivialnamen **Carbolsäure** zur Desinfektion benutzt. Das Phenol besitzt zwar wie die einwertigen Alkohole eine Hydroxyl-Gruppe, es löst sich im Vergleich zu Cyclohexanol aber besser in Wasser, ist leicht oxidierbar und reagiert in wässriger Lösung schwach sauer. Die OH-Gruppe des Phenols lässt sich nicht nucleophil substituieren.

Acidität von Phenol

Phenol reagiert im Vergleich zu den kettenförmigen Alkoholen deutlich saurer, sein pK_S-Wert beträgt 10. Dies hat zwei Gründe:

1. Im Phenol-Molekül tritt ein freies Elektronenpaar der OH-Gruppe in Wechselwirkung mit den delokalisierten π-Elektronen des aromatischen Kerns. Dadurch wird die Elektronendichte im Kern erhöht, die OH-Gruppe besitzt einen +M-Effekt. Durch diesen +M-Effekt wird die Polarität der O–H-Bindung verstärkt und die Abgabe des positivierten Wasserstoff-Atoms der Hydroxyl-Gruppe als Proton erleichtert.

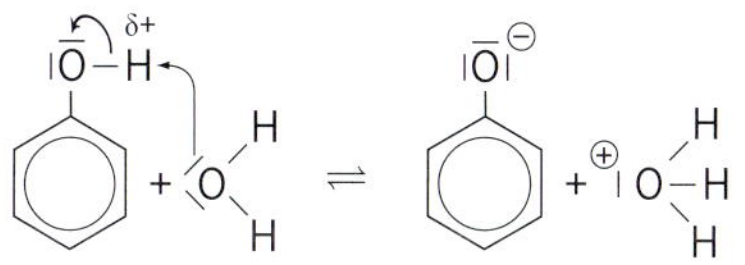

Vergleich der pK_S-Werte: Phenol pK_S = 10; Methanol pK_S = 16; Ethanol pK_S = 17

2. Das nach Protolyse entstandene Phenolat-Anion ist stark **mesomeriestabilisiert**, da die negative Ladung über das gesamte Ion verteilt ist.

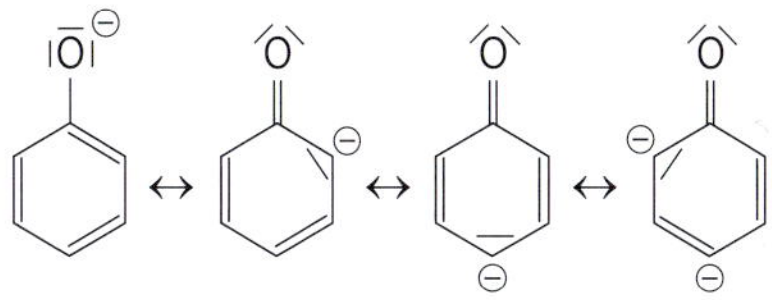

WISSEN:

Der Grund für die größere Säurestärke des Phenols im Vergleich zu Alkoholen liegt in der Verstärkung der Polarität der Bindung zwischen O und H und in der großen Mesomeriestabilisierung des entstandenen Phenolat-Ions

Einfluss von Zweitsubstituenten auf die Säurestärke von Phenol

Substituenten mit −M-Effekt vermindern die Elektronendichte des Kerns, erhöhen so die Polarität der O−H-Bindung und damit die Säurestärke. So ist z. B. 2,4,6-Trinitrophenol (→ Abb. 11.6, rechts) viel stärker sauer als Phenol.

Chemische Reaktionen: Elektrophile Substitution

Phenol reagiert wie Benzol mit elektrophiler Substitution, die Reaktion verläuft aber schneller als bei Benzol und sogar ohne Katalysator, da durch die Mesomeriebeteiligung des freien Elektronenpaars des O-Atoms die Elektronendichte im Kern stark erhöht wird. (→ Benzol, Zweitsubstitution, Seite 100)

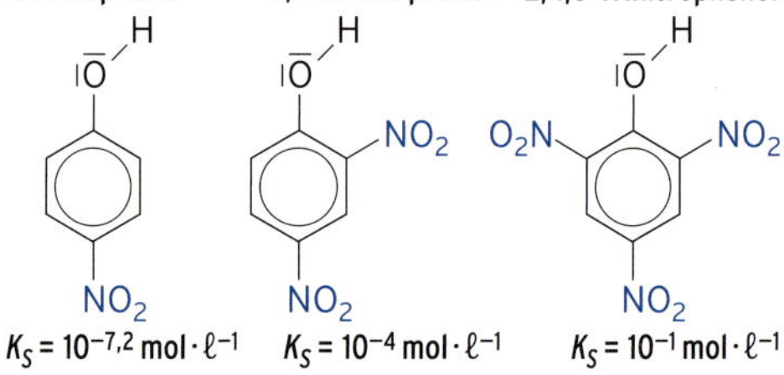

Abb. 11.6: Acidität nitrierter Phenole

ZUSAMMENFASSUNG:

- Die funktionelle Gruppe der Alkanole ist die Hydroxyl-Gruppe −OH.
- Da Alkanole Wasserstoffbrücken ausbilden können, liegen ihre Siedetemperaturen höher als die der Alkane vergleichbarer Molekülmasse.
- Kurzkettige Alkanole sind aufgrund der hydrophilen OH-Gruppe gut wasserlöslich, bei langkettigen überwiegt der hydrophobe Kohlenwasserstoffrest.
- Alkanole reagieren mit Alkalimetallen unter Freisetzung von Wasserstoff.
- Alkanole reagieren je nach Wahl der Reaktionsbedingungen mit anorganischen Säuren zu Estern, Ethern oder Alkenen.
- Primäre Alkanole lassen sich mit milden Oxidationsmitteln zu Alkanalen oxidieren, sekundäre Alkanole zu Alkanonen, tertiäre reagieren unter diesen Bedingungen nicht.
- Phenole sind Verbindungen mit OH-Gruppe am Benzolring.
- Die elektrophile Substitution am Phenol ist gegenüber Benzol aufgrund der höheren Elektronendichte begünstigt.
- Phenol reagiert stärker sauer als Alkohole, da die O−H-Bindung stärker polarisiert und das Phenolation mesomeriestabilisiert ist.

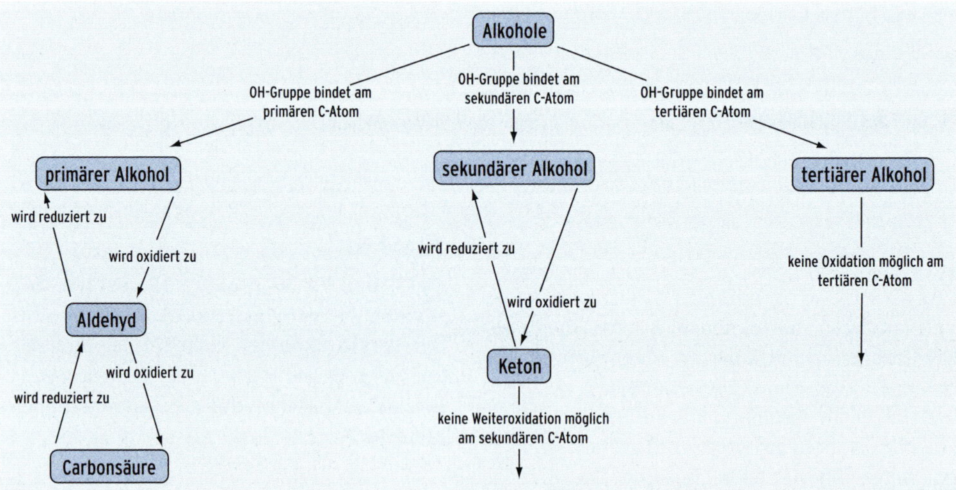

Abb. 11.7: Überblick „Alkohole“

11.2 Verbindungen mit der Carbonyl-Gruppe: Alkanale, Alkanone

Durch Oxidation primärer oder sekundärer Alkohole erhält man Verbindungen mit einer C=O-Doppelbindung. Diese funktionelle Gruppe wird **Carbonyl-Gruppe** genannt. Verbindungen mit endständiger Carbonyl-Gruppe werden **Alkanale (Aldehyde)** genannt, befindet sich der doppelt gebundene Sauerstoff an einem sekundären Kohlenstoff-Atom, handelt es sich um **Alkanone (Ketone)**.

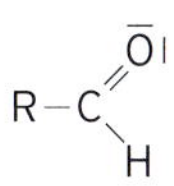

Alkanal

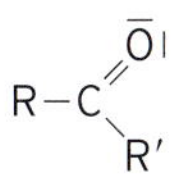

Alkanon

11.2.1 Nomenklatur

Die Namen der aliphatischen Aldehyde werden gebildet, indem man die Endung -al an den Alkannamen hängt. Bei der Nummerierung der Kohlenstoffkette erhält das C-Atom der Carbonyl-Gruppe stets die Nummer 1. Die Namen von Ketonen werden gebildet, indem man die Endung -on dem Stammnamen des Alkans anfügt. Die Stellung der Ketogruppe wird durch vorangestellte Ziffern angegeben, dabei ist darauf zu achten, dass das den doppelt gebundenen Sauerstoff tragende C-Atom eine möglichst niedrige Zahl erhält.

11.2.2 Bindungsverhältnisse in der Carbonyl-Gruppe

Die Bindungslänge der C=O-Doppelbindung ist mit 122 pm um 19 pm kleiner als die der C–O-Einfachbindung. Sowohl das Kohlenstoff-Atom als auch das Sauerstoff-Atom liegen nach dem Orbitalmodell **sp^2-hybridisiert** vor. Dabei überlappen je ein sp^2-Hybridorbital des C- und O-Atoms zu einer σ-Bindung. Die beiden nicht an der Hybridisierung beteiligten p_z-Orbitale überlappen zur **π-Bindung**. Die beiden weiteren sp^2-Orbitale des Kohlenstoffs bilden σ-Bindungen zu zwei Nachbaratomen aus; die beiden restlichen sp^2-Orbitale des Sauerstoffs bilden die beiden freien Elektronenpaare.

Die C=O-Doppelbindung ist polar, die leicht beweglichen π-Elektronen sind in Richtung des stärker elektronegativen Sauerstoffs verschoben, an welchem dadurch eine negative Partialladung auftritt. Das Kohlenstoff-Atom der Carbonyl-Gruppe trägt eine positive Partialladung.

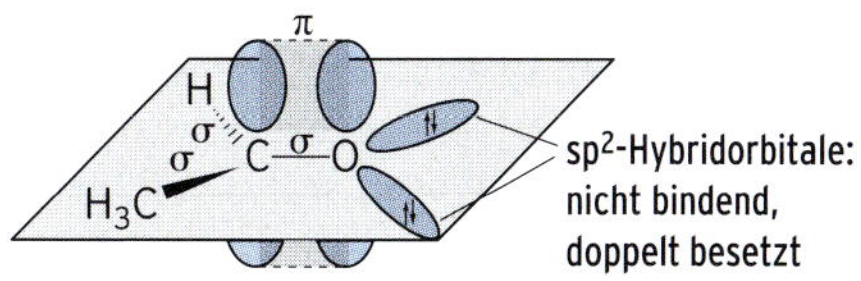

Abb. 11.8: Orbitalmodell des Ethanals

11.2.3 Physikalische Eigenschaften

Siedetemperatur: Wegen der polaren **Carbonyl-Gruppe** sind sowohl Alkanale als auch Alkanone Dipole, sodass ihre Siedetemperaturen deutlich über denen von Alkanen entsprechender Masse liegen. Wegen des Fehlens von Wasserstoffbrücken sieden sie niedriger als die entsprechenden Alkohole. So liegt die Siedetemperatur von Ethanol bei 78 °C, die von Ethanal bei 20 °C.

Name nach IUPAC	Trivialname	Formel	Eigenschaften/Verwendung
Methanal	Formaldehyd	CH_2O	stechend riechendes Gas, die wässrige Lösung wird Formalin genannt Verwendung: in der Kunststoffindustrie, als Konservierungsmittel in Kosmetika; Desinfektionsmittel
Ethanal	Acetaldehyd	CH_3CHO	farblose Flüssigkeit mit niedriger Siedetemperatur und scharfem Geruch Verwendung: Oxidation zu Essigsäure, Grundstoff in Medikamenten und Farbstoffen
Benzaldehyd	–	$C_6H_5–CHO$	farblose, ölige Flüssigkeit, die nach bitteren Mandeln riecht, ungiftig Verwendung: Duftträger für Backwaren „Marzipan"
Propanon	Aceton	CH_3COCH_3	klare, farblose Flüssigkeit, aromatisch riechend, feuergefährlich Verwendung: wichtiges technisches Lösemittel

Tab. 11.7: Wichtige Alkanale und Alkanone

Löslichkeit: Kurzkettige Alkanale und Alkanone sind aufgrund ihres Dipolcharakters in polaren Lösemitteln wie z. B. Wasser löslich. Aufgrund der freien Elektronenpaare am Sauerstoff-Atom der Carbonyl-Gruppe sind Wasserstoffbrückenbindungen zu Wasser-Molekülen möglich, sodass die ersten beiden Glieder der homologen Reihen der Alkanale und Alkanone wasserlöslich sind. Mit zunehmender Kettenlänge überwiegt jedoch der hydrophobe Charakter des Kohlenwasserstoffrestes. Langkettige Alkanale und Alkanone sind unlöslich in polaren Lösemitteln.

11.2.4 Chemische Reaktionen der Carbonyl-Gruppe: nucleophile Addition

Die Polarität einer C=O-Doppelbindung ist größer als die einer C–O-Einfachbindung, da die π-Elektronen wegen ihres größeren Abstandes zum Atomrumpf leichter unter dem Einfluss der unterschiedlichen Elektronegativität verschiebbar sind als σ-Elektronen. Als Folge zieht das elektronegativere Sauerstoff-Atom die bindenden Elektronen und besonders die π-Elektronen stärker an. Am Sauerstoff-Atom tritt eine negative, am Kohlenstoff-Atom eine positive Partialladung auf:

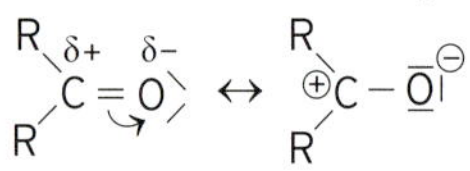

	C=O	–C–O
Bindungslänge	122 pm	143 pm
Bindungsenergie	745 kJ · mol^{-1}	358 kJ · mol^{-1}
Polarität	stärker	weniger stark

Tab. 11.8: Bindungsdaten im Vergleich

Die Carbonyl-Gruppe wird am positivierten Kohlenstoff-Atom nucleophil angegriffen, sie reagiert als Verbindung mit Doppelbindung durch Addition. Als Nucleophile können Anionen und polare Moleküle mit freien Elektronenpaaren wirken. Nach Anlagerung des Nucleophils stabilisiert sich das entstandene Zwitterion durch intramolekulare Protonenwanderung.

Durch Protonierung des Carbonylsauerstoffs wird die Positivierung des Carbonyl-Kohlenstoffatoms verstärkt, sodass viele nucleophile Additionen unter Säurekatalyse ablaufen.

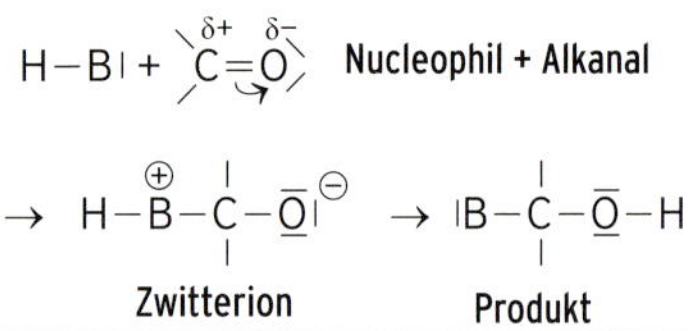

Abb. 11.9 Allgemeine Reaktionsgleichung

Durch Säurekatalyse wird die Reaktivität der Carbonyl-Gruppe durch Protonierung erhöht, das entstehende Carbenium-Ion wird noch leichter nucleophil angegriffen.	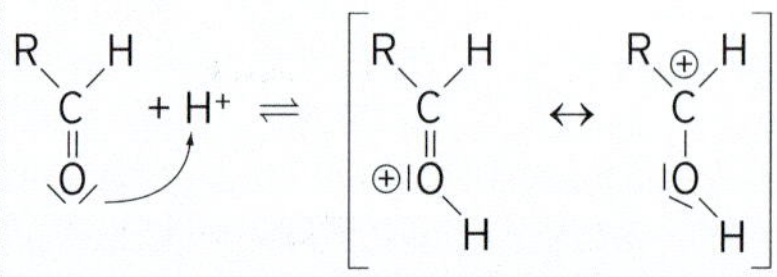
Nucleophiler Angriff des Alkohols mit einem freien Elektronenpaar seiner Hydroxyl-Gruppe und Addition. Durch Abspaltung von H$^+$ unter Rückgewinnung der Katalysatorsäure wird ein Halbacetal gebildet.	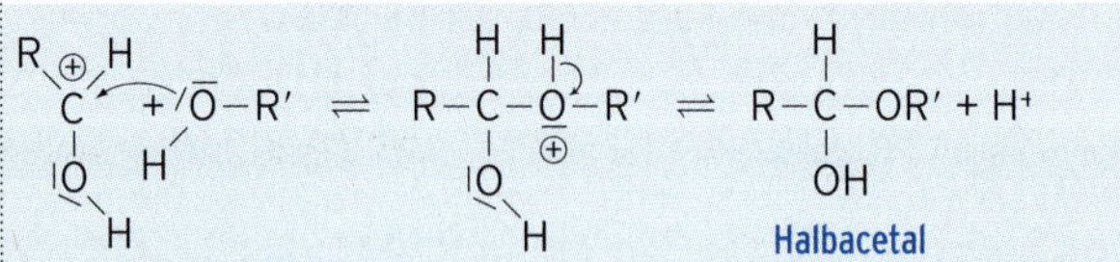
In einem weiteren Reaktionsschritt kann die OH-Gruppe des Halbacetals protoniert werden, die anschließende Wasserabspaltung und die Addition eines weiteren Alkoholmoleküls führt zum Acetal.	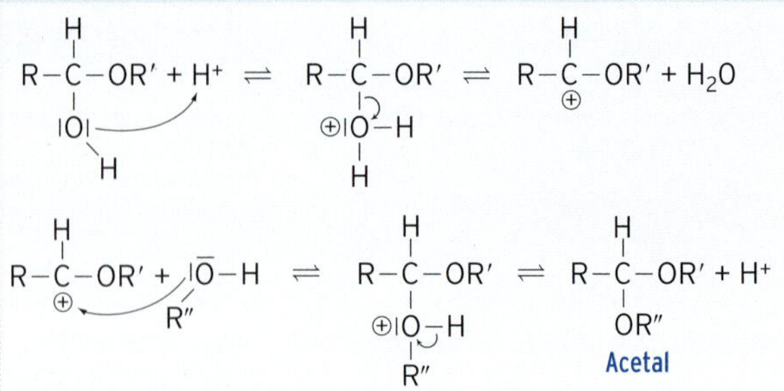

Tab. 11.9: Reaktionsmechanismus am Beispiel der Addition von Alkohol: Acetalbildung

WISSEN:

Aufgrund des positivierten C-Atoms der Carbonyl-Gruppe erfolgt der Angriff durch Nucleophile als Addition.

Weitere nucleophile Additionsreaktionen

1 **Addition von Wasser: Hydratbildung**

Sauerstoff greift mit einem der beiden freien Elektronenpaare am positivierten C-Atom an, die Stabilisierung des entstandenen Zwitterions geschieht durch intramolekulare Protonenwanderung, es entsteht ein Hydrat mit zwei Hydroxyl-Gruppen am selben C-Atom.

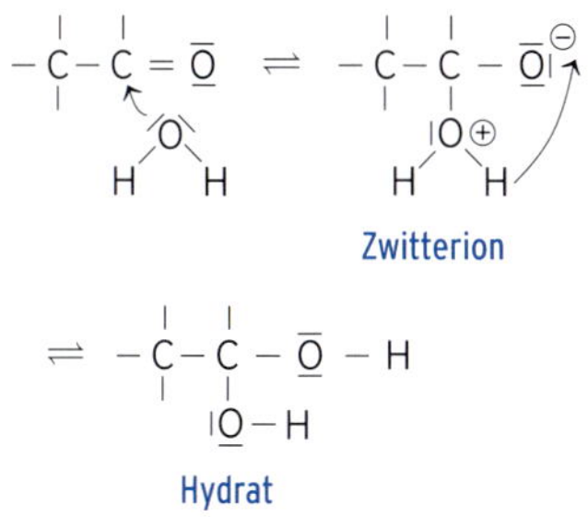

Die nucleophile Addition von Wasser an die Carbonyl-Gruppe hat keine synthetische Bedeutung, da sich unter Wasserabspaltung rasch die stabile Carbonyl-Gruppe zurückbildet. Ein stabiles Hydrat bildet Chloralhydrat, da durch die Addition von Wasser die energetisch ungünstige Positivierung von benachbarten C-Atomen eingeschränkt wird.

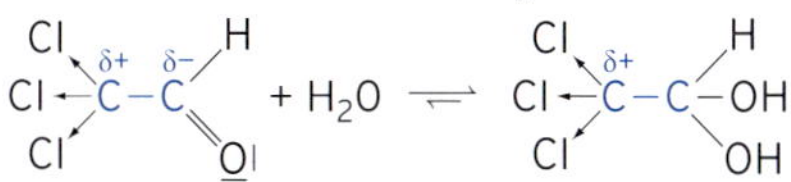

2 **Hydrogensulfit bzw. Sulfit**

Stoffe mit Carbonyl-Gruppe reagieren mit Hydrogensulfit oder mit Sulfit zu gut kristallisierenden Additionsprodukten. Dabei greift das Schwefelatom mit seinem freien Elektronenpaar nucleophil an und nicht etwa eines der Sauerstoffatome.

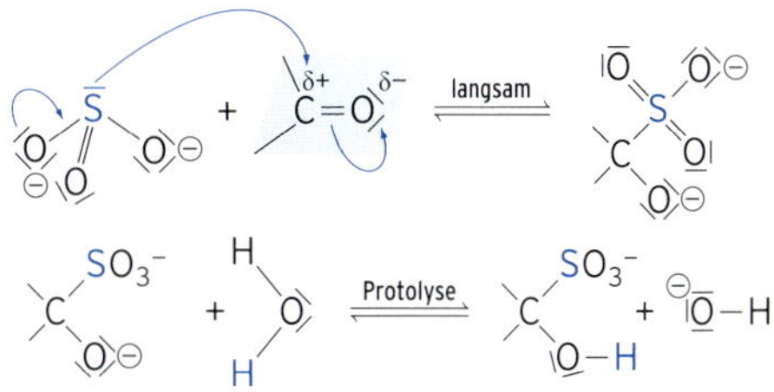

Vergleich der Reaktivität von Alkanalen und Alkanonen

Alkanone reagieren langsamer als Alkanale mit gleicher Anzahl an C-Atomen, da hier von beiden Seiten der +I-Effekt der Alkyl-Gruppen die Elektronen in Richtung des positivierten Kohlenstoffatoms schiebt, sodass die Positivierung abgeschwächt wird.

11.2.5 Oxidation und Reduktion von Carbonylverbindungen

Alkanale lassen sich mit milden Oxidationsmitteln wie z. B. der **FEHLING-Lösung** zu Carbonsäuren oxidieren. Ketone dagegen lassen sich durch milde Oxidationsmittel nicht oxidieren, mit starken nur unter Spaltung von Bindungen. Diese Tatsache nutzt man zur experimentellen Unterscheidung von Alkanalen und Alkanonen. FEHLING-Lösung ist ein alkalisches Reagenz, welches Cu^{2+}-Ionen enthält. Das **FEHLING-Reagenz** dient als Nachweis für Aldehyde, es ist allerdings nicht spezifisch. In Anwesenheit eines Aldehyds entsteht ein roter Niederschlag von Cu_2O.

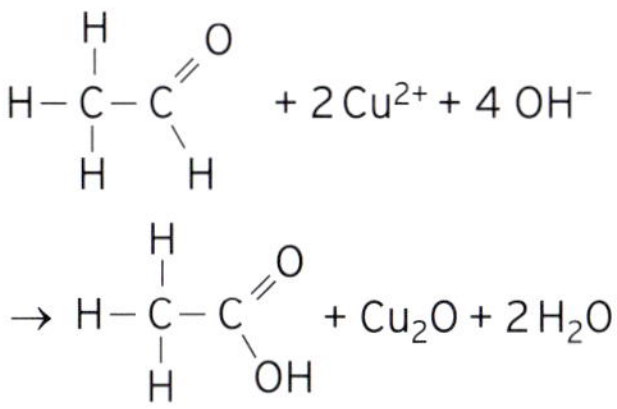

Eine weitere Nachweisreaktion erfolgt mit **TOLLENS-Reagenz**, einer ammoniakalischen Silbernitratlösung. Die Silber-Ionen werden zu metallischem Silber reduziert, das sich als Silberspiegel an der Innenseite des Reaktionsgefäßes abscheidet.

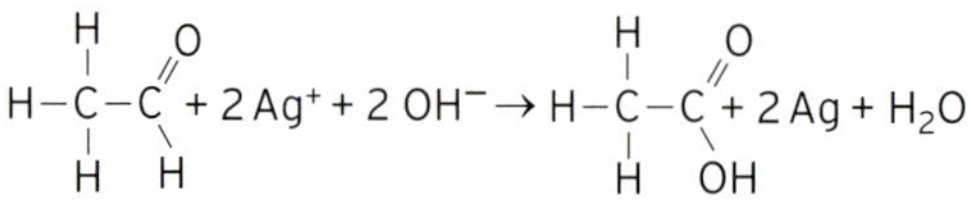

WISSEN:

Zur Unterscheidung von Alkanalen und Alkanonen kann ihr unterschiedliches Verhalten gegenüber Oxidationsmitteln herangezogen werden: Nur Alkanale lassen sich durch FEHLING-Lösung oder durch TOLLENS-Reagenz oxidieren.

11.2.6 Isomerie bei Stoffen mit Carbonyl-Gruppe

Stellungs-Isomerie

Definition: Unterschiedliche Verknüpfungsstellen bei gleichen funktionellen Gruppen

Beispiel:

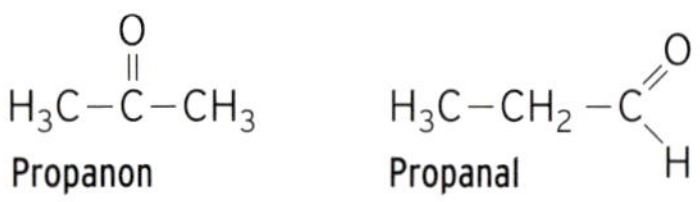

Protonen-Isomerie, Keto-Enol-Tautomerie

Definition: Unterschiedliche Position eines Protons im Molekül. Carbonylverbindungen mit H-Atomen in α-Stellung können dieses H-Atom vom α-C- zum O-Atom der Carbonyl-Gruppe schieben.

Beispiel:

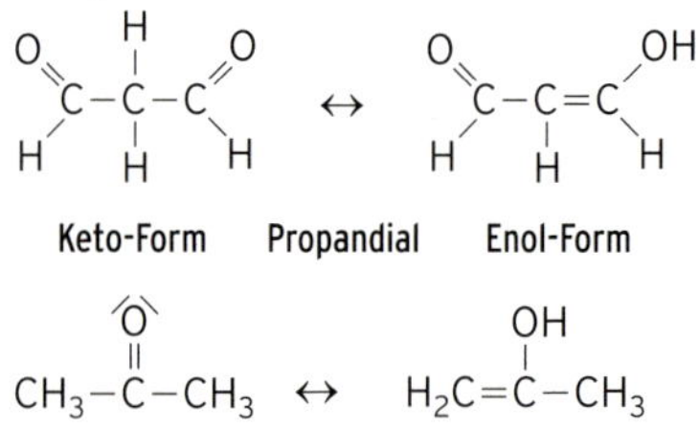

WISSEN:

- **Die funktionelle Gruppe ist die Carbonyl-Gruppe, wobei der doppelt gebundene Sauerstoff bei den Alkanalen am Rand-Kohlenstoffatom und bei den Alkanonen an einem sekundären Kohlenstoffatom sitzt.**
- **Alkanale entstehen als Oxidationsprodukt primärer Alkohole, Alkanone als Oxidationsprodukt sekundärer Alkohole.**
- **Die Carbonyl-Gruppe ist polar, das positivierte Carbonyl-C-Atom kann durch Nucleophile wie Alkohol oder Wasser angegriffen werden und reagiert mit Addition. Dabei reagieren Alkanale leichter als Alkanone.**
- **Alkanale können durch milde Oxidationsmittel an der Carbonyl-Gruppe zu Carbonsäuren oxidiert werden, dadurch lassen sie sich von Alkanonen unterscheiden. Als Nachweisreaktionen dienen die FEHLING-Probe und die Reaktion mit TOLLENS-Reagenz.**

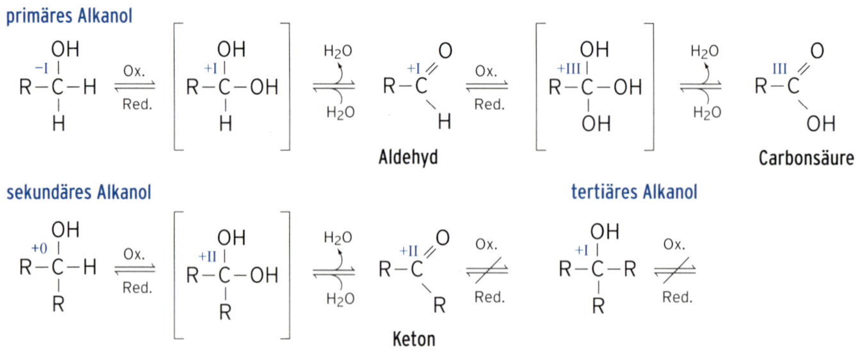

Abb. 11.10: Übersicht über das Oxidationsverhalten verschiedener sauerstoffhaltiger Verbindungen

11.3 Verbindungen mit der Carboxyl-Gruppe: Carbonsäuren

Die funktionelle Gruppe der Carbonsäuren ist die Carboxyl-Gruppe, die sich formal aus einer Carbonyl- und einer Hydroxyl-Gruppe zusammensetzt.

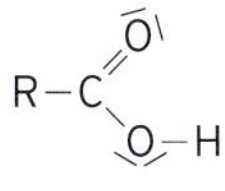

11.3.1 Nomenklatur

Aliphatische Carbonsäuren heißen auch **Alkansäuren.** Bei der Benennung wird an den Stammnamen des Alkans das Wort Säure angefügt. Enthält eine Säure zwei Carboxyl-Gruppen, wird dies durch die Silbe -di- gekennzeichnet: Alkandisäure, z. B. Ethandisäure HOOC−COOH, trivial Oxalsäure und HOOC−CH_2−COOH Propandisäure, Malonsäure.

Bei aromatischen Carbonsäuren trägt der Benzolring mindestens eine Carboxyl-Gruppe, z. B. Benzoesäure.

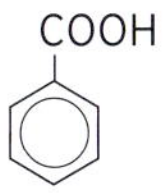

11.3.2 Hybridisierungzustand und Bindung

Das C-Atom der Carboxyl-Gruppe ist sp^2-hybridisiert, die drei σ-Bindungen liegen in einer Ebene, der Winkel zwischen den Bindungen beträgt 180°. Eines der beiden Sauerstoffatome ist durch eine zusätzliche π-Bindung doppelt gebunden. Die Bindungslänge der C−O-Einfachbindung beträgt 143 pm, die der C=O-Doppelbindung 122 pm. Aufgrund der Elektronegativitätsdifferenz zwischen Kohlenstoff und Sauerstoff ist die Carboxyl-Gruppe stark polar.

11.3.3 Physikalische Eigenschaften

Siedetemperaturen: Carbonsäuren können durch Dimerisation untereinander zwei Wasserstoffbrücken ausbilden, sodass ihre Siedetemperaturen noch höher liegen als die von Alkoholen vergleichbarer Masse. Sie sind etwa doppelt so hoch wie bei Alkanen vergleichbarer Masse.

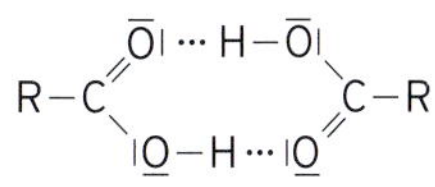

Löslichkeit: Wie bei den Alkoholen nimmt mit zunehmender Kettenlänge die Wasserlöslichkeit ab, nur die ersten vier Glieder der homologen Reihe sind unbegrenzt mit Wasser mischbar.

11.3.4 Säurestärke

Wässrige Lösungen der Carbonsäuren reagieren sauer, als korrespondierende Basen entstehen Carboxylat-Anionen.

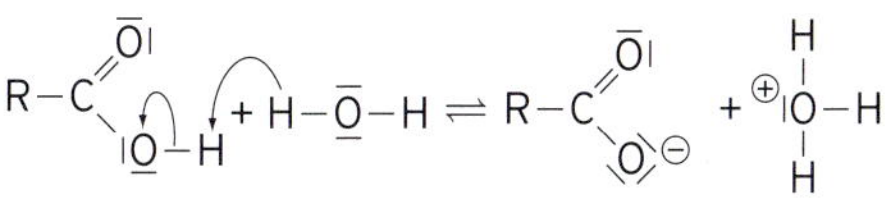

Name nach IUPAC	Trivialname	Formel	Bedeutung
Methansäure	Ameisensäure	HCOOH	zur Konservierung, Desinfektion
Ethansäure	Essigsäure	CH_3COOH	als Essig, zur Herstellung von Kunstseide, Heilmittel
Propansäure	Propionsäure	C_2H_5COOH	Herstellung von Lösemitteln, Aromen, Kunststoffen
Butansäure	Buttersäure	C_3H_7COOH	entsteht beim Ranzigwerden von Fett
Benzoesäure	–	C_6H_5COOH	Konservierungsstoff
Hexadecansäure	Palmitinsäure	$C_{15}H_{31}COOH$	als Fettsäure in Fetten
Octadecansäure	Stearinsäure	$C_{17}H_{35}COOH$	als Fettsäure in Fetten
Aminoethansäure	Glycin	CH_2NH_2COOH	Baustein der Proteine
Aminopropansäure	Alanin	$CH_3CH_2NH_2COOH$	Baustein der Proteine
2-Hydroxypropansäure	Milchsäure	$CH_3CHOHCOOH$	Herstellung von Jogurt, Sauerkraut, Käse, Silofutter
Ethandisäure	Oxalsäure	HOOC-COOH	in Sauerklee und Rhabarber, zum Entfernen von Tinten- und Rostflecken, als Metallputzmittel
Propandisäure	Malonsäure	HOOC-CH_2-COOH	Herstellung von Barbituraten

Tab. 11.10: Übersicht über wichtige Carbonsäuren

Durch den -I-Effekt des Carbonyl-Sauerstoffs wird die Polarität der Bindung zwischen O- und H-Atom noch verstärkt, sodass Carbonsäuren viel stärker sauer sind als die Alkohole. Hinzu kommt, dass das entstandene Carboxylat-Ion durch Elektronendelokalisation sehr stabil ist.

Die Bindungslänge der beiden C—O-Bindungen ist gleich lang, sie beträgt jeweils 136 pm. Es liegt also weder eine Einfach- noch eine Doppelbindung vor, die negative Ladung ist gleichmäßig über die gesamte Gruppe verteilt. Man geht beim Mesomeriemodell von der Vorstellung aus, dass das p_z-Orbital des Kohlenstoffs mit den p_z- Orbitalen der beiden Sauerstoff-Atome überlappt. Das entstandene π-Orbital erstreckt sich über alle drei Atome, die π-Elektronen sind delokalisiert. Diese Delokalisation ist energetisch begünstigt, sodass das Carboxylat-Anion sehr stabil ist.

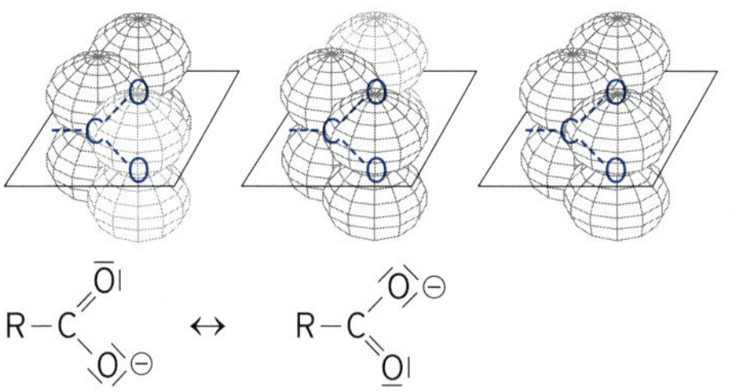

Abb. 11.11: Mesomere Formeln des Carboxylatanions

Überblick über Säurestärken

Monoalkansäuren

- Säurestärke: Alle Alkansäuren besitzen annähernd die gleiche Säurestärke mit Ausnahme der Methansäure, die mit einem pK_S-Wert von 3,7 eine recht starke Säure ist.
- Erklärung: Methansäure ist die einzige Säure ohne Alkyl-Gruppen, welche durch ihren +I-Effekt die Polarität der O—H-Bindung abschwächen.

Halogenalkansäuren

- Säurestärke: Halogenalkansäuren sind stärker sauer als die entsprechenden Alkansäuren. pK_S-Werte:

Fluorethansäure	2,66
Chlorethansäure	2,81
Bromethansäure	2,87
Iodethansäure	3,13

- Erklärung: Die Halogensubstituenten polarisieren durch ihren −I-Effekt die Bindung zwischen Wasserstoff und Sauerstoff noch stärker. Die Polarisierung der O—H-Bindung ist um so stärker, je größer die Elektronegativität des betreffenden Halogen-Atoms ist.

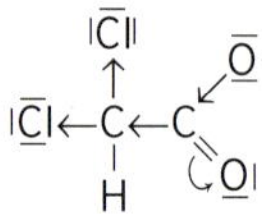

Dicarbonsäuren

- Säurestärke: Sie ist höher als bei den Monocarbonsäuren.

pK_S Ethansäure	4,76
pK_S Ethandisäure	1,46

Kurzkettige Dicarbonsäuren sind stärker sauer als langkettige.

pK_S Ethandisäure	2,46
pK_S Butandisäure	4,19

- Erklärung: Die beiden Carboxyl-Gruppen üben aufeinander einen −I-Effekt aus, wodurch die Polarität der O—H-Bindung verstärkt wird.

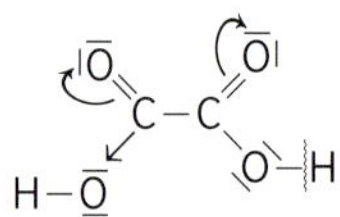

Der −I-Effekt nimmt mit zunehmender Entfernung der beiden Carboxyl-Gruppen voneinander rasch ab.

WISSEN:

Substituenten mit +I-Effekt erniedrigen die Säurestärke, Substituenten mit −I-Effekt erhöhen sie.

11.3.5 Spiegelbildisomerie bei Hydroxycarbonsäuren

Einige Hydroxycarbonsäuren kommen in zwei Formen vor, die sich wie Bild und Spiegelbild verhalten. Moleküle mit solchen Eigenschaften bezeichnet man als **spiegelbildisomer** oder **chiral**. Spiegelbildisomere heißen auch Enantiomere. Die Spiegelbildisomerie der Milchsäure (Hydroxypropansäure) beruht darauf, dass das zweite C-Atome (C*) mit vier unterschiedlichen, tetraedrisch angeordneten Substituenten verbunden ist. Dieses Atom stellt ein Chiralitätszentrum dar und wird auch als asymmetrisches C-Atom bezeichnet.

Definition: Asymmetrische C-Atome sind mit vier unterschiedlichen Substituenten verbunden.

Um die unterschiedlichen Konfigurationen der beiden Spiegelbildisomeren darstellen zu können, verwendet man die Projektionsformeln nach FISCHER. Dabei ordnet man das Molekül zunächst so an, dass die C—C-Kette senkrecht mit dem am höchsten oxidierten C-Atom oben steht. Das asymmetrische C-Atom wird als in der Papierebene liegend angenommen. Die von diesem C-Atom ausgehenden C—C-Bindungen sollen hinter dieser Papierebene liegen, die C—H und die C—OH-Bindungen dagegen davor. Projiziert man nun alle vier Substituenten auf die Ebene, so erhält man für die C—C-Bindungen vertikale Bindungsstriche und für die C—H und C—OH-Bindungen horizontale.

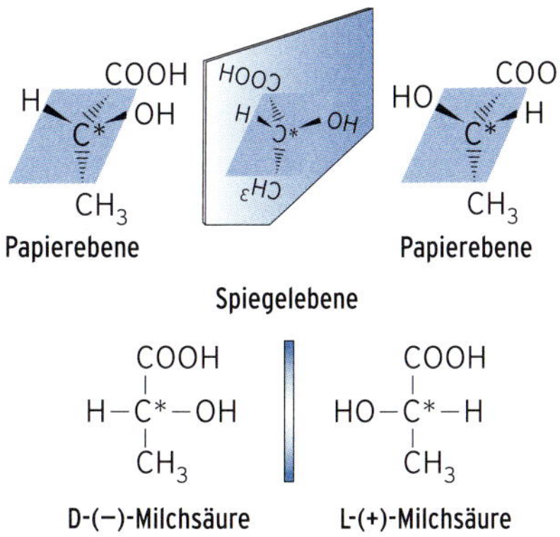

Abb. 11.12: Spiegelbildisomere Milchsäuren

Die beiden spiegelbildisomeren Formen der Milchsäure unterscheiden sich in der Anordnung der OH-Gruppe am chiralen C-Atom. Steht die OH-Gruppe in der FISCHER-Formel nach rechts, spricht man von der D-Milchsäure (lat. *dexter*: rechts), zeigt sie nach links, von der L-Form der Milchsäure (lat. *laevus*: links).

Chirale Verbindungen sind **optisch aktiv**, das heißt sie drehen die Schwingungsebene von linear polarisiertem Licht. Man gibt die Drehrichtung durch die Vorzeichen + (nach rechts, im Uhrzeigersinn) und − (nach links, gegen den Uhrzeigersinn) an.

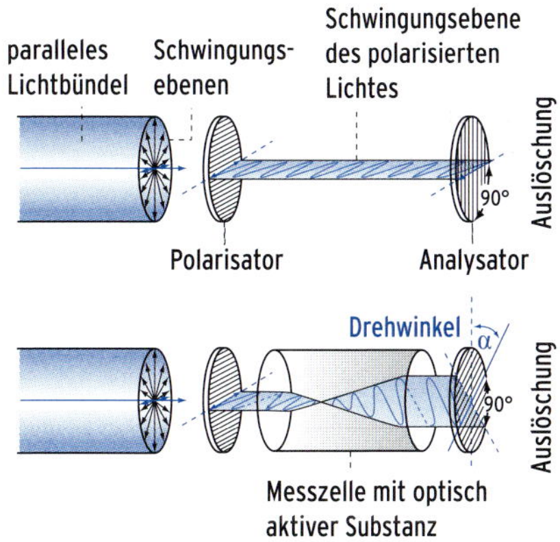

Abb. 11. 13: Optisch aktive Substanz in einem Polarimeter

11.3.6 Chemische Reaktionen der Carbonsäuren: Veresterung

Bei der Reaktion von Carbonsäuren mit Alkoholen entstehen unter Abspaltung von Wasser Carbonsäureester (→ Seite 118, Tab. 11.11):

Säure + Alkohol ⇌ Ester + Wasser

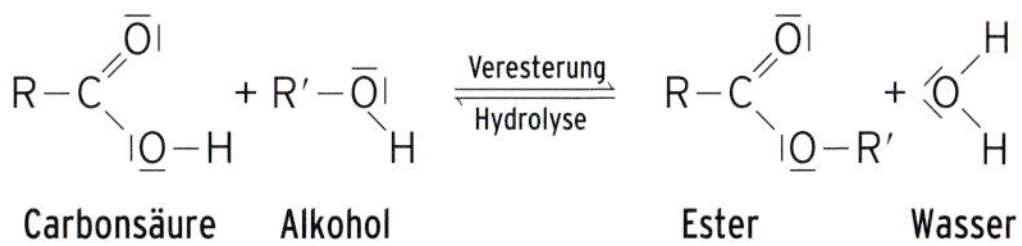

Veresterung und Esterspaltung (Esterhydrolyse) befinden sich in einem dynamischen Gleichgewichtszustand. Die Reaktionsgeschwindigkeit wird jedoch erst bei der Säurekatalyse nennenswert groß. Die funktionelle Gruppe der Ester ist die Ester-Gruppe.

Nomenklatur der Ester und Bedeutung

- Dem Namen der Säure folgt der Alkylrest des Alkohols + -ester: Beispiel: Methansäureethylester oder
- Alkylrest des Alkohols + Salz der Carbonsäure: Beispiel: Ethylmethanoat.

Viele Ester kurzkettiger Alkansäuren haben einen angenehm fruchtigen Geruch und werden von daher als Fruchtaroma verwendet. Viele Ester finden als Lösungsmittel oder als Weichmacher von Kunststoffen Verwendung.

Esterhydrolyse = Verseifung

Die saure Esterhydrolyse entspricht der Rückreaktion der sauren Veresterung und führt daher sehr schnell zu einem Gleichgewichtszustand. Im Alkalischen dagegen lassen sich Ester quantitativ spalten. Da diese Reaktion auch bei der Esterspaltung von Fetten zur Gewinnung von Seifen angewendet wird, bezeichnet man sie auch als Verseifung, → Tab. 11.13.

Reaktivität von Carbonsäurederivaten und Carbonylverbindungen

Carbonsäurederivate erhält man, wenn man die Hydroxyl-Gruppe der Carboxyl-Gruppe durch andere Atome oder Atomgruppen ersetzt.

Carbonsäurehalogenide	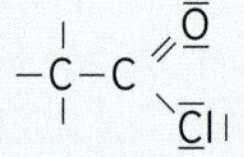
Carbonsäureamide	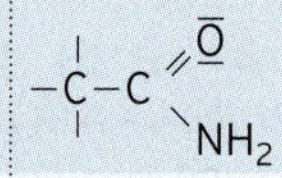
Carbonsäureanhydride	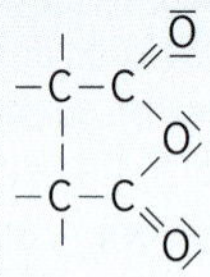
Carbonsäureester	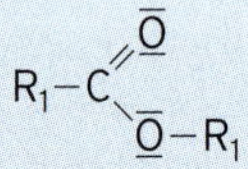

Tab. 11.12: Beispiele von Carbonsäurederivaten

1. Schritt: Die Reaktion beginnt mit einer Protonierung des Sauerstoff-Atoms der Carboxyl-Gruppe. Das entstandene Carbenium-Ion ist durch Mesomerie stabilisiert.	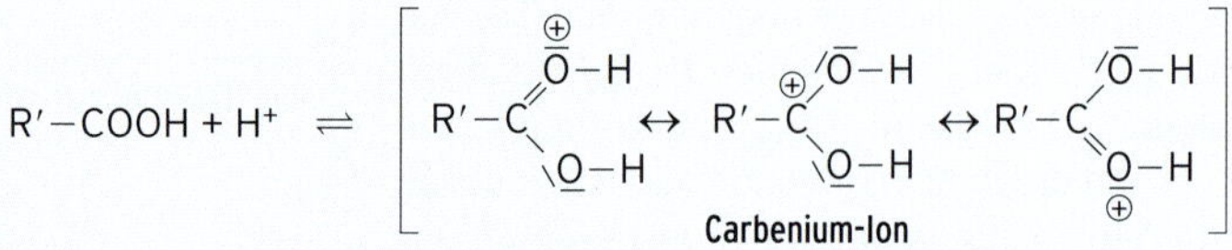
2. Schritt: An das nun stark positivierte C-Atom der Carboxyl-Gruppe greift der Alkohol mit einem freien Elektronenpaar des Sauerstoffatoms seiner Hydroxyl-Gruppe nucleophil an. In einer Additionsreaktion entsteht ein Oxonium-Ion.	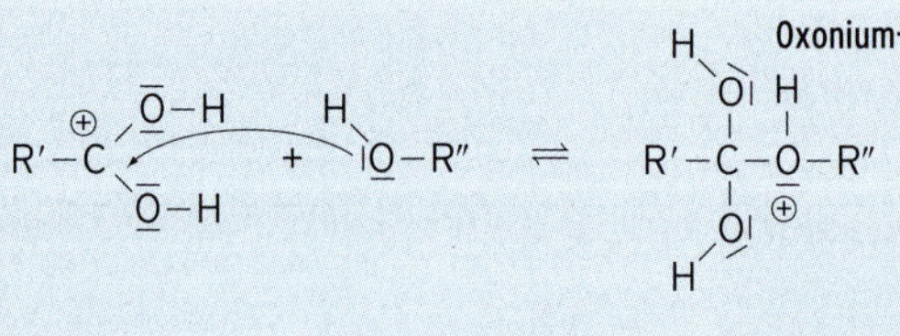
3. Schritt: Das Proton der Hydroxyl-Gruppe des addierten Alkohols wandert intramolekular zur Hydroxyl-Gruppe der Säure. Anschließend erfolgt eine Eliminierung des Wasser-Moleküls.	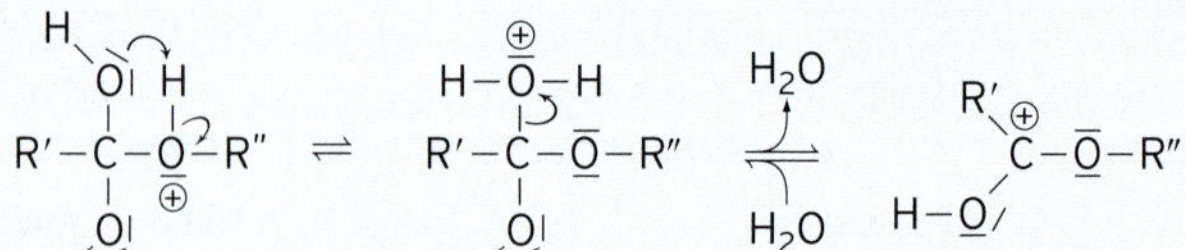
4. Schritt: Durch Abspalten eines H^+-Ions wird der Katalysator rückgebildet.	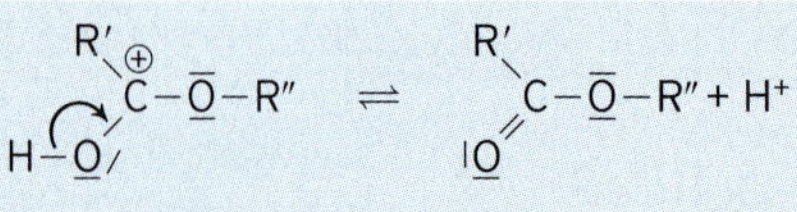

Tab. 11.11: Reaktionsmechanismus der Veresterung

Durch den Besitz eines doppelt gebundenen Sauerstoff-Atoms mit großer Elektronegativität trägt das Carbonyl- bzw. Carboxyl-Kohlenstoff-Atom eine positive Partialladung. An dieser Stelle erfolgen nucleophile Angriffe, die zu einer Addition führen. Während Carbonsäuren nur langsam mit Nucleophilen reagieren, ist die Reaktionsbereitschaft verschiedener Carbonsäurederivate höher. Bei gleichbleibendem Rest R hängt die Reaktivität der Carbonyl-Gruppe davon ab, welche weiteren Atome bzw. Atomgruppen an das Carbonyl-Kohlenstoff-Atom gebunden sind. Der nucleophile Angriff wird um so mehr begünstigt, je geringer die Elektronendichte am Carbonyl-Kohlenstoff-Atom und um so stärker dadurch seine positive Partialladung ist. Stark elektronegative Substituenten erhöhen somit die Reaktivität. Carboxylat-Anionen besitzen wegen der Mesomeriestabilisierung und der hohen Elektronendichte praktisch keine Carbonyl-Reaktivität. In der → Abb. 11.14 sind einige Beispiele aufgeführt und nach abnehmender Reaktivität geordnet.

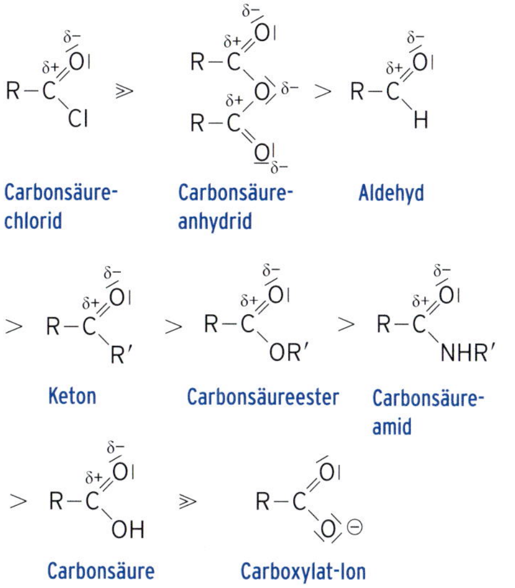

Abb. 11.14: Abnehmende Reaktivität

Das Hydroxid-Ion greift am positivierten C-Atom des Esters nucleophil an, wobei gleichzeitig eine Bindung in Richtung des doppelt gebundenen Sauerstoffs verschoben wird.	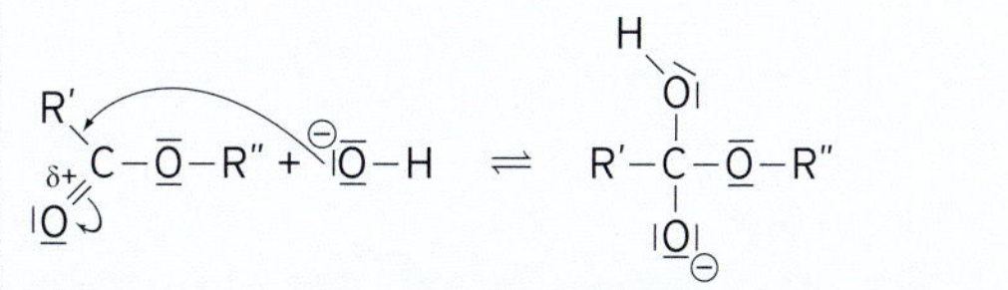
Ein Alkoholat-Ion wird eliminiert.	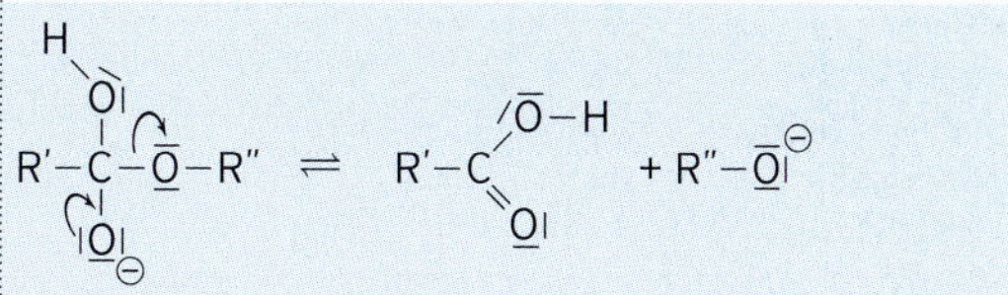
Das entstandene Alkoholat-Ion ist eine sehr starke Base (pK_B des Ethanolat-Ions: −2). Durch Protolyse nimmt das Alkoholat-Ion in einem praktisch irreversiblen Schritt ein Proton auf. Das dabei entstehende Carboxylat-Ion ist durch Mesomerie stabilisiert (→ Seite 116).	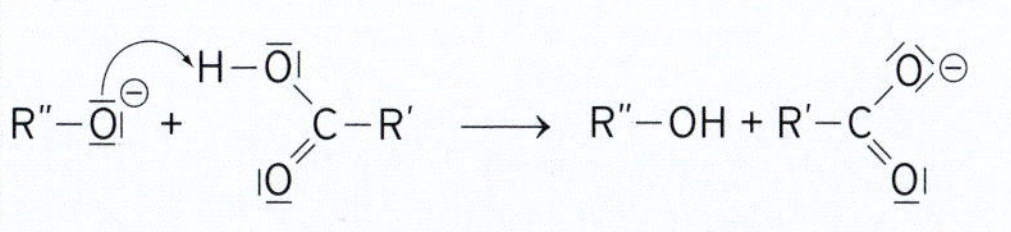

Tab. 11.13: Reaktionsmechanismus der Esterspaltung

ZUSAMMENFASSUNG:

- **Die funktionelle Gruppe der Carbonsäuren ist die Carboxyl-Gruppe.**
- **Carbonsäuren sind Oxidationsprodukte von primären Alkoholen über Alkanale.**
- **Die Säurestärke beruht auf der stärkeren Polarität der Bindung zwische O und H und auf der Mesomeriestabilisierung des entstandenen Anions.**
- **Eine charakteristische Reaktion der Carbonsäuren ist die Veresterung mit Alkoholen, dabei entstehen in einer Gleichgewichtsreaktion Ester und Wasser.**
- **Die Esterspaltung nennt man auch Verseifung.**
- **Carbonsäurederivate erhält man durch Ersatz der Hydroxyl-Gruppe durch andere Atome oder Atomgruppen.**

11.4 Allgemeine Übersicht über Reaktionsmechanismen

11.4.1 Einteilung nach der Art des angreifenden Teilchens

angreifendes Teilchen	Kennzeichen	Beispiele	Angriffsort
Radikal	Teilchen mit einem ungepaarten Elektron	Halogen-Atome	Radikale sind so reaktiv, dass sie am C-Atom jeder organischen Verbindung angreifen können.
Nucleophil	Teilchen mit negativer Ladung oder negativer Partialladung	Cl^--Ion, O-Atom im Wasser	Nucleophile Teilchen greifen den Reaktionspartner an Zentren positiver Ladung an, z. B. am C-Atom eines Carbenium-Ions.
Elektrophil	Teilchen mit positiver Ladung oder positiver Partialladung	Br^+-Ion, CH_3Br	Elektrophile Teilchen greifen den Reaktionspartner an Zentren negativer Ladung an, z. B. an den π-Elektronen von Doppelbindungen oder von Benzol.

11.4.2 Überblick über Reaktionstypen

Eliminierung: Aus gesättigten Molekülen werden Atome abgespalten, sodass ungesättigte Verbindungen entstehen.

Reaktionsverlauf	Beispiel
Aus einem protonierten Alkohol-Molekül bildet sich unter Wasserabspaltung ein Carbenium-Ion, das unter Abspaltung eines Protons eine Doppelbindung ausbildet.	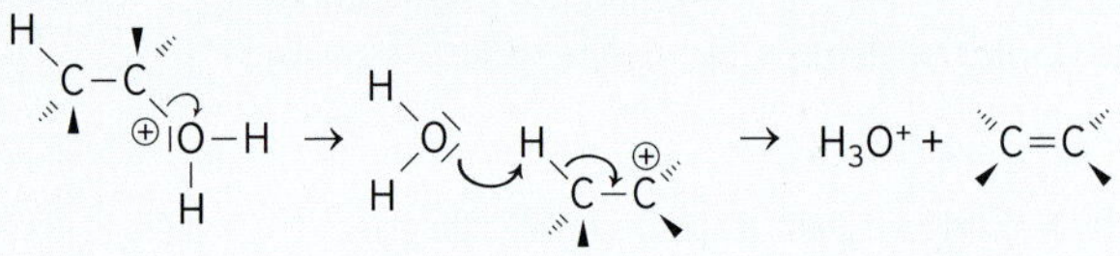 Oxonium-Ion Carbenium-Ion Alken

Addition: Atome oder Atomgruppen werden an organische Moleküle mit Mehrfachbindung (ungesättigte Verbindungen) angelagert. Dabei werden Einfachbindungen gebildet, aus π-Bindungen werden σ-Bindungen.

Einteilung nach Art des angreifenden Teilchens	Elektrophile Addition	Nucleophile Addition
Angriffsort	an C=C-Doppelbindungen in Alkenen und an C≡C-Dreifachbindungen in Alkinen	an die C=O-Doppelbindung der Carbonyl-Gruppe.
Reaktionsweise	Durch Anlagerung des Elektrophils an die π-Bindung entsteht ein Carbenium-Ion. Dieses stabilisiert sich durch die Anlagerung eines nucleophilen Teilchens	Der nucleophile Angriff erfolgt an das positivierte C-Atom der Carbonyl-Gruppe, welches in Gegenwart von H^+-Ionen ein Carbenium-Ion bildet. Die Stabilisierung erfolgt oft in einem zweiten Schritt durch intramolekulare Protonenwanderung
Beispiel	Addition von HCl an Ethen 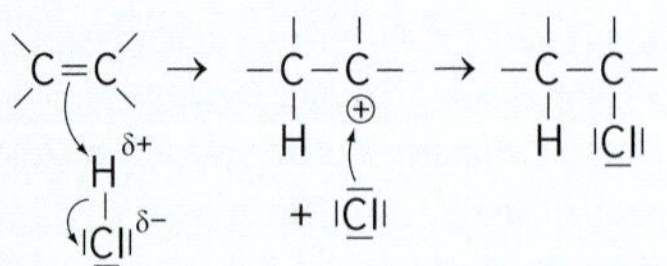	Addition von NH_3 an Ethanal 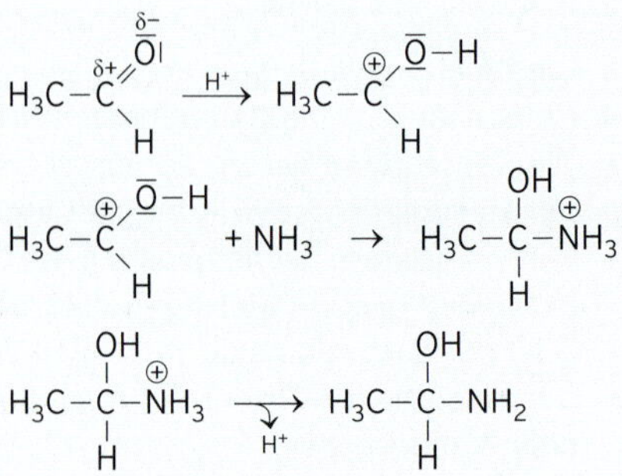

Substitution: Bei Substitutionen werden Atome oder Atomgruppen in einem organischen Molekül durch andere Atome oder Atomgruppen ersetzt.

Einteilung nach Art des angreifenden Teilchens	nucleophile Substitution	elektrophile Substitution	radikalische Substitution
Angriffsort	am positivierten Kohlenstoff-Atom polarer Verbindungen wie z. B. Halogenalkane, Alkanole	am delokalisierten π-Elektronensystem aromatischer Moleküle	an C—H-Bindungen
Reaktionsweise	Das angreifende Nucleophil bildet mit dem positivierten C-Atom eine Bindung aus. Gleichzeitig wird die Bindung zwischen dem C-Atom und seinem elektronegativeren Bindungspartner heterolytisch gespalten	Das Elektrophil tritt mit dem ¼-Elektronensystem des Rings in Wechselwirkung. Intermediär wird dabei der aromatische Zustand durch Bildung eines σ-Komplexes aufgelöst. Die Rearomatisierung erfolgt durch Abspaltung eines Protons	Durch Licht und Wärme werden Halogene homolytisch in Radikale gespalten. Die Wasserstoff-Atome von C—H-Bindungen werden nun durch Halogen-Atome ersetzt.
Beispiel:	Reaktion von CH_3F mit OH^- 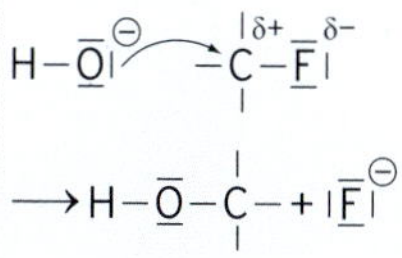	Methylierung von Benzol 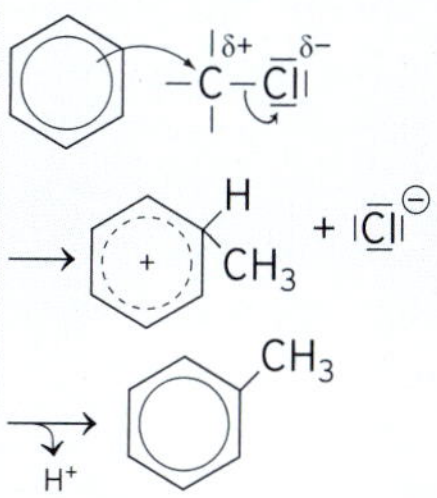	Chlorierung von Methan $|\overline{Cl}-\overline{Cl}| \xrightarrow{Licht} 2\ |\overline{Cl}\cdot$ $|\overline{Cl}\cdot + CH_4$ $\longrightarrow H-\overline{Cl}| + \cdot CH_3$ $\cdot CH_3 + |\overline{Cl}-\overline{Cl}|$ $\longrightarrow H-\overline{Cl}| + \cdot CH_3$

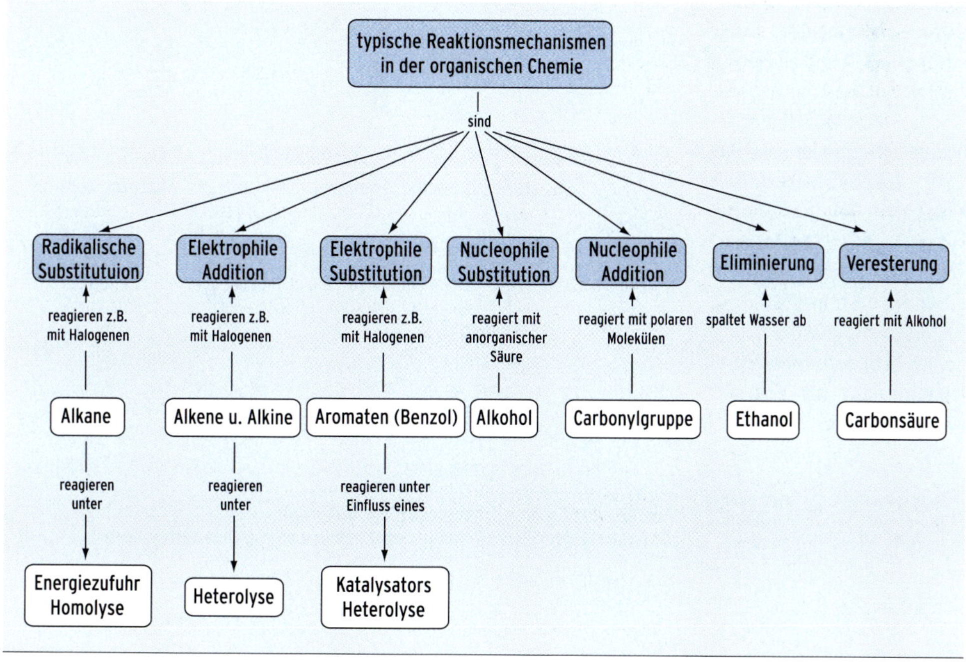

Abb. 11.15: Übersicht: typische Reaktionsmechanismen

12

12__Stickstoffhaltige organische Verbindungen

BASISKONZEPTE: Struktur-Eigenschafts- und Donator-Akzeptor-Konzept

Stickstoffhaltige organische Verbindungen besitzen funktionelle Gruppen, die Stickstoffatome enthalten wie

- die Amino-Gruppe ($-NH_2$) bei primären Aminen, Aminocarbonsäuren und Anilin,
- die primäre Carbonsäureamid-Gruppe ($-CO-NH_2$) bei Carbonsäureamiden und
- die Nitro-Gruppe ($-NO_2$) bei aliphatischen und aromatischen Nitroverbindungen.

Die Kohlenstoff-Stickstoff- sowie die Stickstoff-Wasserstoff- und auch die Stickstoff-Sauerstoff-Atombindung sind **polar**. Daher können als zwischenmolekulare Wechselwirkungen bei stickstoffhaltigen organischen Verbindungen Dipol-Dipol-Wechselwirkungen, aber auch Wasserstoffbrückenbindungen wie beispielsweise bei flüssigem Methylamin auftreten. Bei der Aminosäure Glycin, die in wässriger Lösung oder im festen Aggregatszustand als **Zwitterion** vorliegt, treten Ionenbindungen im Ionengitter und Ion-Dipolwechselwirkungen in wässriger Lösung auf. Deswegen haben diese kleinen Moleküle als Stoffeigenschaft eine gute Wasserlöslichkeit.

Aus den genannten Gründen unterscheiden sich stickstoffhaltige organische Verbindungen von Kohlenwasserstoffen auf der Stoffebene durch höhere Siede- und Schmelztemperaturen. Aufgrund der aufgezeigten Beziehungen zwischen Molekülbau und Stoffeigenschaften hat das **Struktur-Eigenschafts-Konzept** bei stickstoffhaltigen organischen Verbindungen eine Leitfunktion.

Wegen ihrer polaren stickstoffhaltigen funktionellen Gruppen sind diese Verbindungen in der Regel auch reaktionsfreudiger als Kohlwasserstoffe. Zum Beispiel lässt sich die Nitro-Gruppe im Nitrobenzol in einer **Redoxreaktion** zur Amino-Gruppe umwandeln, wobei Anilin entsteht. Daher spielt das **Donator-Akzeptor-Konzept** neben dem Struktur-Eigenschafts-Konzept ebenfalls eine große Rolle – nicht zuletzt auch unter dem Aspekt des **Protonenübergangs**: Die Amino-Gruppe wie beispielsweise beim Methylamin kann Protonen aufnehmen, also als Base fungieren.

Merke: Aufgrund ihrer stickstoffhaltigen funktionellen Gruppen haben stickstoffhaltige organische Verbindungen stärkere zwischenmolekulare Wechselwirkungen auf der Teilchenebene, damit als Stoffeigenschaften beispielsweise höhere Schmelz- und Siedetemperaturen und eine größere Reaktionsfreudigkeit als Kohlenwasserstoffe.

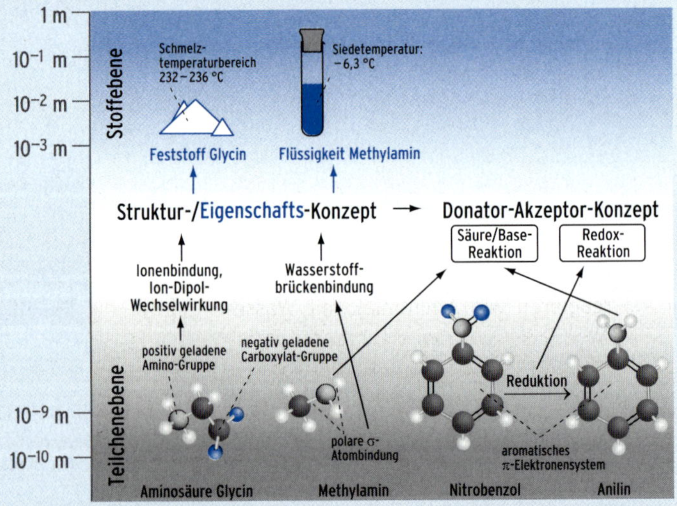

Abb. 12.1: Das Struktur-Eigenschafts-Konzept und das Donator-Akzeptor-Konzept bei stickstoffhaltigen organischen Verbindungen

12.1 Amine

Formal sind **Amine** Substitutionsprodukte des Ammoniaks, bei dem ein oder mehrere H-Atome durch aliphatische oder aromatische Reste ersetzt sind.

Nomenklatur

An den Namen des entsprechenden Alkylrestes wird das Wort -amin angehängt. Je nach Anzahl der ersetzten H-Atome unterscheidet man zwischen primären, sekundären und tertiären Aminen.

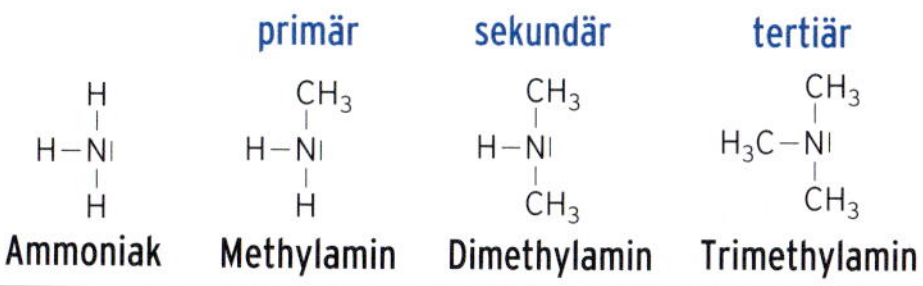

Abb. 12.2: Beispiele für Amine

Eigenschaften einiger Amine

Aliphatische Amine sind aufgrund der recht großen **Elektronegativität** des Stickstoff-Atoms polar, ihre Siedetemperaturen sind höher als die von Alkanen vergleichbarer Masse, da sie (außer bei tertiären Aminen) Wasserstoffbrücken ausbilden können. Sie sind giftig und haben einen stechenden fischartigen Geruch. Der typische Geruch von Seefisch und Hummer wird durch Dimethylamin und Trimethylamin verursacht.
Aminobenzol (Anilin) ist eine farblose, ölige Flüssigkeit mit unangenehmem Geruch. Es ist ein starkes Blut- und Nervengift und steht im Verdacht, Krebs zu erregen.

Basizität der Amine

Amine reagieren wie Ammoniak mit Wasser als BRÖNSTED-Base, wobei sie mit dem freien Elektronenpaar ein Proton aufnehmen können. Dabei entsteht ein Methylammonium-Kation.

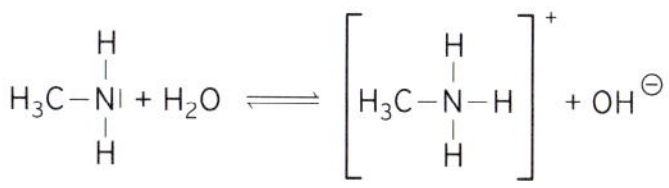

Die Amine haben eine umso größere Basenstärke, je besser das freie Elektronenpaar zur Bindung zur Verfügung gestellt werden kann. Die Alkylsubstituenten bewirken durch ihren +I-Effekt eine Erhöhung der Ladungsdichte am Stickstoff-Atom, was die Aufnahme eines Protons begünstigt. Die Basenstärke nimmt in der Reihenfolge NH_3 < primäres Amin < sekundäres Amin zu.
Eine Ausnahme bilden die tertiären Amine, die sehr schwache Basen sind. Der Grund liegt darin, dass das durch Protonenaufnahme gebildete Alkylammonium-Ion in Wasser nur sehr schwer hydratisiert werden kann und von daher instabil ist.

Verbindung	pK_B-Wert
NH_3	4,75
CH_3NH_2	3,36
$(CH_3)_2NH$	3,29
$(CH_3)_3N$	4,26

Tab. 12.1: pK_B-Werte verschiedener Amine

Anilin ist eine sehr schwache Base ($pK_B = 9,4$), da sich das freie Elektronenpaar des Stickstoffs an der Delokalisation der π-Elektronen des Rings beteiligt. Die Elektronendichte des Stickstoff-Atoms ist dadurch so weit gesenkt, dass die Protonenaufnahme erschwert ist.

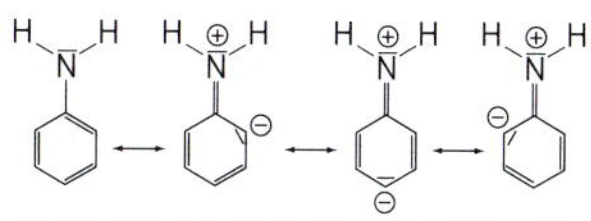

Abb. 12.3: Mesomere Grenzformeln von Anilin

Stoffklasse	Amine		Säureamide	Nitroverbindungen	Aminosäuren
	aliphatisch	aromatisch			
Beispiel	Methylamin	Anilin	Harnstoff	Nitrobenzol	Aminoethansäure, (Glycin)
	H_3C-NH_2	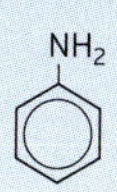	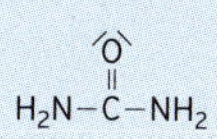	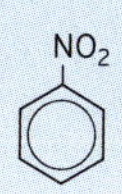	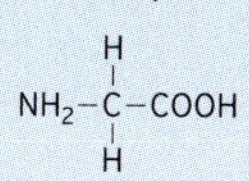

Tab. 12.2: Überblick über die wichtigsten N-haltigen Stoffklassen

WISSEN:

Der Basencharakter von Anilin ist geringer als der von Ammoniak oder von Aminen.

Nucleophile Reaktionen

Aliphatische Amine gehen mit Halogenalkanen nucleophile Substitutionsreaktionen ein.

$$(CH_3)N| + H_3\overset{\delta+}{C}-\overset{\delta-}{\underline{I}}| \rightarrow (CH_3)_3\overset{\oplus}{N}-CH_3 + I^-$$

Dabei erhält man z.B. aus tertiären Aminen quartäre Ammoniumsalze, wie hier aus der Reaktion von Trimethylamin mit Iodmethan. Anilin kann wie Benzol elektrophile Substitutionsreaktionen durchführen. Da das freie Elektronenpaar des Stickstoff-Atoms an der Mesomerie beteiligt ist und dadurch die Elektronendichte im Kern erhöht, verläuft die Reaktion besser als bei Benzol.

12.2 Aminosäuren, Aminocarbonsäuren

Ersetzt man bei den Carbonsäuren ein oder mehrere H-Atome der Alkyl-Gruppe durch die Amino-Gruppe $-NH_2$, erhält man Aminosäuren.

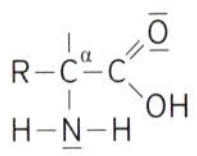

Bei den sogenannten α-Aminosäuren sitzt die Amino-Gruppe stets am unmittelbar zur Carboxyl-Gruppe benachbarten C-Atom; nur sie sind Bausteine der Proteine. In ihnen sind die Aminosäuren unter Wasserabspaltung durch Ausbildung von Peptidbindungen miteinander zu Peptidketten verknüpft. Am Aufbau von Proteinen sind 20 verschiedene Aminosäuren beteiligt.

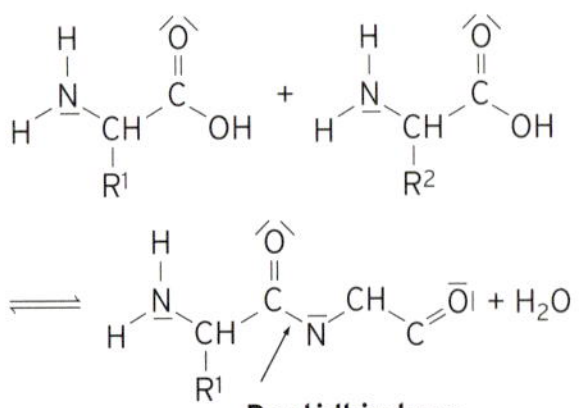

Abb. 12.4: Bildung eines Dipeptids

Säure/Base-Eigenschaften von Aminosäuren

Die ungeladene Form einer Aminosäure existiert praktisch nicht. Sowohl in festem Zustand wie auch in wässriger Lösung sind die funktionellen Gruppen der Aminosäuren geladen: Durch den gleichzeitigen Besitz einer Ammoniumgruppe ($-NH_3^+$) und einer Carboxylat-Gruppe ($-COO^-$) sind Aminosäuren Zwitterionen. Aus diesem Grund haben Aminosäuren hohe Schmelztemperaturen, oft werden sogar die Aminosäuren unter Spaltung ihrer Atombindungen vor Erreichen der Schmelztemperatur zersetzt. In Kristallen und in Lösung liegen Aminosäuren als **Zwitterionen** vor.

Das Zwitterion kann als Säure oder als Base reagieren. Aminosäuren besitzen daher Ampholytcharakter mit Puffereigenschaften.

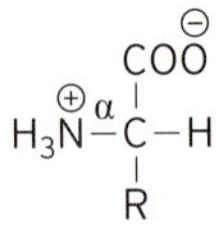

In Abhängigkeit vom pH-Wert der Lösung entstehen Kationform und Anionform: In stark sauren Lösungen liegt praktisch nur die Kationform vor, bei hohen pH-Werten tritt nur die Anionform auf. Bei einem bestimmten pH-Wert, dem **isoelektrischen Punkt**, liegt ausschließlich das Zwitterion vor. Dieses wandert nicht im elektrischen Feld.

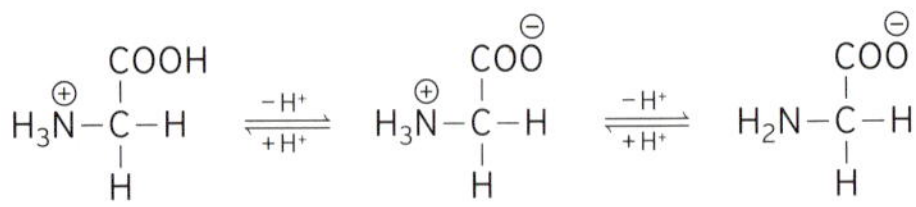

Kation **Zwitterion** **Anion**

WISSEN: Isoelektrischer Punkt

Der isoelektrische Punkt ist der pH-Wert, bei dem die Aminosäure als Zwitterion vorliegt und nicht im elektrischen Feld wandert.

12.3 Säureamide

Säureamide sind Derivate von Carbonsäuren bzw. der Kohlensäure, bei denen die Hydroxyl-Gruppe durch eine Amino-Gruppe ersetzt ist.

Allgemeine Formel:

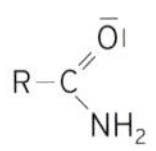

Beispiel: Harnstoff, das Diamid der Kohlensäure:

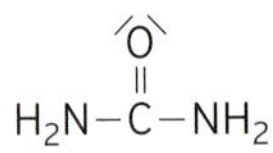

Die Aminosäuren lassen sich nach der Polarität ihrer organischen Reste R in 4 Gruppen einteilen:

Gruppe I: Aminosäuren mit unpolarem Rest R	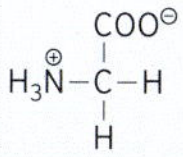 **Glycin** (Gly) pH(I) = 5,97	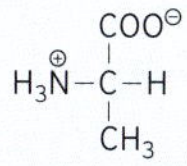 **Alanin** (Ala) pH(I) = 6,02	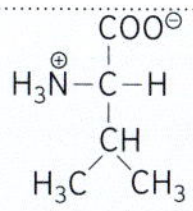 **Valin** (Val)* pH(I) = 5,97	
	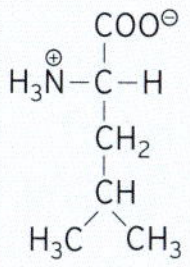 **Leucin** (Leu)* pH(I) = 5,98	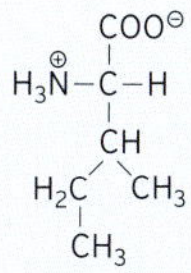 **Isoleucin** (Ile)* pH(I) = 6,02	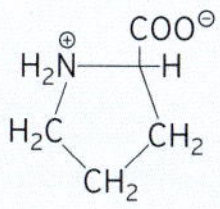 **Porlin** (Pro) pH(I) = 6,3	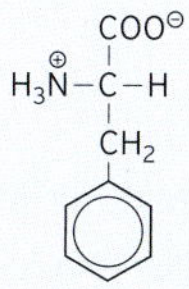 **Phenylalanin** (Phe)* pH(I) = 5,48
Gruppe II: Aminosäuren mit polarem Rest R	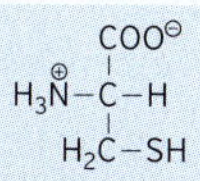 **Cystein** (Cys) pH(I) = 5,02	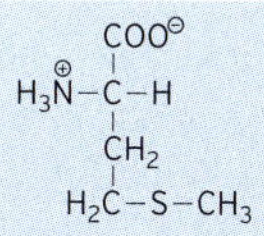 **Methionin** (Met)* pH(I) = 5,06	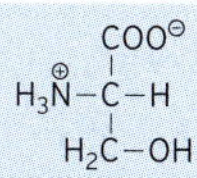 **Serin** (Ser)* pH(I) = 5,68	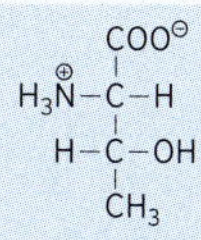 **Thereonin** (Thr)* pH(I) = 5,60
	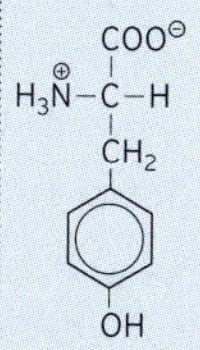 **Tyrosin** (Tyr) pH(I) = 5,67	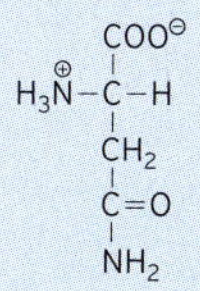 **Asparagin** (Asn) pH(I) = 5,41	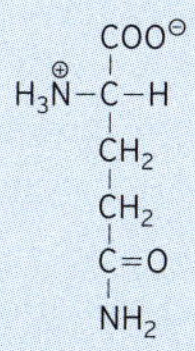 **Glutamin** (Gln) pH(I) = 5,70	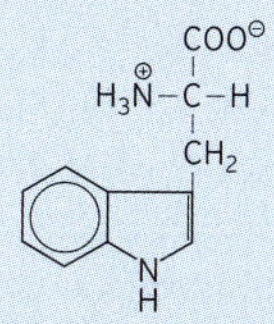 **Tryptophan** (Try)* pH(I) = 5,88
Gruppe III: saure Aminosäuren	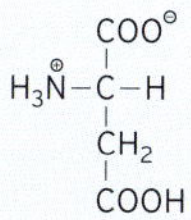 **Asparaginsäure** (Asp) pH(I) = 5,41	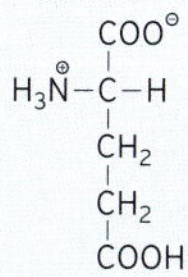 **Glutaminsäure** (Asp) pH(I) = 5,7		
Gruppe IV: basische Aminosäuren	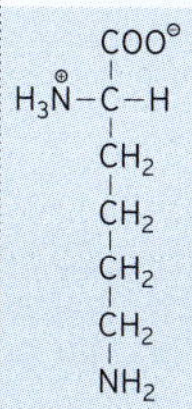 **Lysin** (Sys)* pH(I) = 9,74	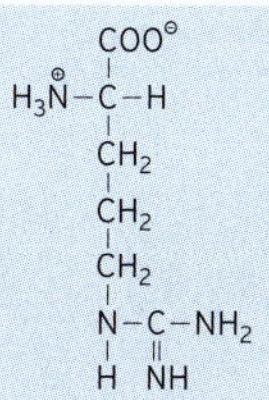 **Arginin** (Arg) pH(I) = 10,76	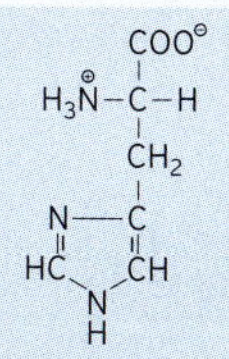 **Histidin** (His) pH(I) = 7,59	

Tab. 12.3: Einteilung der Aminosäuren; pH(I)= pH am isoelektrischen Punkt; * = essentielle Aminosäuren

12.4 Nitroverbindungen

Nitroverbindungen sind Derivate aliphatischer oder aromatischer Kohlenwasserstoffe mit einer oder mehreren Nitrogruppen im Molekül. Einige der bekanntesten sind in → Tab. 12.4 aufgelistet.

	Nitrobenzol	2,4,6-Trinitrophenol	2,4,6-Trinitrotoluol	Trisalpetersäureglycerinester
Trivialname		Pikrinsäure	TNT	Nitroglycerin
Verwendung	Herstellungvon Anilin	Sprengstoff	Sprengstoff	Sprengstoff
Formel	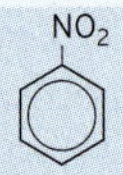	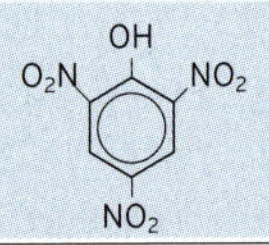	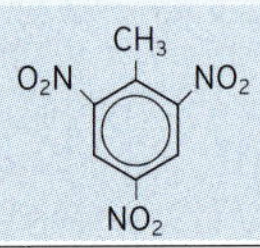	$H_2C-O-NO_2$ $HC-O-NO_2$ $H_2C-O-NO_2$

Tab. 12.4: Übersicht über einige wichtige Nitroverbindungen

ZUSAMMENFASSUNG

- Amine sind Substitutionsprodukte des Ammoniaks, bei dem ein oder mehrere H-Atome durch aliphatische oder aromatische Reste ersetzt sind.
- Je nach Anzahl der ersetzten H-Atome unterscheidet man zwischen primären, sekundären und tertiären Aminen.
- Amine reagieren als BRÖNSTED-Base, wobei sekundäre Amine stärkere Basen sind als primäre, Anilin ist noch schwächer.
- Die in den Proteinen vorkommenden Aminosäuren sind α-Aminosäuren, da die Aminogruppe am C-Atom direkt neben der Carboxyl-Gruppe sitzt.
- Am isoelektrischen Punkt liegen Aminosäuren ausschließlich als Zwitterionen vor.
- Bei den Säureamiden ist die OH-Gruppe der Carboxyl-Gruppe durch eine Aminogruppe ersetzt.
- Nitroverbindungen enthalten eine oder mehrere Nitrogruppen im Molekül, viele Nitroverbindungen dienen als Sprengstoff.

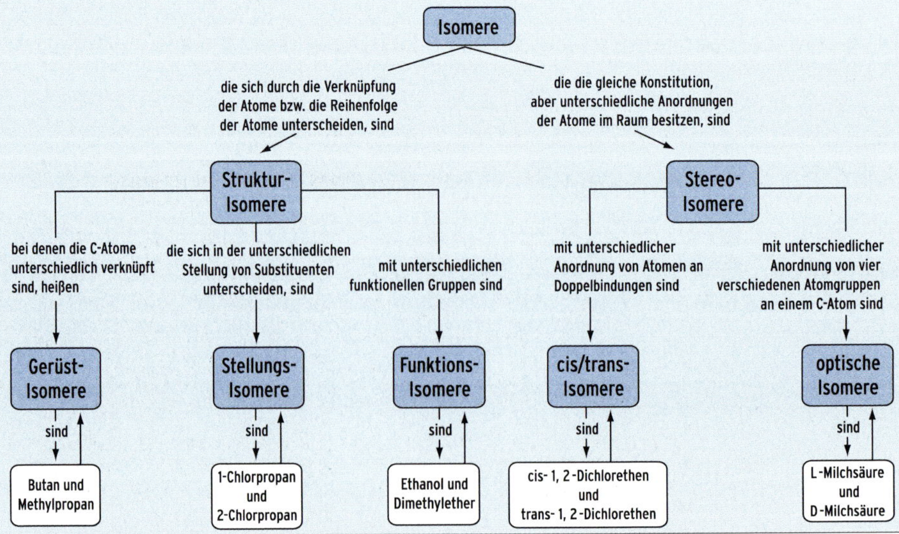

Abb. 12.5: Überblick „Isomerie-Arten"

13_Naturstoffe

BASISKONZEPT: Struktur-Eigenschafts-Beziehungen

Zu den Naturstoffen zählen Verbindungen wie Kohlenhydrate, Fette und Proteine. Wie bei allen anderen organischen Verbindungen sind Strukturmerkmale auf der Teilchenebene wie Bau des Kohlenstoffgerüsts und funktionelle Gruppen ausschlaggebend für die Eigenschaften der Naturstoffe. Aus diesen Gründen ist das **Struktur-Eigenschafts-Prinzip** hier Leitkonzept.

- **Kohlenhydrate** wie Glucose, Saccharose oder Stärke sind aus Kohlenstoff-, Wasserstoff- und Sauerstoff-Atomen aufgebaut, wobei Kohlenstoff-, *Wasserstoff*- und *Sauerstoff*atome im Zahlenverhältnis 1:*2*:*1* vorliegen. Das ist auch der Grund, warum sich bei Kohlenhydraten an fast jedem Kohlenstoffatom sauerstoffhaltige polare funktionelle Gruppen, hauptsächlich Hydroxyl-Gruppen befinden, die Wasserstoffbrückenbindungen ausbilden. Daher zeichnet sich diese Stoffgruppe durch gute Wasserlöslichkeit und relativ hohe Schmelztemperaturen aus.
- **Fett**-Moleküle sind Ester aus langkettigen Carbonsäuren und Glycerin. Ist der Carbonsäure-Anteil ungesättigt, ist die Verbindung bei Zimmertemperatur flüssig und man spricht von einem Öl. Da die polare Ester-Gruppe im Vergleich zu den langkettigen unpolaren Kohlenwasserstoff-Resten einen relativ geringen baulichen Anteil am Fett-Molekül hat, sind Fettmoleküle insgesamt relativ unpolar und Fette als Stoff wasserunlöslich.
- **Proteine** bestehen aus Aminosäure-Bausteinen, die über polare Peptidbindungen miteinander verknüpft sind. Für die Wasserlöslichkeit eines Proteins sind aber nicht die Peptidbindungen sondern weitgehend die Seitenketten der Aminosäure entscheidend. Kommen in den Seitenketten der Aminosäuren eines Proteins vorwiegend polare funktionelle Gruppen wie geladene Amino- oder Carboxyl-Gruppen vor, hat das Protein als Stoffeigenschaft eine gute Wasserlöslichkeit. Sind die Seitenketten unpolar, ist das Protein schlecht wasserlöslich.
- **Makromolekulare** Kohlenhydrate wie Stärke und Zellulose bestehen aus Tausenden von Glucose-Molekülen. Proteine sind als **Makromoleküle** ebenfalls aus einer Vielzahl von Aminosäuren zusammengesetzt, die sich durch ihre Seitenketten unterscheiden. Aufgrund der zahlreichen polaren funktionellen Gruppen dieser Makromoleküle treten starke zwischenmolekulare Wechselwirkungen auf, die sogar stärker als die Atombindungskräfte innerhalb der Makromoleküle sind. Daher sind diese Verbindungen als Reinstoffe bei Raumtemperatur fest und zersetzen sich in der Regel schon beim Schmelzen.

Merke: Bau des Kohlenstoffgerüsts und funktionelle Gruppen sind als Strukturmerkmale bestimmend für die Eigenschaften von Naturstoffen.

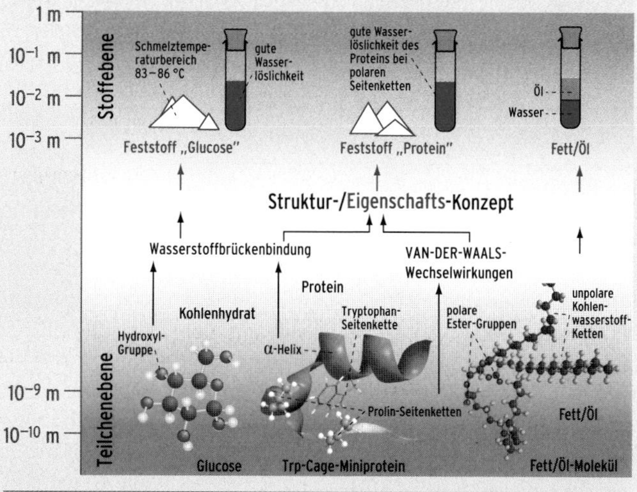

Abb. 13.1: Das Struktur-Eigenschafts-Beziehungen als Leitkonzept bei Naturstoffen. Das Trp-Cage-Miniproteine ist das kleinste bekannte Protein aus natürlichen Aminosäuren, das sich von selbst zu einer Tertiärstruktur auffaltet.

Kohlenstoff
Sauerstoff
Wasserstoff
Einfachbindung
Doppelbindung

13.1 Kohlenhydrate

Kohlenhydrate bestehen neben Kohlenstoff aus Sauerstoff und Wasserstoff, die in der Regel im Verhältnis 1:2 stehen, sodass ihre allgemeine Summenformel $C_nH_{2n}O_n$ lautet. Kohlenhydrate werden in Monosaccharide, Oligosaccharide (bestehend aus zwei bis zehn Monosacchariden) und Polysaccharide (mit mehr als zehn Monosacchariden als Bausteine) eingeteilt.

13.1.1 Monosaccharide

Monosaccharide können formal als Oxidationsprodukte der mehrwertigen Alkohole aufgefasst werden: Oxidation an einem primären C-Atom führt zu einer **Aldose**, an einem sekundären C-Atom zu einer **Ketose**.
Die Einteilung der Monosaccharide erfolgt nach der Anzahl der Kohlenstoffatome im Molekül: **Hexosen** bestehen aus sechs C-Atomen, **Pentosen** aus fünf, **Tetrosen** aus vier und **Triosen** aus drei C-Atomen.

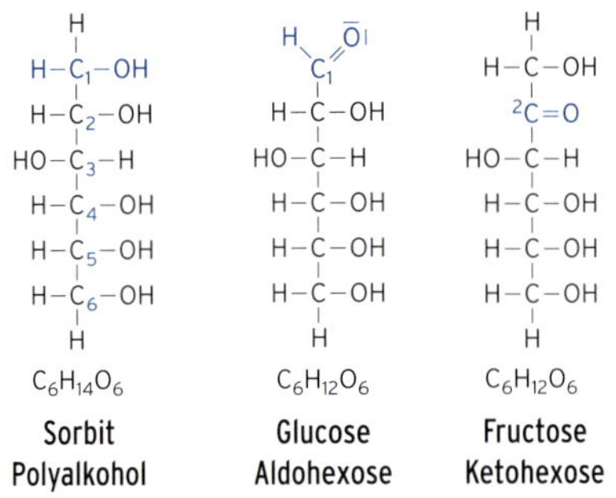

Abb. 13.2: Oxidationsprodukte von Polyalkoholen

a) Glucose

Glucose ($C_6H_{12}O_6$, Traubenzucker) besitzt eine Aldehydgruppe und fünf Hydroxylgruppen. Vier der C-Atome der Glucose sind jeweils mit vier verschiedenen Atome oder Atomgruppen verbunden (C*), man bezeichnet sie als **asymmetrische C-Atome**, sie stellen ein **Chiralitätszentrum** (→ Seite 117) dar.

Kettenformel (FISCHER-Projektionsformel)

Die Struktur der Glucose lässt sich als Kette oder als Ring darstellen. In der Kettenform steht das C-Atom mit der höchsten Oxidationszahl (Carbonyl-Gruppe) oben. Ein asymmetrisches C-Atom liegt **in** der Zeichenebene; die mit ihm nach oben und unten verbundenen Atome liegen **hinter** der Zeichenebene; die nach links und rechts verbundenen Atome liegen **vor** der Zeichenebene.
Der natürlich vorkommende Zucker heißt D-Glucose: Die OH-Gruppe am asymmetrischen C-Atom, das von der Carbonyl-Gruppe am weitesten entfernt steht, zeigt in der FISCHER-Projektionsformel nach rechts. In der L-Glucose zeigt sie nach links.

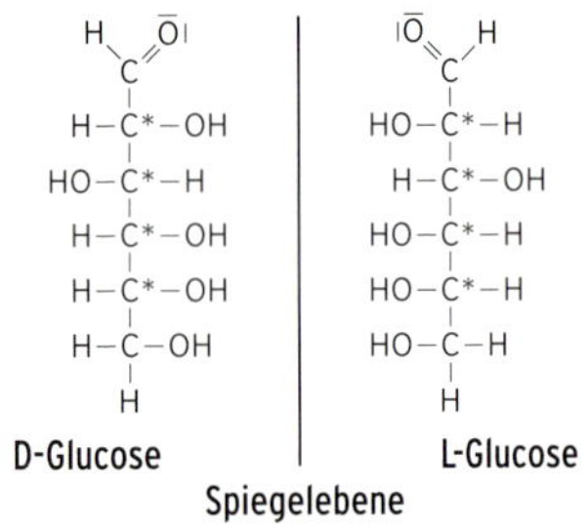

Abb. 13.3: D- und L-Glucose in der FISCHER-Projektion

D-Glucose und L-Glucose sind Spiegelbild-Isomere (**Enantiomere**): Sie verhalten sich wie Bild und Spiegelbild und können nicht durch Drehung ineinander überführt werden.
Polarisiertes Licht wird von D-Glucose um einen bestimmten Winkel gedreht. Im Polarimeter liest man einen positiven Drehwinkel ab. Man bezeichnet daher die natürlich vorkommende Glucose als **D(+)-Glucose**.

Ringformel (HAWORTH-Formel)

Durch Reaktion der Carbonyl-Gruppe am C-1-Atom mit der OH-Gruppe am C-5-Atom kommt es zum Ringschluss. Da das Produkt einer Reaktion zwischen einer Aldehyd-Gruppe und einer OH-Gruppe als **Halbacetal** bezeichnet wird, nennt man den entstandenen Ring Halbacetalform: Das C-1-Atom und das C-5-Atom sind über eine Sauerstoffbrücke verbunden. Da diese Struktur dem Pyran entspricht, nennt man die Ringstruktur Pyranose. Substituenten, die in der FISCHER-Projektionsformel nach rechts zeigen, werden in der HAWORTH-Formel nach unten gezeichnet, die nach links stehenden nach oben.

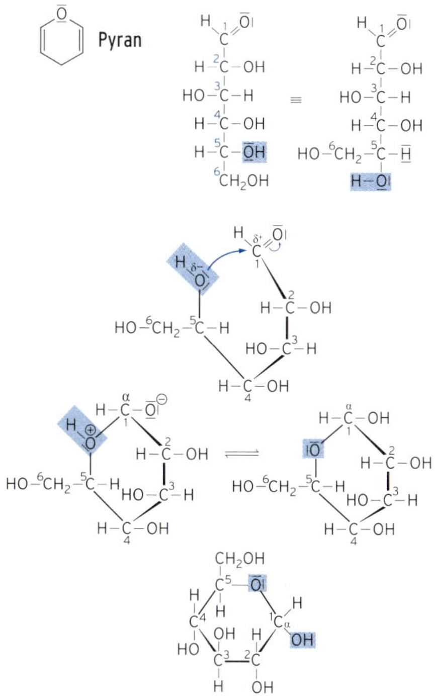

Abb. 13.4: Ringschluss bei Glucose

Durch den Ringschluss wird das Carbonyl-C der Glucose asymmetrisch, sodass man zwei Stereoisomere unterscheiden kann: Bei der **α-Glucose** zeigt die halbacetalische OH-Gruppe am C-1-Atom nach unten, bei der **β-Glucose** zeigt sie nach oben.

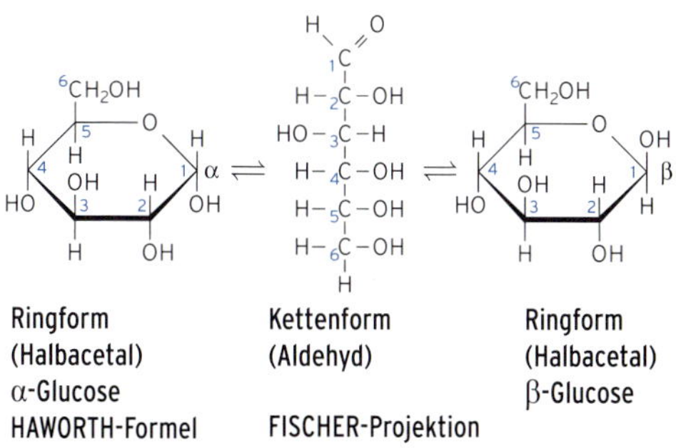

Abb. 13.5: Chemisches Gleichgewicht zwischen α-Glucose, Kettenform und β-Glucose

Die HAWORTH-Ringform gibt diese Struktur nur annähernd wieder. Tatsächlich ist der Ring sesselförmig.

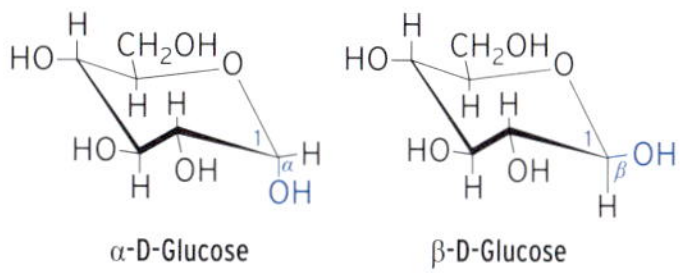

Abb. 13.6: Konformationsformeln der D-Glucose

In wässeriger Glucose-Lösung liegt ein chemisches Gleichgewicht zwischen der offenen Kettenform und den beiden Ringformen vor: 36 % der Glucose-Moleküle liegen als α-Glucose, 64 % als β-Glucose und weniger als 0,1 % der Moleküle liegen als offene Kette vor.

Löst man reine α-Glucose oder reine β-Glucose in Wasser, stellt sich ein Gleichgewicht zwischen den beiden Formen und der Kettenform ein. Dadurch ändert sich auch der Drehwinkel der Lösung. Diese Erscheinung bezeichnet man als Mutarotation.

Nachweisreaktionen

Die Aldehyd-Gruppe lässt sich mithilfe der **FEHLING-Probe** (Cu^{2+}-Ionen werden zu Cu_2O reduziert) und der **TOLLENS-Probe** (Ag^+ wird zu Ag reduziert) nachweisen (→ Seite 113). Glucose ist daher ein reduzierender Zucker.

Da der Aldehydnachweis nicht spezifisch für Glucose ist, wird in der Medizin Glucose enzymatisch durch den Glucose-Oxidase-Test (GOD-Test) nachgewiesen.

b) Fructose

Fructose (Fruchtzucker) ist zu Glucose isomer und wird in der FISCHER-Projektion als 2-Ketohexose dargestellt. Kristalline Fructose liegt als **Pyranose** (Sechsring) vor; als Baustein der Saccharose (Rohrzucker) liegt sie als Fünfring vor, der nach dem Furan-Molekül als **Furanose** bezeichnet wird.

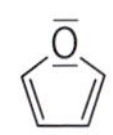

Der Ringschluss in der Pyranoseform erfolgt über die Keto-Gruppe am C-2-Atom und die OH-Gruppe am C-6-Atom. Bei der Furanoseform schließt sich der Ring über die OH-Gruppe des C-5-Atoms.

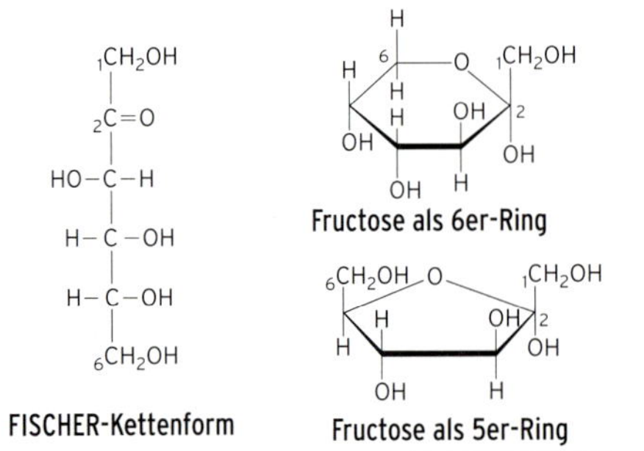

Abb. 13.7: Fructose

Obwohl Fructose eine Ketose ist, fällt der Nachweis mit FEHLING dennoch positiv aus. Dies beruht auf der Umlagerung von Fructose in Glucose in wässriger alkalischer Lösung.

c) Ribose und Desoxyribose

Ribose und Desoxyribose sind Aldopentosen. Sie kommen in den Nukleinsäuren (DNA, RNA) vor und liegen dort in der Furanoseform vor. Desoxyribose ist gegenüber Ribose am C-2-Atom reduziert.

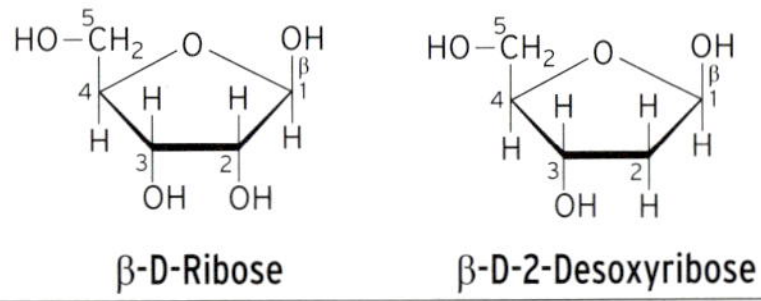

Abb. 13.8: Aldopentosen

13.1.2 Disaccharide

Disaccharide gehören zu den **Oligosacchariden** und sind durch Zusammenschluss von zwei Monosacchariden entstanden. Dabei reagiert eine halbacetalische OH-Gruppe mit einer alkoholischen OH-Gruppe unter Wasserabspaltung. Es entstehen Acetale, die in der Chemie der Kohlenhydrate als **Glykoside** bezeichnet werden.
Bei der Verknüpfung zweier Glucose-Moleküle reagiert die OH-Gruppe am C-1-Atom (halbacetalisch) z. B. mit der OH-Gruppe des C-4-Atoms eines zweiten Glucose-Moleküls. Die Bindung bezeichnet man als **glykosidische Bindung.** Steht die halbacetalische OH-Gruppe in α-Stellung, so handelt es sich um eine α-(1,4)-glykosidische Bindung.

Disaccharid	Monomere Hexosen	Verknüpfungsart	Reduktionsvermögen	Strukturformel
Maltose (Malzzucker)	α-Glucose α-Glucose	α-(1,4)-glykosidisch	ja	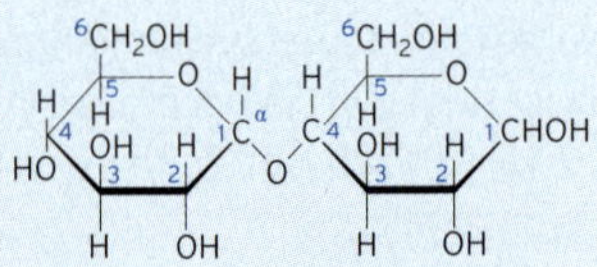
Cellobiose	β-Glucose β-Glucose	β-(1,4)-glykosidisch	ja	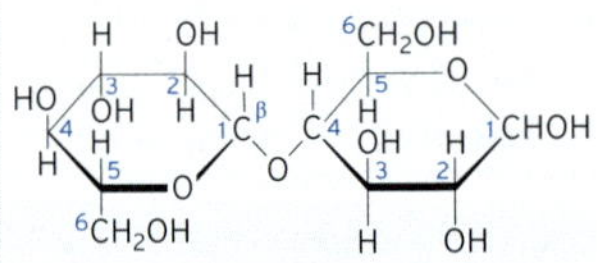
Lactose (Milchzucker)	β-Galactose β-Glucose	β-(1,4)-glykosidisch	ja	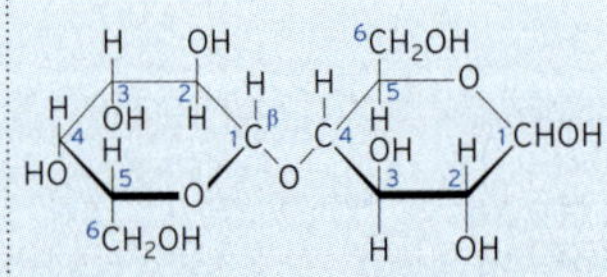
Saccharose (Rohrzucker, Rübenzucker)	α-Glucose β-Fructose	α, β-(1,2)-glykosidisch	nein	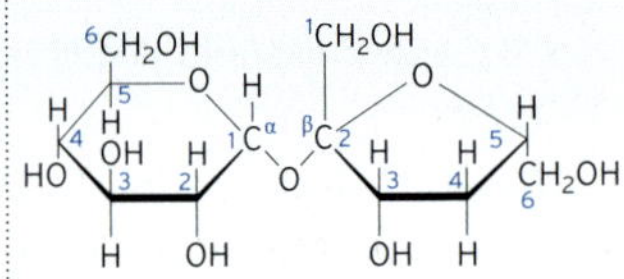

Tab. 13.1: Übersicht über einige wichtige Disaccharide

Liegt bei der Verknüpfung der zweite Ring als Halbacetal vor, das sich zur Kette mit der Aldehyd-Gruppe öffnen kann, so wirkt der Zucker daher reduzierend. Reduzierend wirken Disaccharide mit 1,4- und 1,6-glykosidischer Verknüpfung. Sind dagegen die beiden Zuckermoleküle über ihre halbacetalischen OH-Gruppen verknüpft, kann sich der zweite Ring nicht mehr zur Kette öffnen, das Disaccharid ist nicht reduzierend. Dies ist der Fall bei 1,1- bzw. 1,2-glykosidischen Verknüpfungen.

ZUSAMMENFASSUNG:

- **Monosaccharide können Aldosen oder Ketosen sein, je nach Stellung des doppelt gebundenen Sauerstoffs in der Kettenformel.**
- **Je nach Anzahl der C-Atome unterscheidet man Triosen, Tetrosen, Pentosen und Hexosen.**
- **Monosaccharide können durch Halbacetalbildung Ringe bilden, die sich aber wieder zur Kette öffnen können.**
- **bei α-Monosacchariden zeigt die halbacetalische OH-Gruppe am C-1-Atom nach unten, bei der β-Form nach oben.**
- **Monosaccharide lassen sich durch FEHLING-Reagenz oder die Silberspiegelprobe nachweisen.**
- **Disaccharide entstehen durch Zusammenschluss zweier Monosaccharide unter Wasserabspaltung, die Bindung wird als glykosidisch bezeichnet.**
- **Disaccharide wirken reduzierend, wenn die halbacetalische OH-Gruppe am zweiten Ring nicht an der Bindung beteiligt ist.**

13.1.3 Polysaccharide

Polysaccharide entstehen durch die Zusammenlagerung vieler Monomere, meist von Glucosemolekülen.

a) Stärke

Stärke wird in grünen Pflanzen bei der Fotosynthese als Speicherform von Glucose gebildet. Sie besteht zu 20 % aus **Amylose** und zu 80 % aus Amylopektin. Amylose ist in heißem Wasser löslich, **Amylopektin** ist wasserunlöslich. Bei der **Amylose** sind bis zu 10 000 α-Glucose-Einheiten α-(1,4)-glykosidisch miteinander verknüpft. Die entstehende Kette besitzt eine schraubenförmige Struktur, die durch Wasserstoffbrückenbindungen stabilisiert wird. Iod-Moleküle können sich in diese Wendeln einlagern; es entsteht eine intensive Blaufärbung (Iod/Stärke-Reaktion). Amylopektin besteht aus bis zu einer Million α-Glucose-Einheiten, die wie in der Amylose α-(1,4)-glykosidisch verknüpft sind. Zusätzlich ist etwa jede 25. Glucose-Einheit α-(1,6)-glykosidisch verknüpft, was zu Verzweigungen der Kette führt.

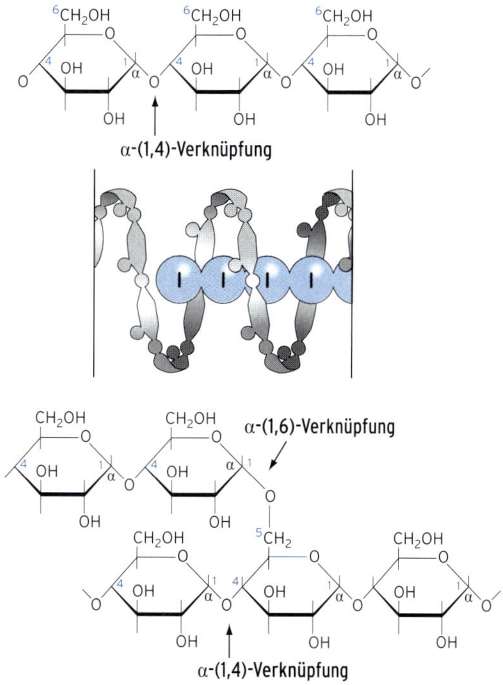

Abb. 13.9: oben: Amylose; Mitte: Spiralstruktur mit Iod-Molekülen, unten: Amylopektin

Die menschliche und tierische Speicherform von Glucose heißt **Glykogen**. Dieses ist dem Amylopektin ähnlich, jedoch noch stärker verzweigt und weist meist eine längere Kette auf.

b) Cellulose (Zellstoff)

Cellulose ist als Bestandteil der pflanzlichen Zellwand weit verbreitet, es ist der Hauptbestandteil von Holz. Mehrere Tausend β-Glucose-Einheiten sind β-(1,4)-glykosidisch miteinander

verknüpft, dadurch entstehen riesige Kettenmoleküle, die besonders gut zur Faserbildung geeignet sind.
In den Zellwänden liegt Cellulose in Form von Molekülaggregaten (Mikrofibrillen) vor, dabei sind 60−70 Cellulosemoleküle parallel angeordnet und durch Wasserstoffbrückenbindung stabilisiert.

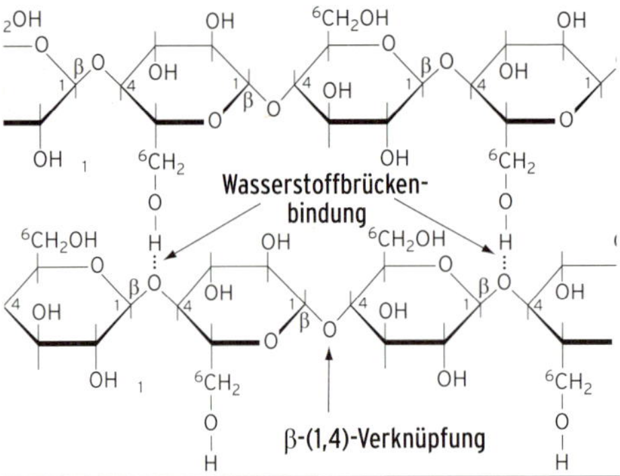

Abb. 13.10: Ausschnitt aus einem Cellulose-Molekül

13.2 Fette

Als **Fette** bezeichnet man Ester aus Fettsäuren (langkettigen Carbonsäuren, → Tab. 13.2) und Glycerin (Propan-1,2,3-triol). Da alle drei OH-Gruppen des Glycerins verestert sind, spricht man auch von **Triglyceriden**. Natürlich vorkommende Fette sind keine Reinstoffe, sondern ein Gemisch verschiedener Triglyceride.

- **Gesättigte Fettsäuren:** Fettsäuren, die nur C−C-Einfachbindungen enthalten
- **Ungesättigte Fettsäuren:** Fettsäuren, die C=C-Doppelbindungen enthalten

Je höher der Anteil ungesättigter Fettsäuren im Fett ist, desto niedriger ist die Schmelztemperatur. Da ungesättigte Fettsäuren stets eine **cis-Konfiguration** an den C=C-Doppelbindungen besitzen, weisen sie daher an dieser Stelle einen Knick im Molekül auf, der zu einer sperrigen räumlichen Anordnung im Fett-Molekül sorgt und das Auskristallisieren erschwert.

IUPAC-Namen	Trivialnamen	Formel
Hexadecansäure	Palmitinsäure	$C_{15}H_{31}COOH$ (gesättigt)
Octadecansäure	Stearinsäure	$C_{17}H_{35}COOH$ (gesättigt)
Octadeca-9-ensäure	Ölsäure	$C_{17}H_{33}COOH$ (ungesättigt)
Octadeca-9,12-diensäure	Linolsäure	$C_{17}H_{31}COOH$ (zweifach ungesättigt)

Tab. 13.2: Übersicht über wichtige Fettsäuren

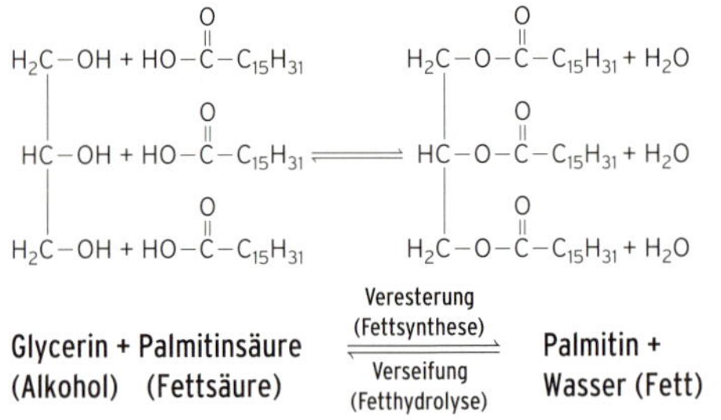

Abb. 13.11: Synthese eines Fettes

Verseifung

Erhitzt man Fette mit Natronlauge oder Kalilauge, so entstehen Glycerin und die Natrium- bzw. Kaliumsalze der Fettsäuren, die man als **Seifen** bezeichnet. Man bezeichnet die alkalische Hydrolyse daher auch als Verseifung. Die **Waschwirkung** der Seifen beruht auf der hydrophilen Carboxylat-Gruppe und dem lipophilen Alkylrest, der mit dem unpolaren Schmutz in Wechselwirkung treten kann.

13.3 Proteine

Proteine (Eiweißstoffe) sind aus den 20 natürlich vorkommenden **α-Aminosäuren** aufgebaut (→ Seite 125), die über Peptidbindungen miteinander verknüpft sind. Sind 10 − 100 Aminosäuren miteinander verknüpft, spricht man von **Polypeptiden**, bei weniger als zehn von **Oligopeptiden** und bei mehr als 100 von Proteinen.

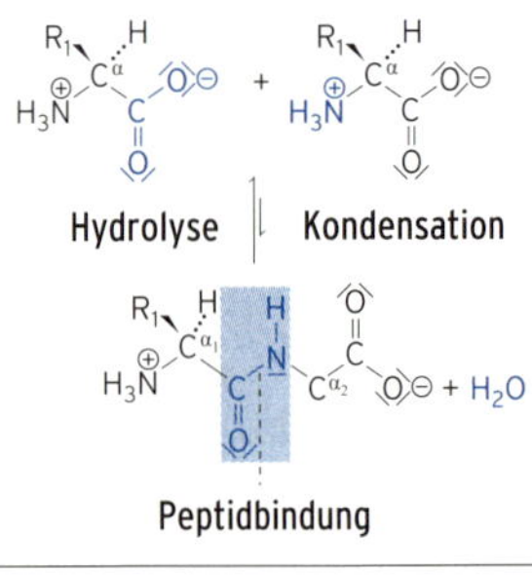

Abb. 13.12: Bildung eines Dipeptids

Von den 20 Aminosäuren sind acht sogenannte **essentielle Aminosäuren**, sie können im menschlichen Organismus nicht synthetisiert werden und müssen daher mit der Nahrung aufgenommen werden. Aminosäuren haben Trivialnamen, von denen meist die ersten drei Buchstaben als Abkürzung verwendet werden.

Neutrale Aminosäuren reagieren neutral in wässeriger Lösung; saure Aminosäuren reagieren sauer, da sie noch eine Carboxyl-Gruppe in der Seitenkette besitzen; **basische Aminosäuren** reagieren alkalisch, da sie noch eine Amino-Gruppe in der Seitenkette besitzen.

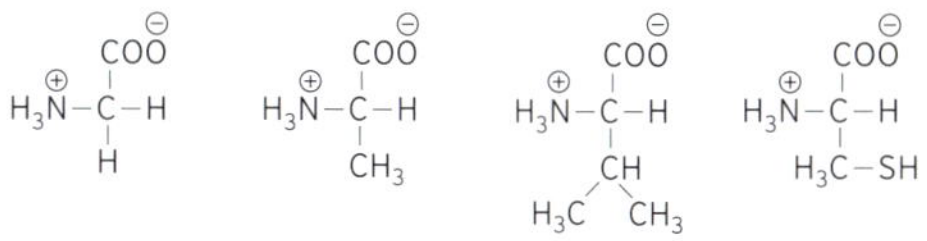

Glycin (Gly) pH (I) = 5,97 | Alanin (Ala) pH (I) = 6,02 | Valin (Val)* pH (I) = 5,97 | Cystein (Cys)* pH (I) = 5,02

Abb. 13.13: Neutrale Aminosäuren (* essentiell)

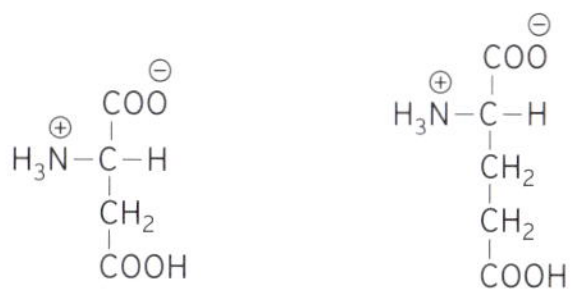

Asparaginsäure (Asp) pH (I) = 2,8 | Glutaminsäure (Glu) pH (I) = 3,2

Abb. 13.14: Saure Aminosäuren

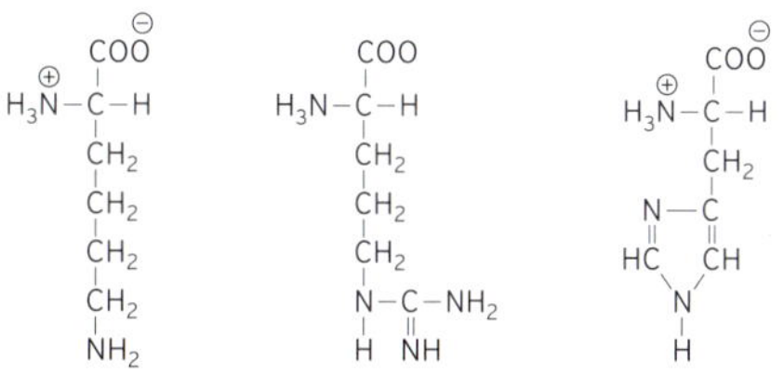

Lysin (Lys)* pH (I) = 9,74 | Arginin (Arg) pH (I) = 10,76 | Histidin (His) pH (I) = 7,59

Abb. 13.15: Basische Aminosäuren (* essentiell)

Struktur der Proteine

Proteine kommen im Organismus als Baustoffe (Kollagen), Antikörper, Hormone und Enzyme vor. Die biologische Funktion eines Proteins hängt von seiner räumlicher Struktur ab:

a) **Primärstruktur:** Reihenfolge der Aminosäuren im Protein (Aminosäuresequenz)

b) **Sekundärstruktur:** Die regelmäßige räumliche Anordnung von Peptidketten, die durch Wasserstoffbrückenbindung innerhalb einer oder zwischen mehreren Ketten zustandekommt. Zu den wichtigsten Sekundärstrukturen zählen α-Helix- und Faltblattstruktur.

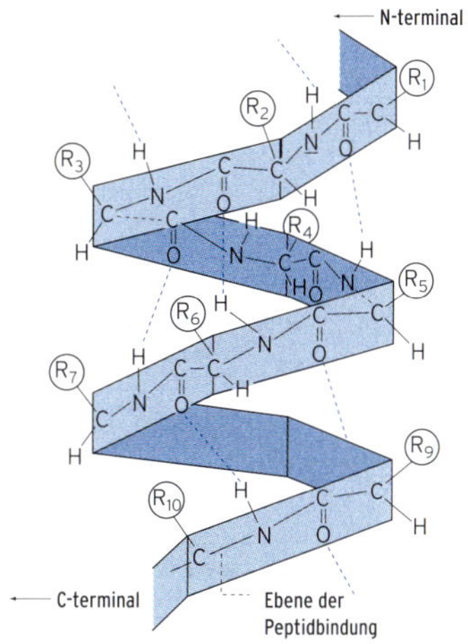

Abb. 13.16: α-Helix

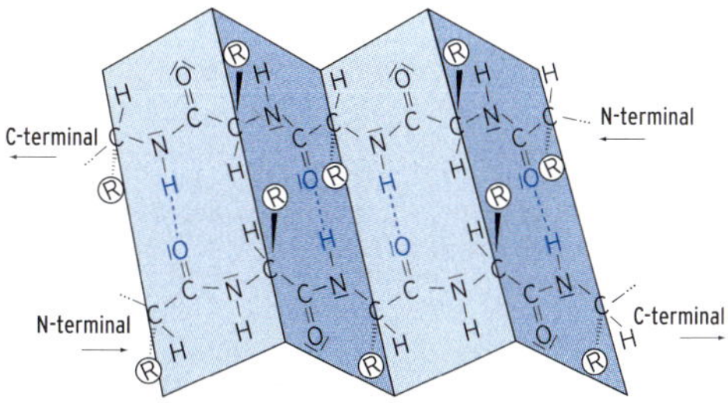

Abb. 13.17: Faltblattstruktur

c) **Tertiärstruktur:** Proteine bilden bei gleicher Primärstruktur immer die gleiche charakteristische dreidimensionale Teilchengestalt aus. Diese wird durch **VAN-DER-WAALS-Bindungen**, Wasserstoffbrückenbindungen, Ionenbindungen und Disulfidbindungen stabilisiert.

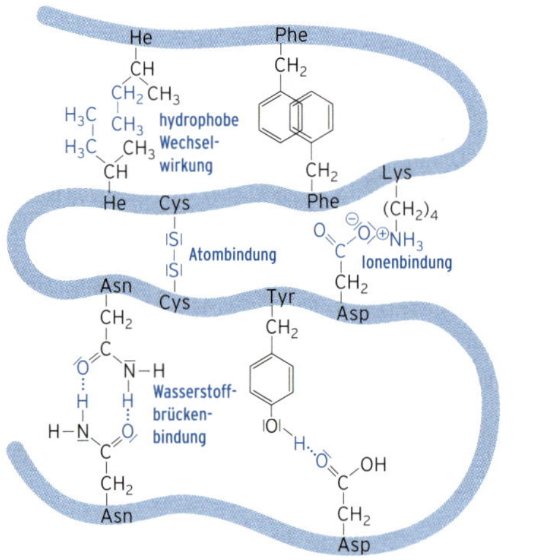

Abb. 13.18: Stabilisierende Bindungen innerhalb der Tertiärstruktur

d) Quartärstruktur: Zwei oder mehrere Polypeptidketten lagern sich zu einem funktionsfähigen Protein zusammen.

Denaturierung

Unter Denaturierung versteht man die irreversible Zerstörung der Tertiär- und Quartärstruktur der Proteine. Sie ist möglich durch Hitze, energiereiche Strahlung, Säuren, Laugen, Schwermetall-Ionen und Reduktionsmittel. Die biologische Funktionsfähigkeit der Proteine geht dabei meist verloren.

ZUSAMMENFASSUNG:

Proteine bestehen aus 20 unterschiedlichen α-Aminosäuren, die durch Peptidbindung miteinander verknüpft sind.

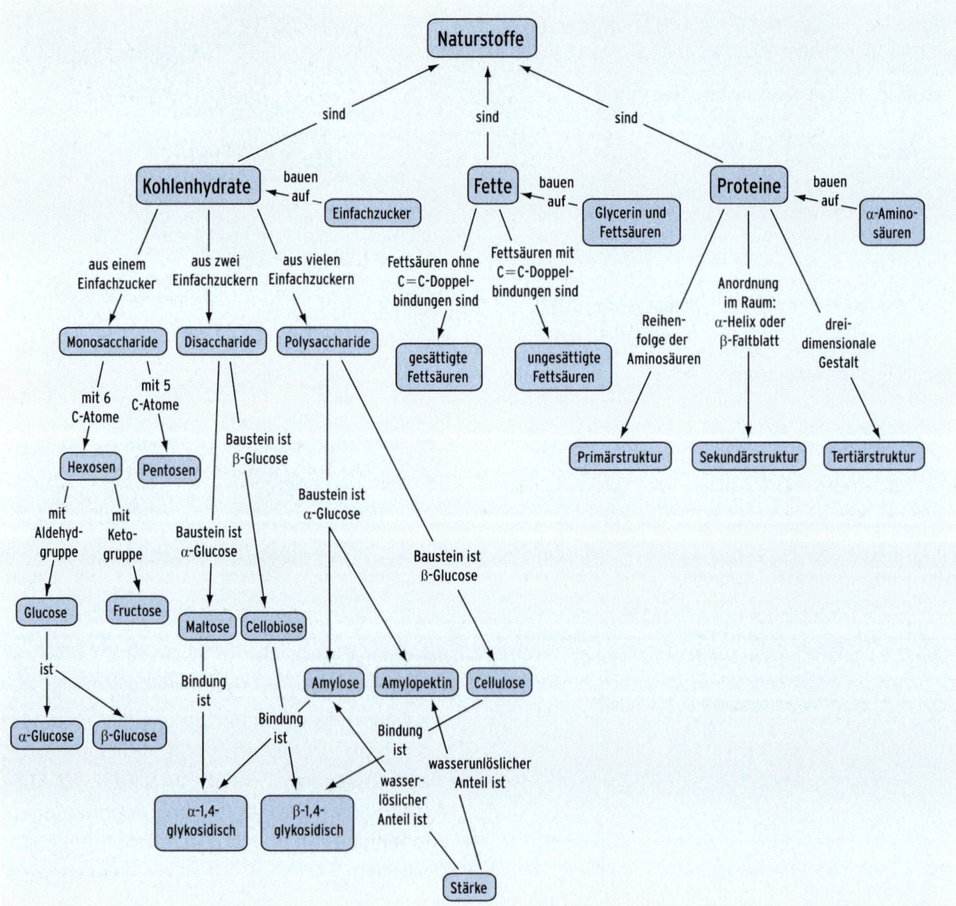

Abb. 13.19: Überblick „Naturstoffe"

14_Farbstoffe

BASISKONZEPT: Struktur-Eigenschafts-Beziehungen

„Farbigkeit" ist die hervorstechende Eigenschaft von Farbstoffen. Verantwortlich für diese Stoffeigenschaft sind auf der Teilchenebene **Chromophore**. Dies sind besondere Atomgruppen in Farbstoffmolekülen, die ein „π-Elektronensystem" besitzen, das bestimmte Wellenlängen des Lichts absorbiert. Dabei ist es für den Farbton der Verbindung ausschlaggebend, wie groß das π-Elektronensystem ist und welche funktionellen Gruppen noch mit dem π-Elektronensystem in Wechselwirkung treten. Daher ist das **Struktur-Eigenschafts-Konzept** bei Farbstoffen dominierend.

Durch geschickte chemische Manipulationen an Farbstoffmolekülen können „maßgeschneiderte Farben" erzeugt werden.

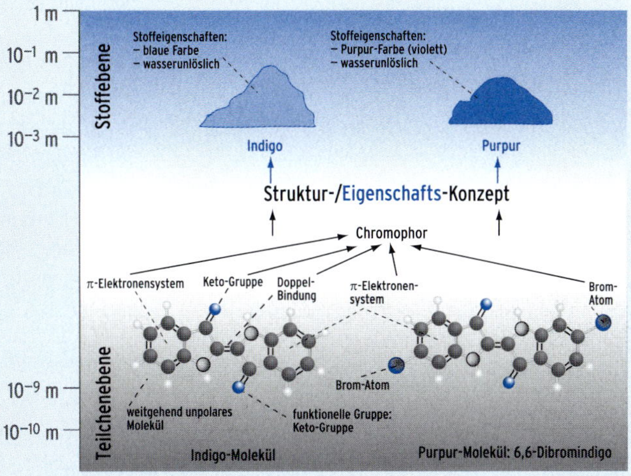

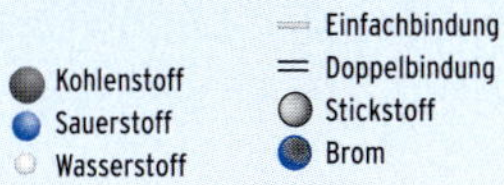

Abb. 14.1: Struktur-Eigenschaftsbeziehungen bei Farbstoffen am Beispiel von Indigo und Purpur. Beim Purpur-Molekül sind die beiden substituierten Brom-Atome für die violette Farbe des Stoffes verantwortlich.

14.1 Lichtabsorption und Farbe

Chemische Verbindungen sind farbig, wenn sie elektromagnetische Strahlung im Wellenlängenbereich des sichtbaren Lichtes zwischen 380 nm und 780 nm absorbieren (→ Abb. 14.3).

Für das Auge bleiben nur die Wellenlängen sichtbar, die nicht absorbiert werden. Diese erzeugen ein Restlicht, das im Auge durch additive Farbmischung zu einer Farbe komponiert wird, die als **Komplementärfarbe** bezeichnet wird (→ Abb. 14.2 und 14.3).

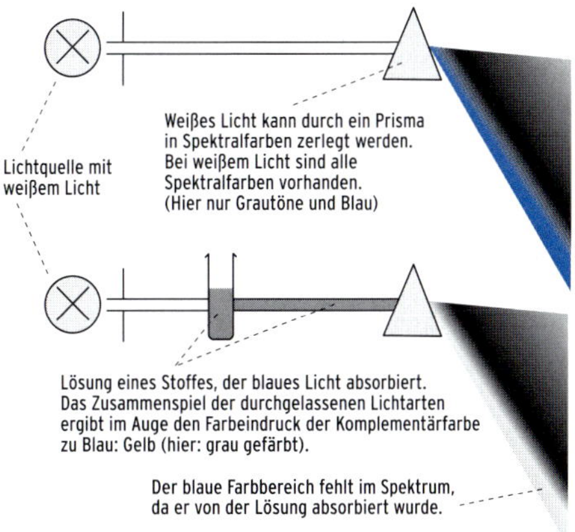

Abb. 14.2: Lichtabsorption und Komplementärfarbe

absorbiertes Licht	violett	blau	grünblau	blaugrün	grün	gelbgrün	gelb	orange	rot	purpur
Wellenlänge (nm)	380 400	450	500		550		600		650 700 750	780
beobachtete Farbe: Komplementärfarbe	gelbgrün	gelb	orange	rot	purpur	violett	blau	grünblau	blaugrün	grün

Abb. 14.3: Lichtabsorption und beobachtete Farbe

14.2 Struktur-Eigenschafts-Beziehungen bei organischen Farbstoffen

Funktionelle Gruppen mit Mehrfachbindungen, wie beispielsweise die

- C=C-Doppelbindung (>C=C<),
- die Carbonyl-Gruppe (>C=O),
- Azomethin-Gruppe (>C=N–),
- Thiocarbonyl-Gruppe (>C=S),
- Nitroso-Gruppe (–N=O) und
- Azo-Gruppe (–N=N–)

sind im Allgemeinen die Ursache für die Lichtabsorption organischer Farbstoff-Moleküle. Bilden diese Atomgruppen konjugierte und/oder aromatische **π-Elektronensysteme**, so verschieben sich die Absorptionsbanden in der Regel aus dem kurzwelligen UV-Bereich in den sichtbaren Bereich des Spektrums. Diese Gruppen in Verbindung mit π-Elektronensystemen sind somit für die Farbigkeit einer Verbindung verantwortlich und werden als **Chromophore** bezeichnet.

Polyene sind Kohlenwasserstoffe, deren Moleküle zwei oder mehr, meist **konjugierte C=C-Doppelbindungen** enthalten. Vergleicht man verschiedene Polyene (→ Abb. 14.4), so zeigt sich, dass die Ausdehnung des konjugierten π-Elektronensystems einen Einfluss auf die Farbe organischer Verbindungen hat.

Je größer das konjugierte π-Elektronensystem bei Polyenen ist, desto größer ist die Wellenlänge des absorbierten Lichts. So absorbiert ein Polyen mit sechs konjugierten Doppelbindungen noch deutlich im UV-Bereich, während β-Carotin (Farbstoff in Karotten) mit elf konjugierten C=C-Doppelbindungen sein Absorptionsmaximum bei ca. 450 nm, also im Blaubereich, hat.

Mesomere Wechselwirkungen

Funktionelle Gruppen können die Absorption durch mesomere Wechselwirkungen mit dem Chromophor in den längerwelligen Bereich des sichtbaren Lichts verschieben. Die Verschie-

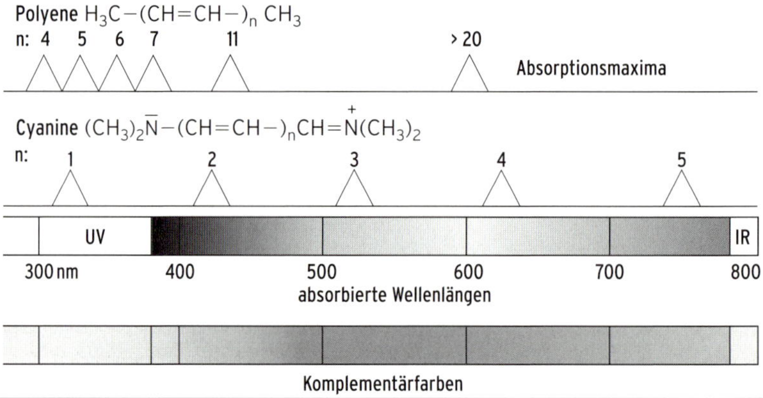

Abb. 14.4: Absorption und Farbe bei Polyenen und Cyaninen. Cyanine sind Polyene mit Azomethin-Gruppen ($R^1R^2C=N-R^3$).

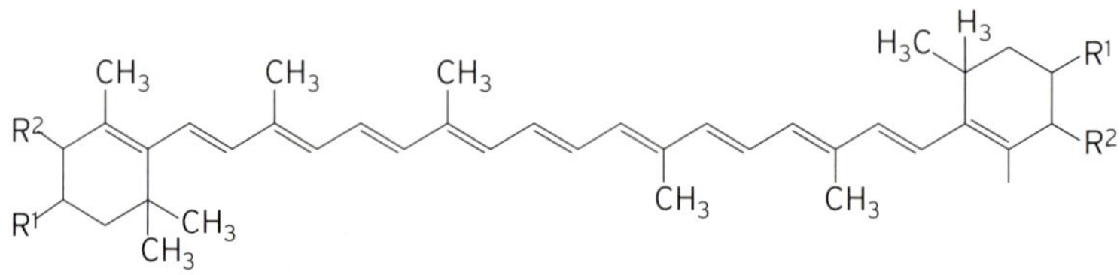

R^1: –H; R^2: –H β-Carotin
R^1: –OH; R^2: –H Lutein
R^1: –OH; R^2: =O Astaxanthin

Abb. 14.5: Carotine als natürliche Farbstoffe in Pflanzen mit konjugierten Doppelbindungen (β-Carotin: orangerot; Lutein: gelb; Astaxanthin (Pigment des Hummerpanzers): blau)

bung des Absorptionsmaximums zu größeren Wellenlängen wird als **bathochromer Effekt** bezeichnet. Die Verschiebung kann durch einen +M-Effekt oder durch einen −M-Effekt der funktionellen Gruppe verursacht werden (→ Seite 100). Funktionelle Gruppen, die einen +M-Effekt bewirken (**Elektronendonatoren**), werden als **Auxochrome** bezeichnet. Dazu gehören $-NR_2$, $-NH_2$, $-OR$ und $-OH$.
Einen −M-Effekt erzeugen **Antiauxochrome** (**Elektronenakzeptoren**), zu denen z. B. $-CHO$, $-NO_2$ und $-SO_3H$ gehören.

Wenn sich Auxochrome und Antiauxochrome an den entgegengesetzten Enden eines Chromophors befinden, tritt die stärkste bathochrome Verschiebung auf. Ein Beispiel hierfür ist ein Cyanin (→ Abb. 14.4), das nur zwei konjugierte C=C-Doppelbindungen, aber eine Elektronen liefernde Dimethylamino-Gruppe und eine Elektronen anziehende Dimethylimmonium-Gruppe besitzt. Dieses Cyanin absorbiert im sichtbaren violetten Bereich, es ist daher gelb. Ein vergleichbares Cyanin mit sechs Doppelbindungen absorbiert schon im nicht mehr sichtbaren Infrarot-Bereich.

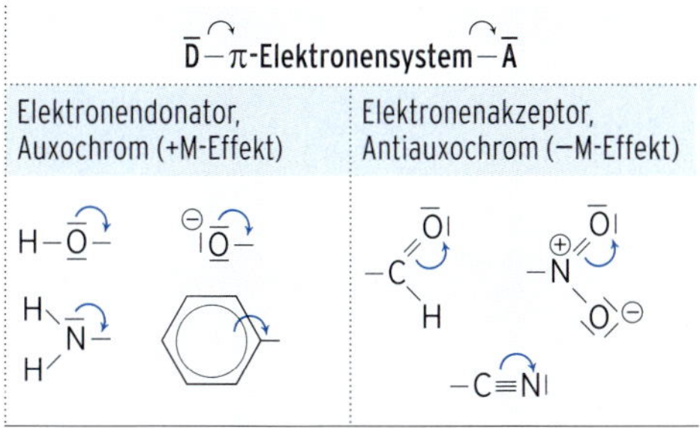

Abb. 14.6: Strukturprinzipien organischer Farbstoffe

Mesomerie-Modell

Mithilfe von Grenzformeln lässt sich die Delokalisation der π-Elektronen in Farbstoff-Molekülen gut beschreiben. Der Vergleich von Farbstoffen ähnlicher Struktur zeigt, dass das Maximum einer Absorptionsbande umso mehr in den Bereich größerer Wellenlängen verschoben ist, je weniger sich die den Grenzformeln entsprechenden Strukturen in ihrem Energieinhalt unterscheiden.

WISSEN

Chromophore sind Atomgruppen in einer Verbindung mit π-Elektronensystemen (Mehrfachbindungen), die die Farbigkeit der Verbindung verursachen, indem sie bestimmte Wellenlängen des Lichts absorbieren.
Chromophore als Strukturmerkmale von organischen Molekülen auf der Teilchenebene sind für die Eigenschaft „Farbigkeit" auf der Stoffebene verantwortlich.

14.3 Farbmittel

In der Farbstoffindustrie werden alle farbgebenden Stoffe unter dem Sammelbegriff **Farbmittel** zusammengefasst. Dabei wird zwischen Farbstoffen und Pigmenten unterschieden.

Farbstoffe sind Farbmittel, die sich im Anwendungsmedium lösen oder in Lösung verarbeitet werden können. Dabei unterscheidet man zwischen organisch natürlichen und organisch synthetischen Farbstoffen. Zu den organisch natürliche Farbstoffen gehört der Krapp, der aus der Wurzel der Färberröte gewonnen wird. Carotin ist ein natürlicher Farbstoff, der in Karotten vorkommt. Zu den synthetischen Farbstoffen gehören Azo-, Anthrachinon- und Triphenylmethan-Farbstoffe.

Pigmente sind anorganische oder organische Farbmittel, die im Anwendungsmedium unlöslich sind. Sie können natürlichen oder synthetischen Ursprungs sein. Pigmente sind meist kristallin, sodass ihre Eigenschaften wesentlich durch das Kristallgitter bestimmt werden. Sie werden im festen Zustand als Pulverpigmente für Drucke oder zum direkten Einfärben von Kunststoffen, Emaille und Keramik verwendet. Durch Einarbeitung der Pigmente in Bindemittel entstehen Anstrichstoffe wie Lack-, Dispersions- oder Druckfarben.

Beispiele für natürliche anorganische **Bunt-Pigmente** sind Zinnober (HgS), Ocker (eisenoxidhaltiges Aluminiumsilicat) und Umbra (eisenoxid- und mangandioxidhaltiges Aluminium-

silicat). Als synthetische anorganische **Weiß-Pigmente** dienen Bleiweiß ($2\ PbCO_3 \cdot Pb(OH)_2$), Zinkweiß (ZnO) und vor allem Titandioxid (TiO_2).
Manganschwarz (MnO_2-haltiges Erz), Graphit und insbesondere Ruß sind als anorganische **Schwarz-Pigmente** in Gebrauch.
Zu den organischen Pigmenten gehören als natürliches Pigment Knochenkohle, die aus Knochen gewonnen wird, als synthetisches Pigment Azo-Pigment, das aus Azo-Farbstoffen hergestellt wird.

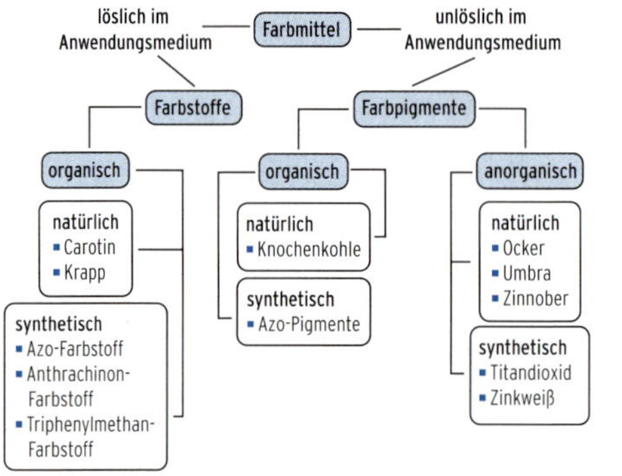

Abb. 14.7 Farbmittel in der Farbstoffindustrie

14.4 Synthetische Farbstoffklassen

14.4.1 Azo-Farbstoffe

Die Azo-Farbstoffe stellen die größte Klasse der synthetischen organischen Farbstoffe dar. Chromophor ist die **Azo-Gruppe** (N=N-Gruppe) in Verbindung mit aromatischen Systemen.
Die Synthese verläuft in zwei Schritten: Zuerst wird eine **Diazotierung** eines primären aromatischen Amins und dann eine **Azo-Kupplung** mit einem aromatischen System durchgeführt:

a) Diazotierung ($\vartheta < 5°\ C$)

Beim Ansäuern eines Gemischs aus Natriumnitrit-Lösung und Anilin (primäres aromatisches Amin) bildet sich ein Nitrosyl-Ion (NO^+), das am N-Atom des Anilin-Moleküls elektrophil angreift. Die so gebildete N-Nitroso-Verbindung wandelt sich in Phenyldiazohydroxid um, das unter Abspaltung eines Hydroxid-Ions zum Phenyldiazonium-Ion reagiert.

b) Azo-Kupplung

In einer elektrophilen Zweitsubstitution wird das Diazonium-Salz mit einer Kupplungskomponente (aromatische Amine oder Phenole) zur Reaktion gebracht. Über den +M-Effekt des Substituenten – hier die OH-Gruppe im Phenol – wird die Elektronendichte im Benzolring in *ortho*- bzw. *para*-Stellung erhöht. Aus sterischen Gründen kann das Diazonium-Kation jedoch nur in *para*-Stellung angreifen. Es entsteht *p*-Hydroxyazobenzol. Um die nucleophile Kupplungskomponente reaktionsfähiger zu machen, arbeitet man bei Verwendung von Phenolen im schwach alkalischen Bereich, da das Phenolat-Anion der eigentliche Reaktionspartner ist.

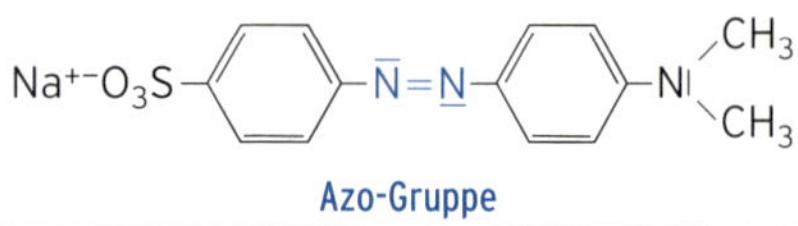

Abb. 14.8: Der Säure/Base-Indikator Methylorange als Beispiel für einen Azo-Farbstoff

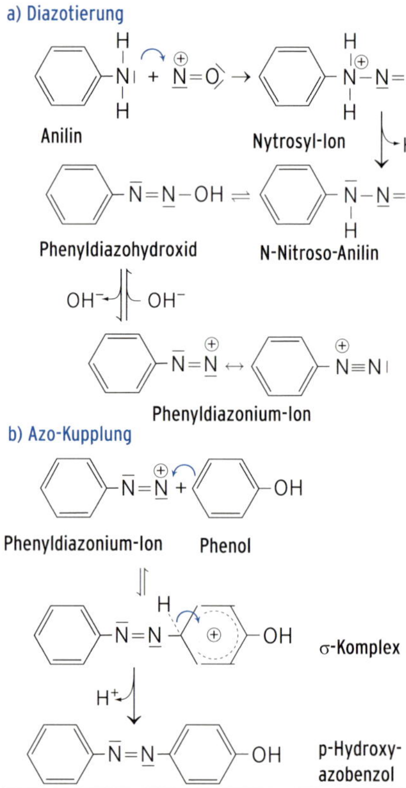

Abb. 14.9: Synthese eines Azo-Farbstoffs

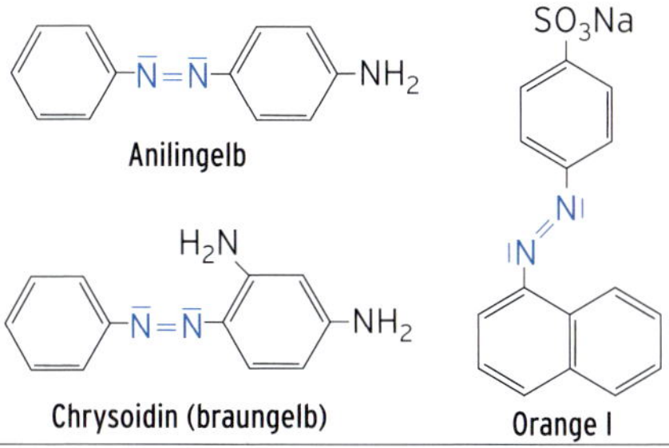

Abb. 14.10: Grenzformeln einiger Azo-Farbstoffe

14.4.2 Anthrachinon-Farbstoffe

Anthrachinon-Farbstoffe stellen eine große Gruppe synthetischer und natürlich vorkommender organischer Farbstoffe dar. Chromophor ist das **Diphenylketon-System**. Durch unterschiedliche Auxochrome erhält man fast alle Farbtöne. Die licht- und waschechten, hochwertigen Farbstoffe werden in der Textilindustrie eingesetzt.

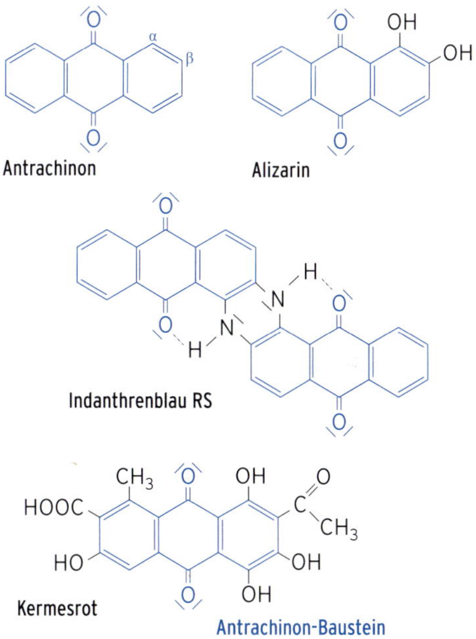

Abb. 14.11: Grenzformeln einiger Anthrachinon-Farbstoffe. Diphenylketon als Chromophor in Anthrachinon (hellgelbe Farbe), Alizarin (rote Farbe), Indanthrenblau RS und Kermesrot.

14.4.3 Triphenylmethan-Farbstoffe

Triphenylmethan-Farbstoffe sind synthetische, brillante Farbstoffe, die sich von **Triphenylmethan** ableiten. Triphenylmethan weist ein Ringsystem mit **chinoider Struktur** auf, das als Chromophor fungiert. Da diese Farbstoffe nur geringe Lichtechtheit besitzen, sind sie als Textilfarben nicht geeignet. Sie werden jedoch zum Färben von Papier, als Lebensmittel- und Markierungsfarben, für Tinten und als Indikatorfarbstoffe verwendet.

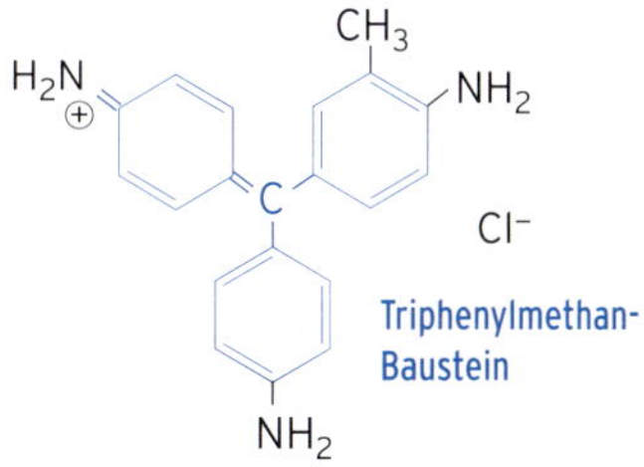

Abb. 14.12: Triphenylmethan als Chromophor in Fuchsin

Als Indikatorfarbstoff ist in diesem Zusammenhang vor allem Phenolphthalein erwähnenswert. Dass es sich um einen Triphenylmethan-Farbstoff handelt, wird im alkalischen Milieu offensichtlich, wenn sich der Lactonring, der im sauren Milieu für die Farblosigkeit verantwortlich ist, geöffnet hat.

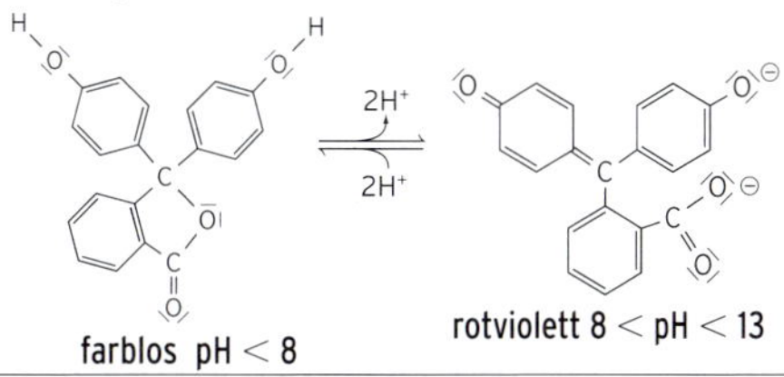

Abb. 14.13: Phenolphthalein als Triphenylmethanfarbstoff bei verschiedenen pH-Werten

WISSEN

- Azo-Farbstoffe mit der „Azo-Gruppe in Verbindung mit aromatischen Systemen" als Chromophor,
- Anthrachinon-Farbstoffe mit dem Chromophor „Diphenylketon" und
- Triphenylmethan-Farbstoffe mit einem Ringsystem chinoider Struktur als Chromophor sind wichtige synthetische organische Farbstoffklassen.

14.5 Indigo – ein traditioneller Küpenfarbstoff

Bis vor etwa 100 Jahren war die **Indigopflanze** (z. B. europäischer Färberwaid) die wichtigste Quelle für die Gewinnung von blauem Farbstoff. Die Pflanzen wurden während der Blüte geerntet und in mit Wasser gefüllte Gruben gelegt, sodass eine Gärung erfolgen konnte. Dabei bildet

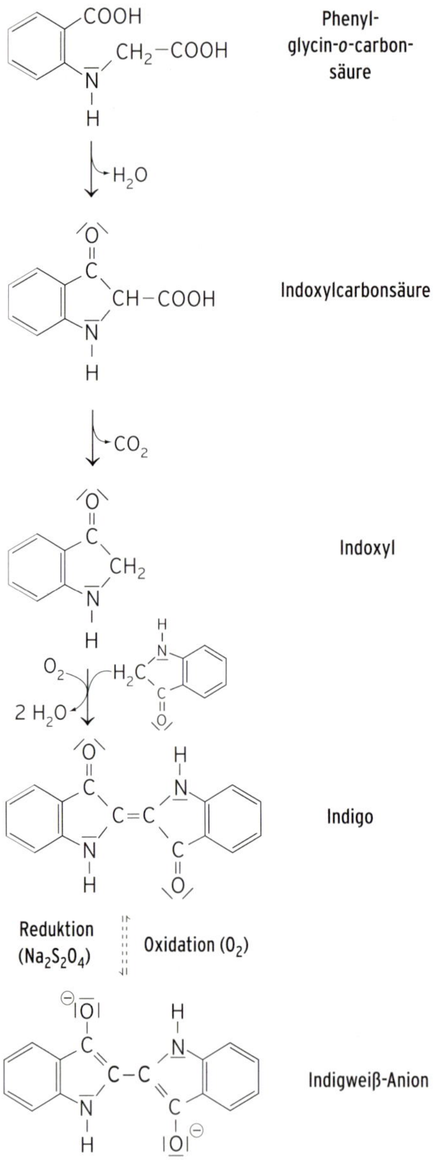

Abb. 14.14: Synthese von Indigo und seiner Leukoform

sich durch enzymatische Spaltung eine farblose Vorstufe, das Indoxyl. Zwei Indoxyl-Moleküle reagieren mit Luftsauerstoff weiter zu einem Indigo-Molekül. Um 1870 gelang es BAEYER zum ersten Mal, den begehrten blauen Indigofarbstoff synthetisch herzustellen.

Ein auch noch heute angewandtes Syntheseverfahren nach HEUMANN verwendet als Ausgangsstoff Phenylglycin-o-carbonsäure. Beim Schmelzen mit Natriumamid entsteht Indoxylcarbonsäure. Durch Abspaltung von Kohlenstoffdioxid aus der Indoxylcarbonsäure entsteht Indoxyl, das durch Luftsauerstoff zu Indigo oxidiert wird.

Indigo bildet dunkelblaue Kristalle mit rötlichem Glanz. Da im Molekülgitter ein Indigo-Molekül über Wasserstoffbrückenbindung mit vier weiteren verbunden ist, weist Indigo als Stoffeigenschaft einen hohen Schmelztemperaturbereich von 390 – 392 °C auf. Trotz der Wasserstoffbrückenbindung im Feststoff ist Indigo nicht wasserlöslich, da die polaren Keto- und N–H-Gruppen nur einen geringen Anteil am sonst unpolaren Kohlenstoffgerüst ausmachen.

Küpenfärbung

Da Indigo nicht wasserlöslich ist, wird es für den Färbevorgang zur wasserlöslichen **Leukoform** (griech. *leukos* = weiß), dem Indigweiß, reduziert. Dazu verwendet man Natriumdithionit ($Na_2S_2O_4$) in alkalischer Lösung.
Früher wurde diese Reaktion mit Urin durchgeführt. Die gärende Urin-Brühe wurde als Küpe, der Vorgang als Verküpung und die Färbetechnik als **Küpenfärbung** bezeichnet. Der zu färbende Stoff wurde mit der Küpe getränkt und aufgehängt. Durch Reaktion mit dem Luftsauerstoff entstand auf der Faser dann aus der Leukoform der blaue Farbstoff.
Ein mit Indigo gefärbter Baumwollstoff hat eine hohe Lichtechtheit, jedoch ist die Reibechtheit gering da der Farbstoff an stark beanspruchten Stellen verblasst, was auch ein charakteristisches, unverzichtbares Merkmal der „Blue Jeans“ ist.

14.6 Färbeverfahren im Überblick

Farbstoff und Textilfaser müssen chemisch zueinander „passen", um eine dauerhafte Färbung zu erzielen: Bei Fasern mit polaren funktionellen Gruppen wie Baumwolle oder Wolle verwendet man ionische oder polare Farbstoffe. Bei unpolaren Fasern wie Polyester werden unpolare Farbstoffe eingesetzt. Daher werden Farbstoffe häufig nach dem für sie angewandten Färbeverfahren eingeteilt, das sich auf den entsprechenden Fasertyp bezieht.

a) Wolle

Wolle besteht aus Protein und kann mit **kationischen** oder **anionischen Farbstoffen** gefärbt werden. Diese Farbstoffe haften durch ionische Bindung an den negativ geladenen Carboxylat- und den positiv geladenen Ammonium-Seitenkettengruppen der Aminosäurefäden, die die Wollfaser bilden.

Die wasserlöslichen **Metallkomplexfarbstoffe** sind die bedeutendsten Wollfarbstoffe. Sie reagieren mit gelösten Metall-Ionen auf der Wollfaser. Häufig werden dazu Chrom(III)-Ionen verwendet, die sowohl die farbigen Azo-Verbindungen als auch die Amino-Gruppen der Protein-Moleküle binden (→ Abb. 14.15). Dadurch wird der Azo-Farbstoff auf der Wolle fixiert.

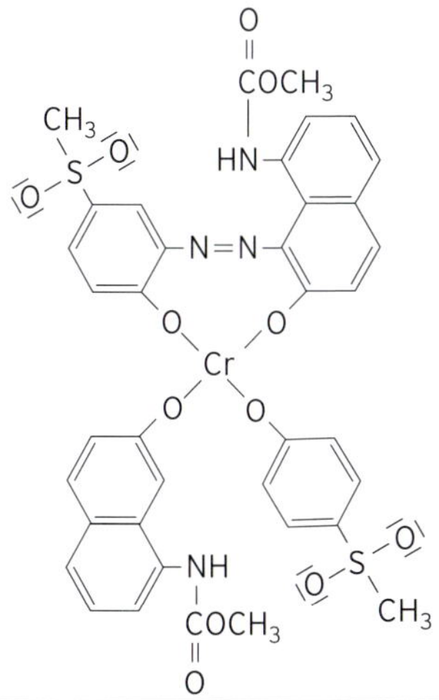

Abb. 14.15: Metallkomplexfarbstoff

b) Baumwolle

Baumwolle besteht aus Cellulose. Zum Färben von Baumwolle eignen sich **Küpenfarbstoffe** (→ Seite 140, Indigo).

Aber auch mit **Reaktivfarbstoffen** lassen sich waschechte Färbungen erreichen. Als Farbstoffkomponenten verwendet man unter anderem Azo-Farbstoffe und Anthrachinonfarbstoffe, die häufig über eine Amino-Gruppe an ein kleines Molekül, den „reaktiven Anker", gebunden werden. Der reaktive Anker verbindet sich seinerseits mit einer freien Hydroxyl-Gruppe der Cellulosefaser, sodass eine stabile Atombindung entsteht und der Farbstoff gut auf der Faser haftet.

c) Polyesterfasern

Polyesterfasern wie Trevira und Diolen sind weitgehend unpolar und werden vorwiegend mit **Dispersionsfarbstoffen** gefärbt. Hierzu werden häufig unpolare Azo-Farbstoffe verwendet, die kaum wasserlöslich sind. Daher werden sie mit Hilfsstoffen vermahlen, sodass im Färbebad eine Farbstoff-Suspension entsteht. Der so angerührte das heißt dispergierte Farbstoff kann in die Faser, die durch Zusatzstoffe zum Aufquellen gebracht wird, leicht eindringen und sich dauerhaft einlagern.

Farbstoff	Verwendung/ Färbegut	Haftung zwischen Farbstoff und Faser
anionische Farbstoffe	Wolle, Seide, Polyamid	Ionenbindung
kationische Farbstoffe	Wolle, Seide, Papier, Polyacrylnitril	Ionenbindung
Metallkomplexfarbstoffe	Wolle, Polyamid	Komplexbindung (Ion-Dipol-Wechselwirkung)
Küpenfarbstoffe	Baumwolle	Einlagerung als wasserunlöslicher Farbstoff in die Faser
Reaktivfarbstoffe	Baumwolle	Atombindung
Dispersionsfarbstoffe	Polyester, Polyamid, Polyacrylnitril	Einlagerung als wasserunlöslicher Farbstoff in die Faser

Tab.: 14.1: Farbstoffe und chemische Bindung im Überblick

14.7 Farbstoffe im Überblick

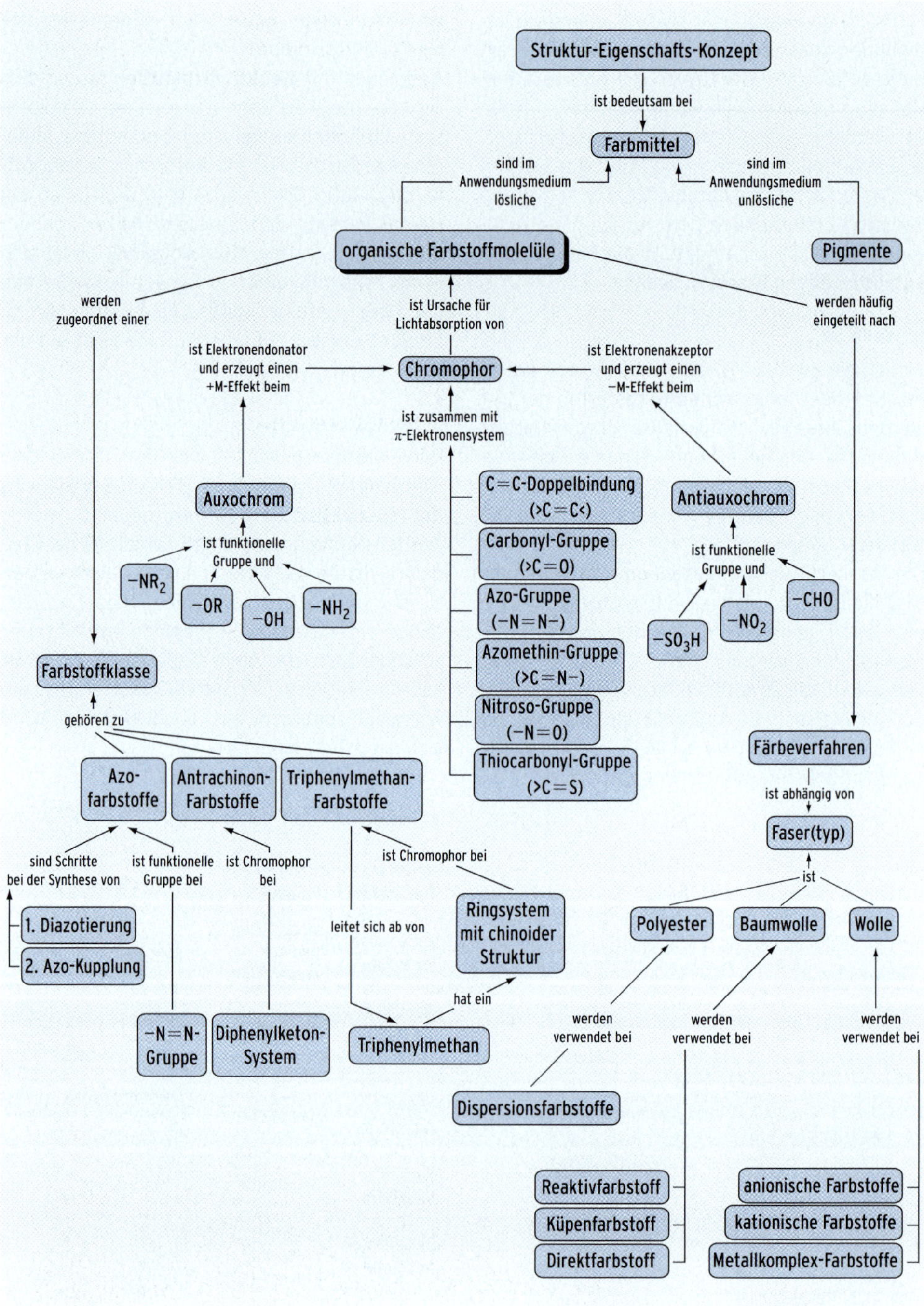

Abb. 14.16: Überblick „Farbstoffe"

15_Kunststoffe

BASISKONZEPT: Struktur-Eigenschafts-Beziehungen

Kunststoffe sind in der Regel Feststoffe, die aus organischen Makromolekülen bestehen, wobei sich die Molekülketten aus Millionen miteinander verknüpften, immer wieder gleichen Einzelbausteinen zusammensetzen können.

- Entsprechend den **Strukturmerkmalen** der miteinander verbundenen Einzelbausteinen (Monomere), ergeben sich bestimmte Strukturmerkmale bei den Makromolekülen (Polymere), die bestimmte **Stoffeigenschaften** hinsichtlich Formbarkeit, Härte, Elastizität, Bruchfestigkeit, Temperaturbeständigkeit und chemische Beständigkeit zur Folge haben. Die Strukturmerkmale der Einzelbaustein bestimmen auch den **Reaktionstyp** – Polymerisation, Polykondensation oder Polyaddition – bei der Reaktion zum Makromolekül.
- Sind die Makromoleküle unpolar, treten VAN-DER-WAALS-Kräfte zwischen den Molekülketten wie beim Polyethen auf. Haben die Makromoleküle polare funktionelle Gruppen, können Dipol-Dipol-Wechselwirkungen oder auch Wasserstoffbrückenbindungen wie bei Polyamiden entstehen.
- Die Strukturmerkmale der Makromoleküle bestimmen auch das Verhalten der Kunststoffe beim Erhitzen. Sind die Makromoleküle kettenförmig linear oder wenig verzweigt und bilden sich VAN-DER-WAALS-Kräfte oder auch Wasserstoffbrückenbindung aus, schmilzt der Kunststoff beim Erwärmen – es handelt sich um einen **Thermoplast**.
- Sind die Makromoleküle durch Atombindungen dreidimensional eng vernetzt, bleibt die Form des Kunststoffs beim Erhitzen erhalten, bis er sich im Schmelztemperaturbereich zersetzt. Dies ist das Kennzeichen eines **Duroplasten**.
- Bei den **Elastomeren** sind die Makromoleküle weitmaschig miteinander vernetzt. Daher ist der Kunststoff elastisch, schrumpft beim Erhitzen, wird aber nicht weich, und zersetzt sich schließlich.

Merke: Bau des Kohlenstoffgerüsts und funktionelle Gruppen sind als Strukturmerkmale bestimmend für die Eigenschaften von Kunststoffen.

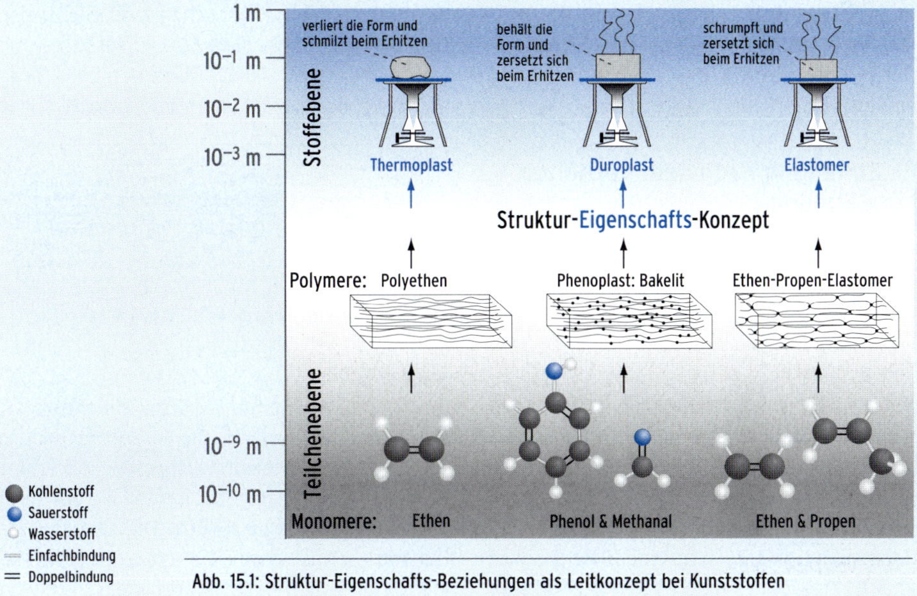

Abb. 15.1: Struktur-Eigenschafts-Beziehungen als Leitkonzept bei Kunststoffen

15.1 Allgemeines

Kunststoffe oder Plaste sind organische Makromoleküle, die entweder durch Umwandlung von Naturprodukten (halbsynthetische Kunststoffe) oder durch Synthese aus Monomeren (Einzelbausteinen) hergestellt werden (vollsynthetische Kunststoffe). Die ersten Kunststoffe wurden aus Naturstoffen erhalten. So produzierte HYATT 1869 aus Nitrocellulose und Campher Celluloid (für Kämme, Puppen, Filme). 1909 synthetisierte BAEKELAND aus Phenol und Methanal Bakelit, den ersten vollsynthetischen Kunststoff. Kunststoffe sind meist von geringer Härte, haben kaum elektrische Leitfähigkeit und Wärmeleitfähigkeit und sind oft resistent gegenüber Säuren und Laugen. Durch ihre unterschiedlichen inneren Strukturen haben sie aber auch sehr viele unterschiedliche Eigenschaften. Es gibt weiche, spröde und elastische Kunststoffe, und solche, die sich deutlich in ihrem Verhalten gegenüber organischen Lösungsmitteln unterscheiden.
Die zwischen unpolaren Makromolekülen herrschenden VAN-DER-WAALS-Kräfte wachsen mit zunehmender Molekülmasse. Dadurch besitzen Stoffe mit höherem Polymerisationsgrad auch eine höhere mechanische Festigkeit.
Sind die Makromoleküle polar gebaut, wirken zusätzlich Dipol-Kräfte; die stärksten zwischenmolekularen Kräfte stellen Wasserstoffbrückenbindungen dar, die z. B. den Zusammenhalt in Polyamiden bewirken.

15.1.1 Einteilung nach dem Verhalten bei Erwärmung

Ein wichtiges Merkmal für Kunststoffe ist ihr Verhalten beim Erwärmen. Dabei werden drei Klassen unterschieden.

a) Thermoplaste

Thermoplaste sind kettenförmig linear oder wenig verzweigt, die Makromoleküle sind untereinander nicht vernetzt. Der Zusammenhalt erfolgt durch VAN-DER-WAALS-Kräfte oder durch Wasserstoffbrückenbindungen.
Die Molekülketten sind sehr lang. Sind sie wirr verknäult, bezeichnet man diesen Zustand als **amorph**; sind sie parallel ausgerichtet, als **kristallin**. Thermoplaste gehen innerhalb eines größeren Temperaturintervalls vom weichen in den zähflüssigen Zustand über. Dabei geraten die Makromoleküle in Schwingungen, wobei die zwischenmolekularen Kräfte überwunden werden. Da die Makromoleküle untereinander nicht vernetzt sind, können sie leicht aneinander vorbeigleiten, der Thermoplast erweicht und schmilzt schließlich.
Thermoplasten lassen sich bei der Verarbeitung bei höheren Temperaturen in beliebige Formen pressen. Nach dem Abkühlen behalten sie diese Form bei.

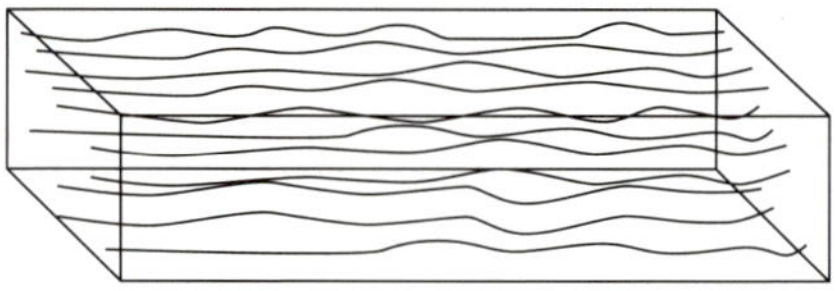

Abb. 15.2: Struktur eines thermoplastischen Kunststoffs

b) Duroplaste

In Duroplasten sind die Makromoleküle durch Elektronenpaarbindungen dreidimensional eng vernetzt. Beim Erhitzen bleibt die dreidimensionale Struktur erhalten, die Duroplasten werden also bei mittleren Temperaturen weder weich noch zähflüssig. Man muss duroplastische Werkstücke daher bereits in der fertigen Form herstellen oder anschließend mechanisch bearbeiten. Erst bei etwa 300 °C zersetzen sich Duroplaste unter Aufspaltung der Elektronenpaarbindungen, der Kunststoff verkohlt.

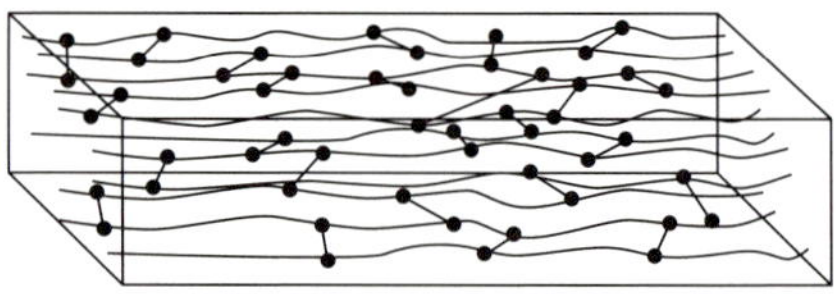

Abb. 15.3: Struktur eines duroplastischen Kunststoffs

c) Elastomere

Elastomere verhalten sich bei mechanischer Belastung wie Gummi. Sie lassen sich durch Zug oder Druck leicht verformen und kehren aufgrund ihrer Elastizität immer wieder in die ursprüngliche Form zurück. Die Struktur der Elastomeren ist ähnlich der der Duroplasten, jedoch sind die Netzstrukturen viel weitmaschiger. Elastomere werden beim Verarbeiten meist unter Einwirkung von Wärme und Druck in der Endform synthetisiert.

Natürlicher Kautschuk ist ein typisches Elastomer. Durch Härten können Elastomere stärker vernetzt und dadurch in Duroplaste umgewandelt werden.

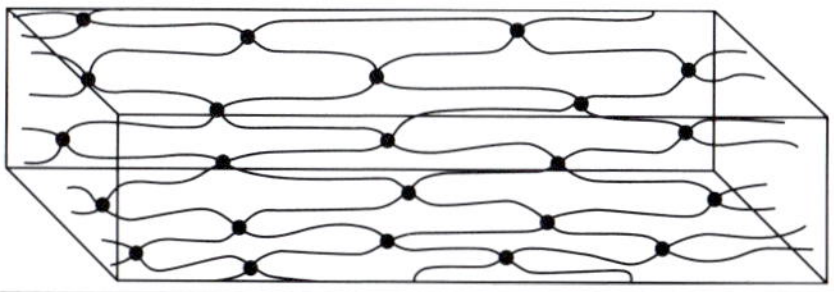

Abb. 15.4: Struktur eines elastomeren Kunststoffs

15.2 Verfahren zur Kunststoffsynthese

Bei der Synthese von Kunststoffen geht man von Monomeren aus, die zu ketten- oder netzförmigen Makromolekülen zusammengeschlossen werden. Dafür müssen die Monomere entweder Mehrfachbindungen oder mindestens zwei funktionelle Gruppen besitzen. Die Verknüpfung der Monomere erfolgt durch Polymerisation, Polykondensation oder Polyaddition.

15.2.1 Polymerisation

Die Polymerisation erfolgt mit **ungesättigten Monomeren** (→ Tab. 15.1) unter Aufspaltung der Doppelbindungen. Die Reaktion verläuft als **Kettenreaktion**, die durch Initiatoren wie Radikale oder Ionen ausgelöst wird. Es bilden sich zumeist Thermoplaste. Neben der radikalischen Polymerisation ist auch die kationische und die anionische Polymerisation üblich.

a) Radikalische Polymerisation

Diese Reaktion verläuft nach einem radikalischen Kettenmechanismus, der aus den Reaktionsphasen Kettenstart, Kettenwachstum und Kettenabbruch besteht. Beim Kettenstart entstehen Radikale, welche dann die Doppelbindung angreifen. Durch fortgesetzte Reaktion der Alkylradikale mit neuen Monomeren wächst die Kette. Auf diese Weise kommt es zum Kettenwachstum, es entstehen Polymere, welche theoretisch alle Monomere verbrauchen und so immer weiter wachsen könnte. In der Praxis wird die Kettenlänge durch gezielte Abbruchreaktionen beeinflusst. Kettenabbruch kann durch Kombination zweier wachsender Polymerketten erfolgen.

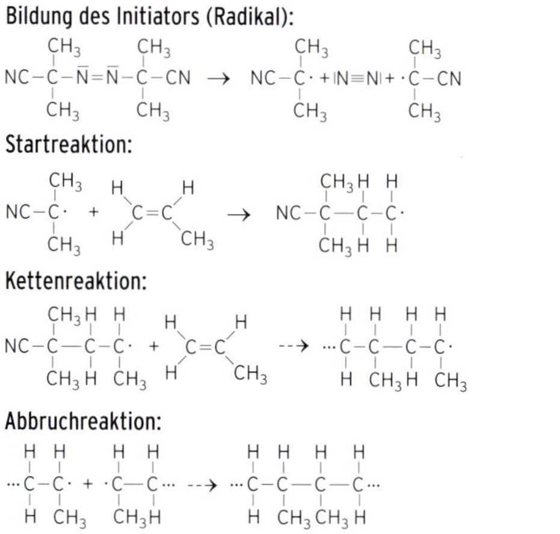

Abb. 15.5: Radikalische Polymerisation von Propen

b) Anionische Polymerisation

Als Kettenstarter eignen sich starke Basen oder Alkalimetalle. Diese reagieren mit ungesättigten Kohlenwasserstoffen zu einem vorübergehend gebildeten Carbanion. Das Kettenwachstum erfolgt durch Reaktion des Carbanions mit einem weiteren Monomeren. Der Kettenabbruch wird

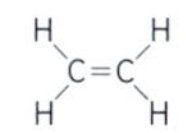	Ethen (Ethylen)
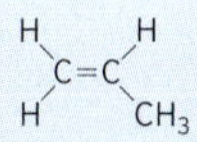	Propen (Propylen)
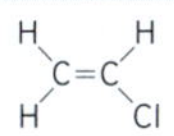	Vinylchlorid
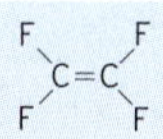	Tetrafluorethen
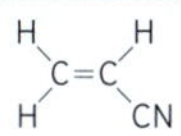	Acrylnitril
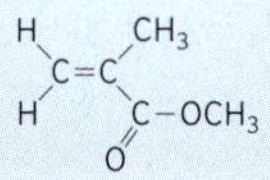	Methacrylsäuremethylester
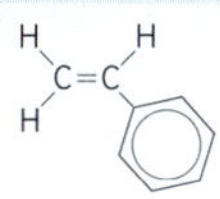	Styrol

Tab. 15.1: Wichtige Monomere

durch Zusatz von Kationen, Wasser oder Säuren erreicht.

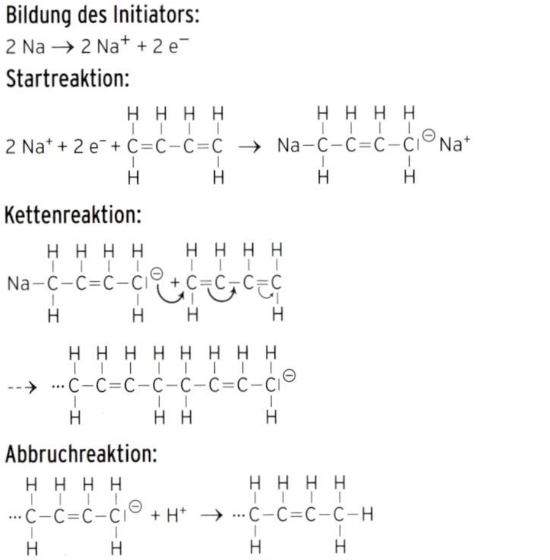

Abb. 15.6: Anionische Polymerisation von Buta-1,3-dien

c) Kationische Polymerisation

Die Reaktion wird durch Säuren initiiert.
Das Kettenwachstum erfolgt durch die Reaktion des gebildeten Kations mit weiteren Monomeren. Dabei bleibt stets der ionische Charakter erhalten. Zum Kettenabbruch wird ein Proton abgespalten, was zur Regeneration des Katalysators führt.

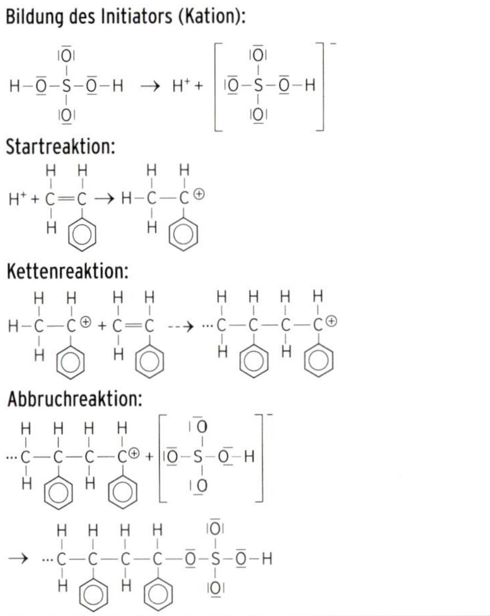

Abb. 15.7: Kationische Polymerisation von Styrol

15.2.2 Polykondensation

Bei der Polykondensation geht man von Monomeren mit zwei funktionellen Gruppen aus (Hydroxyl-, Carbonyl-, Carboxyl- oder Amino-Gruppe). Die Verknüpfung erfolgt jeweils aus zwei Monomeren unter Abspaltung kleiner Moleküle wie z. B. Wasser, Halogenwasserstoff oder Alkohol. Die Polykondensation von bifunktionellen Monomeren führt zu linearen Makromolekülen, aus trifunktionellen Monomeren bilden sich dreidimensional vernetzte Duroplaste.

a) Polyamide

In Polyamiden liegen Amid-Bindungen (NH−CO) vor. Sie bilden sich aus Diaminen und Dicarbonsäuren. Polyamide besitzen gute mechanische Eigenschaften. Wegen ihrer hohen Zugfestigkeit werden Stoffe wie Nylon oder Perlon z. B. zur Herstellung von Fasern, Getriebeteilen, Schiffsschrauben, Bekleidung oder Knochenprothesen verwendet.

b) Phenoplaste

Phenoplaste bilden sich aus Phenol oder Phenolderivaten und Methanal-Lösung. Sie waren die ersten vollsynthetischen Kunststoffe. Nach ihrem Erfinder BAEKELAND werden sie auch **Bakelite** genannt. Phenoplaste sind härtbar und im gehärteten Zustand unlöslich und unschmelzbar. Die Verarbeitung erfolgt durch Pressen.

c) Polyester

Polyester entstehen durch Polykondensation von mehrwertigen Alkoholen mit Dicarbonsäuren. Gesättigte Polyester haben gute mechanische Eigenschaften. Sie sind formstabil und eignen sich besonders zur Herstellung von Fasern. Diese Fasern sind stark hydrophob, sodass Textilien aus Polyestern schnell trocknen und eine hohe Formbeständigkeit aufweisen.
Ein wichtiger Rohstoff für Textilfasern ist **Trevira**, das durch Veresterung von Ethandiol und Benzol-1,4-dicarbonsäure entsteht.

Monomer	Polymer	Abkürzungen/Handelsnamen	Verwendung
Ethen $H_2C=CH_2$	Polyethen $\cdots[CH_2-CH_2]\cdots$	LDPE, Lupolen, Hostalen, Baylon (radikalische Polymerisation unter Hochdruck)	Folien, Filme, Haushaltsgeräte, Armaturen, Kabelisolierung
		LDPE (ionische Polymerisation unter Niederdruck)	Getränkekisten
Propen $H_2C=CH-CH_3$	Polypropen $\cdots[CH_2-CH(CH_3)]\cdots$	PP	Haushaltswaren
Vinylchlorid (Monochlorethen) $H_2C=CH-Cl$	Polyvinylchlorid $\cdots[CH_2-CH(Cl)]\cdots$	PVC (Hinweis: zerfällt beim Erhitzen zu Polyenen und Chlorwasserstoff-Gas)	Tischtücher, Fußbodenbeläge, Rollläden, Rohre
Acrylnitril $H_2C=CH-C\equiv N$	Polyacrylnitril $\cdots[CH_2-CH(CN)]\cdots$	Orlon, Dralon, Acryl, Acrilan	Beimischung für Textilien
Styrol (Monophenylethen) $H_2C=CH-C_6H_5$	Polystyrol $\cdots[CH_2-CH(C_6H_5)]\cdots$	PS; geschäumt als Styropor	Haushaltswaren, Wärmedämmung
Methacrylsäuremethylester $H_2C=C(CH_3)-C(=O)-OCH_3$	$\cdots[CH_2-C(CH_3)(C(=O)OCH_3)]\cdots$	Plexiglas	Sicherheitsglas
Tetrafluorethen $F_2C=CF_2$	Polytetrafluorethen $\cdots[CF_2-CF_2]\cdots$	Teflon, Hostalon	Antihaftbeschichtungen, Textilien

Tab. 15.2: Übersicht über wichtige Polymerisationsprodukte

Beispiel	Monomere	Herstellung	Verwendung
Polyamid: Nylon	Hexandisäure (Adipinsäure) und 1,6-Diaminohexan	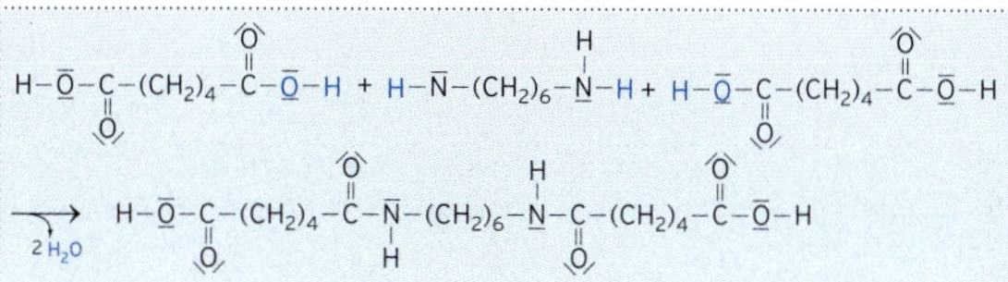	technische Fasern, Textilfasern
Phenoplast: Bakelit	Phenol und Methanal	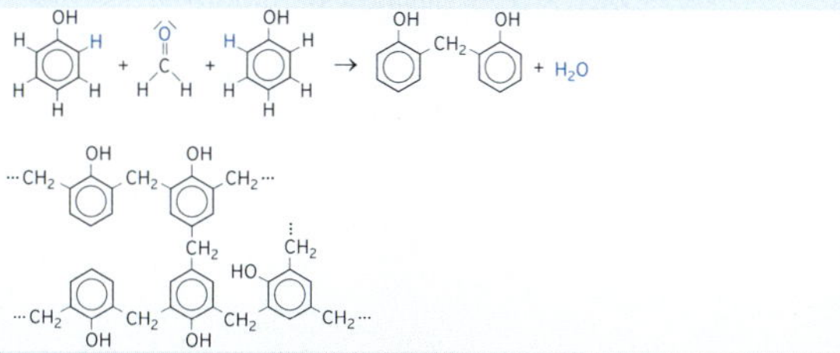	Pressmassen, Gießharze, Bindemittel, Lackrohstoffe
Polyester: Trevira	Ethandiol und Benzol-1,4-dicarbonsäure	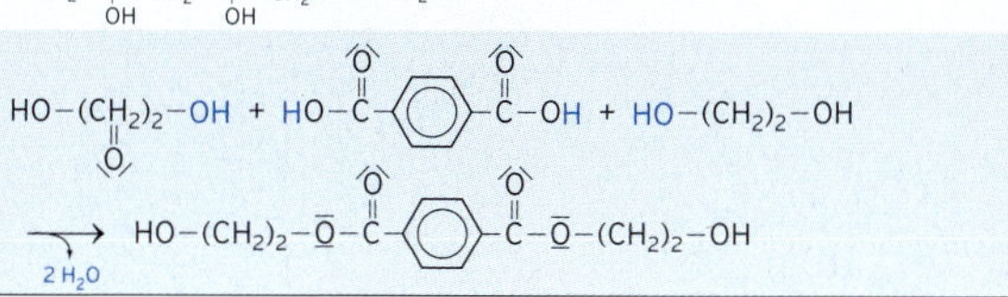	Textilfasern

Tab. 15.3: Wichtige Polykondensationsprodukte

15.2.3 Polyaddition

Die Verknüpfung der bifunktionellen Monomere erfolgt über Endgruppen, die Additionsreaktionen eingehen, ohne dass kleinere Moleküle abgespalten werden. Dies setzt voraus, dass die funktionellen Gruppen des einen Monomers Doppelbindungen besitzen, an die sich die funktionellen Gruppen des anderen Monomeren addieren lassen.

Additionsreaktionen bifunktioneller Monomeren führen zu Thermoplasten; trifunktionelle Monomere bilden Duroplaste.

Polyurethane

Polyurethane gehören zu den wichtigsten Kunststoffen, die man durch Polyaddition herstellt. Sie bilden sich durch Addition von mehrwertigen Alkoholen an bi- oder trifunktionelle Isocyanate. Durch chemisches Schäumen entstehen Polyurethan-Schaumstoffe. Dazu setzt man bei der Synthese Spuren von Wasser zu, die sich mit den Isocyanat-Gruppen zu Amino-Gruppen und Kohlenstoffdioxid umsetzen. Das Kohlenstoffdioxid-Gas treibt den sich bildenden Kunststoff zum Schaum auf.
Schaumstoffe aus Polyurethanen können je nach Monomeren weich, hart oder hochelastisch sein. Hartschaum dient als Isoliermaterial, hochelastische Schäume werden zu Schuhsohlen verarbeitet; Weichschaum findet in der Möbelindustrie Verwendung.

15.3 Kunststoffe aus Naturprodukten

15.3.1 Gummi

a) Naturkautschuk

Naturkautschuk kommt im Milchsaft (Latex) des Kautschukbaums vor und ist ein natürliches Polymerisat aus Isopren-Monomeren (2-Methylbuta-1,3-dien):

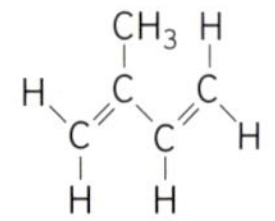

Naturkautschuk erweicht bereits bei etwa 30 °C und ist wenig chemikalienbeständig. Daher erfolgt bei der Verarbeitung eine Vernetzung der weitmaschigen Moleküle durch Einbau von Schwefelbrücken. Diesen Prozess bezeichnet man als **Vulkanisation** (1883, GOODYEAR). Das Vernetzungsprodukt heißt Gummi.

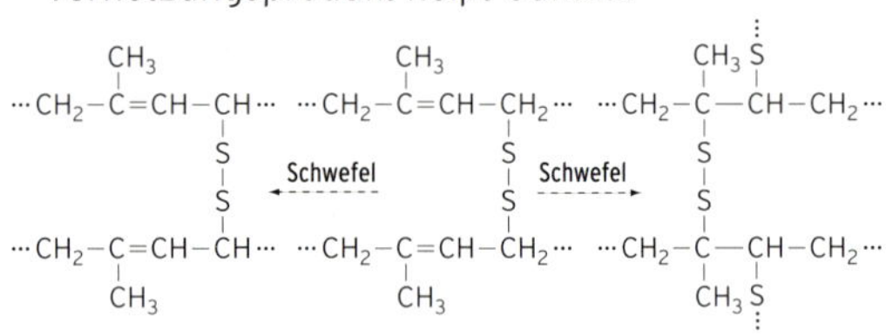

Abb. 15.8: Vulkanisation von Naturkautschuk

b) Synthesekautschuk

Durch Polymerisation von Buta-1,3-dien erhält man Polybutadien, welches als Hartgummi und als Laufflächenmaterial für Autoreifen eingesetzt wird:

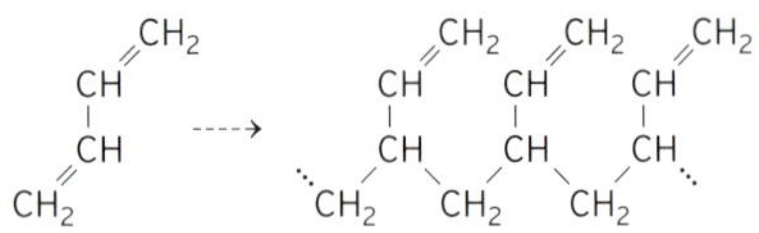

Beispiel	Monomere	Herstellung
Polyurethan	Butan-1,4-diol und Toluylen-2,6-diisocyanat	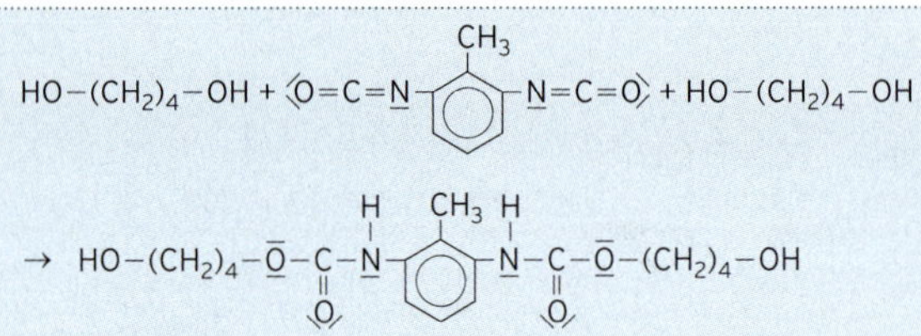

Tab. 15.4: Beispiel für eine Polyaddition

15.3.2 Celluloid

Durch Veresterung des Polysaccharids Cellulose mit Salpetersäure erhält man Cellulosenitrat (→ Abb. 15.9), welches mit Campher zu Celluloid verarbeitet wird. Celluloid dient als Trägermaterial für Filme und zur Fertigung von Billardkugeln. Ester aus Cellulose und Essigsäure dienen zur Herstellung von Kämmen, Folien, Klarsichtverpackungen und ähnlichen Materialien.

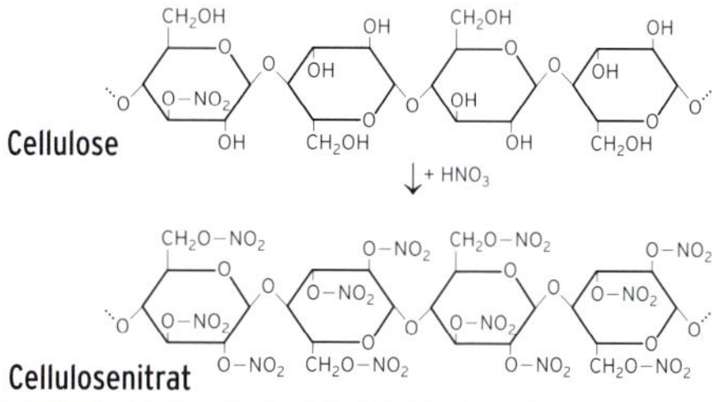

Abb. 15.9: Bildung von Cellulosenitrat

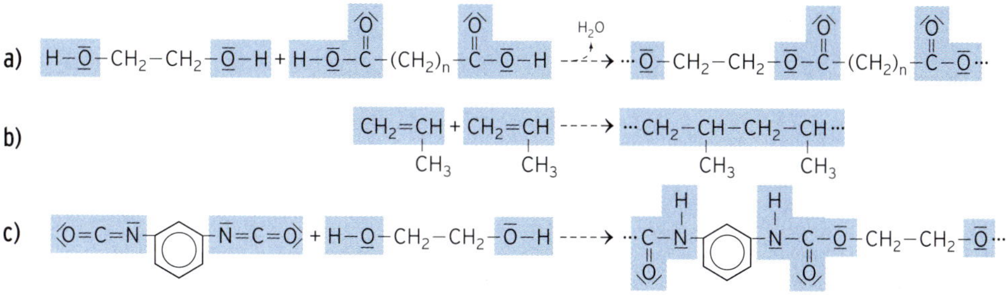

Abb. 15.10: Überblick über die Bildung von Makromolekülen durch a) Polykondensation, b) Polymerisation, c) Polyaddition

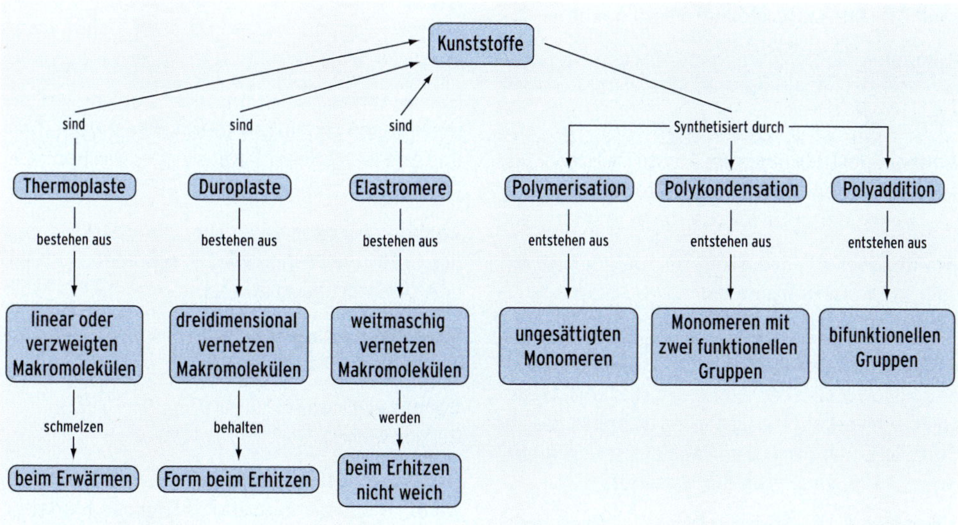

Abb. 15.11: Überblick: „Kunststoffe“

Glossar

α-Aminosäuren: Die Amino-Gruppe sitzt stets am unmittelbar zur Carboxyl-Gruppe benachbarten C-Atom, nur sie sind Bausteine der Proteine.

π-Bindung: An ihr sind die nicht-hybridisierten p-Elektronen beteiligt. Sie ist nicht rotationssymmetisch (→ σ-Bindung).

σ-Bindung: Bindung, die rotationssymmetrisch zur Bindungsachse der beiden Atomkerne ist und daher eine freie Drehbarkeit der Atome um die Bindungsachse ermöglicht. Hybridisierte Orbitale gehen immer eine σ-Bindung ein.

Aktivierungsenergie: Energie, die auch bei exothermen Reaktionen zugeführt werden muss, damit die Reaktion in Gang kommt.

Aldose: Monosaccharid mit doppelt gebundenem Sauerstoff am C_1 der Kette.

Alkanale: Verbindungen mit endständiger Carbonyl-Gruppe.

Alkane: Kohlenwasserstoffe mit maximal möglicher Zahl an Wasserstoff-Atomen.

Alkanone: Der doppelt gebundene Sauerstoff befindet sich an einem sekundären Kohlenstoff-Atom.

Amine: Substitutionsprodukte des Ammoniaks, bei dem ein oder mehrere H-Atome durch aliphatische oder aromatische Reste ersetzt sind.

Aminosäuren: Carbonsäuren, bei denen ein oder mehrere H-Atome der Alkyl-Gruppe durch die Amino-Gruppe $-NH_2$ ersetzt sind.

Amylopektin: Bestandteil der Stärke, bis zu einer Million α-Glucose-Einheiten sind α-(1,4)-glykosidisch verknüpft. Zusätzlich ist etwa jede 25. Glucose-Einheit α-(1,6)-glykosidisch verknüpft, was zu Verzweigungen der Kette führt.

Amylose: Bestandteil der Stärke, bis zu 10000 α-Glucose-Einheiten sind α-(1,4)-glykosidisch miteinander verknüpft.

Anion: Negativ geladenes Teilchen.

Anode: Elektrode, an der eine Oxidation stattfindet.

Anthrachinon-Farbstoffe: stellen eine große Gruppe synthetischer und natürlich vorkommender organischer Farbstoffe dar. Chromophor ist das Diphenylketon-System.

Asymmetrische C-Atome: C-Atom ist mit vier unterschiedlichen Substituenten verbunden.

Atombindung: Bindung von Nichtmetallen durch gemeinsame Elektronenpaare (→ Molekül).

Azo-Farbstoffe: stellen die größte Klasse der synthetischen organischen Farbstoffe dar. Chromophor ist die Azo-Gruppe (−N=N-Gruppe) in Verbindung mit aromatischen Systemen.

Base (nach BRÖNSTED): Protonenakzeptor.

Basenkonstante K_B: Maß für die Basenstärke.

Bindungsenergie: Energie, die benötigt wird, um Moleküle in Atome zu spalten.

BORN-HABER-Kreisprozess: Eine Anwendung des Satzes von HESS (→ HESS, Satz von) zur Bestimmung der Gitterenergie (→ Gitterenergie) von Ionengitter, da diese Größe experimentell nicht messbar ist.

Brennstoffzelle: Primärzellen, bei denen die Reaktanden von außen kontinuierlich zugeführt und an Elektroden mit Katalysatorwirkung elektrochemisch umgesetzt werden.

Carbonsäurederivat: Die Hydroxyl-Gruppe der Carboxyl-Gruppe wird durch andere Atome oder Atomgruppen ersetzt.

Carbonyl-Gruppe: Funktionelle Gruppe der Alkanale und Alkanone.

Carboxyl-Gruppe: Funktionelle Gruppe der Carbonsäuren.

Cellulose: Bestandteil der pflanzlichen Zellwand, mehrere Tausend β-Glucose-Einheiten sind β-(1,4)-glykosidisch miteinander verknüpft

Chemisches Gleichgewicht: In einem geschlossenen System stellt sich für eine umkehrbare Reaktion bei konstanter Temperatur und bei konstantem Druck ein gleich bleibendes Stoffmengenverhältnis zwischen den Edukten (Ausgangsstoffen) und den Produkten (Endstoffen) ein.

Chirale Moleküle: Moleküle, die sich wie Bild und Spiegelbild verhalten.

Chromophore: sind Atomgruppen in einer Verbindung mit π-Elektronensystemen (Mehrfachbindungen), die die Farbigkeit der Verbindung verursachen, indem sie bestimmte Wellenlängen des Lichts absorbieren.

cis-trans-Isomerie: Unterschiedliche Stellung von Substituenten an Doppelbindungen.

Delokalisierte Elektronen: π-Elektronen sind nicht einer Bindung zuzuordnen. Sie verteilen sich über mehr als zwei Atome.

Denaturierung: Irreversible Zerstörung der Tertiär- bzw. Quartärstruktur der Proteine.

Diazotierung: Reaktion von primären aromatischen Aminen mit Nitrit-Ionen bei der Herstellung von Azo-Farbstoffen.

Dipol: Molekül mit Zentren positiver und negativer Ladung.

Dipol-Dipol-Wechselwirkung: Anziehung zwischen (permanenten) Dipolen.

Disaccharide: Entstehen durch den Zusammenschluss von zwei Monosacchariden unter Wasserabspaltung.

Disproportionierung: Vorgang, bei dem ein und derselbe Stoff zugleich oxidiert und reduziert wird.

Donator-Akzeptor-Konzept: Chemisches Basiskonzept; Austausch von Teilchen wie Protonen (Protolyse) oder Elektronen (Redox-Reaktion) zwischen den Reaktionspartnern beim Zusammenstoß während einer chemischen Reaktion. Dabei wird der abgebende Reaktionspartner als Donator, der aufnehmende Reaktionspartner als Akzeptor bezeichnet.

Duroplasten: Die Makromoleküle sind durch Elektronenpaarbindungen dreidimensional eng vernetzt.

Elastomere: Lassen sich durch Zug oder Druck leicht verformen und kehren aufgrund ihrer Elastizität immer wieder in die ursprüngliche Form zurück.

Elektrolyse: ist eine durch Gleichstrom erzwungene Redoxreaktion, die in einer Elektrolysezelle abläuft. Dabei bleibt im Vergleich zur galvanischen Zelle die Zuordnung von Minus- und Pluspol bestehen, jedoch wird der Minuspol zur Kathode (Reduktionsreaktion) und der Pluspol zur Anode (Oxidationsreaktion).

Elektrolyt: ist ein elektrisch leitendes Medium (Lösung, Schmelze, Feststoff) auf der Grundlage von beweglichen Ionen.

Elektron: Teilchen mit einer quantifizierbaren negativen Ladung, das eine außerordentlich geringen Masse besitzt.

Elektronegativität: Maß für die Fähigkeit eines Atoms, Bindungselektronen anzuziehen.

Elektronenaffinität: Energie, die umgesetzt wird, wenn Atome ein Elektron aufnehmen (→ Elektronegativität).

Elektronenakzeptor: Elektronenaufnehmende Verbindung bei einer Redoxreaktion.

Elektronendonator: Elektronenabgebende Verbindung bei einer Redoxreaktion.

Elektronenkonfiguration: Man erhält sie für ein Atom, indem man alle Elektronen des Atoms Orbitalen zuordnet.

Elektronenübergang: Findet bei Redoxreaktionen statt. Der Reaktionspartner, der Elektronen abgibt, wird als Elektronendonator, der aufnehmende Reaktionspartner als Elektronenakzeptor bezeichnet.

Elektrophil: Teilchen mit Elektronenmangel.

Enantiomere: Spiegelbild-Isomere, verhalten sich wie Bild und Spiegelbild und können nicht durch Drehung ineinander überführt werden.

Endergonische Reaktion: Wenn die Änderung der freien Enthalpie $\Delta_R G_m$ positiv ist ($\Delta_R G_m^0 > 0$), kann die Reaktion nicht spontan ablaufen. Sie kann aber durch Arbeit erzwungen werden.

Endotherme Reaktion: Bei einer endothermen Reaktion wird Wärme vom System aus der Umgebung aufgenommen. Die Reaktionsenthalpie ist größer null: $\Delta H > 0$.

Energie, chemische: ist Teil der Energie des Systems, der in chemischen Bindungen und zwischenmolekularen Wechselwirkungen gespeichert ist. Im Verlauf einer chemischen Reaktion wird durch Abbau und Neuaufbau von

Bindungen ein Teil dieser chemischen Energie in andere Energiearten umgewandelt.

Energie/Entropie-Konzept: Chemisches Basiskonzept; Alle chemischen Reaktionen sind mit Energieumsatz verbunden. Dabei tendieren chemischen Systeme zu einem Zustand, der möglichst energiearm und ungeordnet ist.

Energie: kann weder geschaffen noch vernichtet werden. Energiearten können ineinander umgewandelt werden. Die Energie eines Systems ist ein Maß für die Fähigkeit dieses Systems, Arbeit zu verrichten oder Wärme abzugeben.

Enthalpie *H*: Energieinhalt eines chemischen Systems unter konstantem Druck, wobei nur Enthalpie-Änderungen (ΔH) messbar sind. Wärmeaufnahme des Systems: $\Delta H > 0$, Wärmeabgabe des Systems: $\Delta H < 0$.

Entropie *S*: Maß für die Unordnung eines chemischen Systems bzw. die Wahrscheinlichkeit eines bestimmten Zustandes. Sie ist neben der Reaktionsenthalpie Faktor für die Triebkraft einer chemischen Reaktion.

Essentielle Aminosäuren: Können im menschlichen Organismus nicht synthetisiert werden und müssen mit der Nahrung aufgenommen werden.

Exergonische Reaktion: Wenn die Änderung der freien Enthalpie $\Delta_R G_m$ negativ ist ($\Delta_R G_m < 0$), läuft eine Reaktion **freiwillig** ab und es kann dabei physikalisch Arbeit geleistet werden.

Exotherme Reaktion: Bei einer exothermen Reaktion wird Wärme vom System an die Umgebung abgegeben. Die Reaktionsenthalpie ist kleiner null: $\Delta H < 0$.

FARADAY-Gesetze: Mithilfe der FARADAY-Gesetze lassen sich bei Elektrolysen umgesetzte Ladungs- und Stoffmengen quantitativ bestimmen.

Farbmittel: Farbgebende Stoffe.

Farbstoffe: Farbmittel, die sich im Anwendungsmedium lösen oder in Lösung verarbeitet werden können.

Fette: Ester aus Fettsäuren (langkettigen Carbonsäuren) und Glycerin (Propan-1,2,3-triol)

Formalladungen: Man erhält sie, indem man von der Anzahl der Valenzelektronen des freien Atoms die freien Elektronen und die Hälfte der Bindungselektronen des Atoms im Molekül subtrahiert.

Freie Elektronenpaare: Valenzelektronen, die nicht an der Bindung beteiligt sind.

Freie Enthalpie (GIBBS'sche Energie) *G*: ist Maß für die faktisch nutzbare oder notwendige Energie einer chemischen Reaktion. Die freie Enthalpie lässt sich aus der Differenz von der (Gesamt-)Enthalpie H und dem Produkt aus Temperatur T und Entropie S eines Systems berechnen: $G = H - T \cdot S$

Funktionsisomerie: Unterschiedliche funktionelle Gruppen bei gleicher Summenformel.

Galvanische Zelle (galvanisches Element): Ist eine elektrochemische Spannungsquelle (z. B. Batterie), die entsteht, wenn zwei unterschiedliche Elektroden oder Halbzellen über eine Elektrolytbrücke miteinander verbunden werden.

Galvanisieren: Überziehen von Werkstücken mit einem Metall durch Elektrolyse.

Geschwindigkeitskonstante: Sie ist charakteristisch für eine Reaktion bei konstanter Temperatur.

GIBBS-HELMHOLTZ-Gleichung: verknüpft mathematisch die Enthalpie- und Entropie-Änderung einer chemischen Reaktion: $\Delta G = \Delta H - T \cdot \Delta S$ (→ ΔG: freie Enthalpie).

Gitterenergie: Energiebetrag, der bei der Bildung des Ionengitters aus den Ionen der Gasphase frei wird.

Glykogen: Menschliche bzw. tierische Speicherform von Glucose

Glykosidische Bindung: Bindung zwischen zwei Monosacchariden, die durch Abspaltung von Wasser zwischen zwei OH-Gruppen entstanden ist.

Gruppe: Vertikale Reihe des Periodensystems. Elemente einer Gruppe besitzen die gleiche Anzahl an Elektronen auf der äußeren Schale.

Halbacetal: Das Produkt einer Reaktion zwischen einer Aldehyd-Gruppe und einer OH-Gruppe.

Halbsynthetische Kunststoffe: Durch Umwandlung von Naturprodukten entstanden.

Halbzelle (Halbelement): Bezeichnung für ein Redoxsystem mit Elektrode. Dabei kann die Elektrode Teil des Redoxsystems oder inerte Ableitelektrode sein. Zwei Halbzellen können zu einem galvanischen Element kombiniert werden.

Hauptquantenzahl (*n*): Gibt die Größe des Orbitals an.

HESS, Satz von: Die Reaktionsenthalpie bei einer chemischen Reaktion ist unabhängig vom Reaktionsweg, sie hängt nur vom Ausgangs- und Endzustand des Systems ab.

Heterogene Katalyse: Katalysator und Edukt liegen in verschiedenen Phasen vor.

Heterolyse: Spaltung einer Atombindung so, dass eines der beteiligten Atome beide Elektronen der Bindung erhält.

Hexose: Monosaccharid mit sechs C-Atomen.

Homogene Katalyse: Katalysator und Edukt liegen in gleicher Phase vor.

Homolyse: Spaltung einer Atombindung so, dass jedes der beteiligten Atome eines der beiden Elektronen erhält.

HUND'sche Regel: Energiegleiche Orbitale gleicher Nebenquantenzahl werden zunächst einfach besetzt.

Hybridisierung: Mischen von Orbitalen (Energie und Gestalt).

Hybridorbital: Orbital, das durch Hybridisierung entstanden ist.

Hydrat: Besitzt zwei Hydroxylgruppen am selben C-Atom.

Hydrathülle: In wässriger Lösung sind alle Ionen von einer Hülle aus Wassermolekülen umgeben.

Hydroxylgruppe: Funktionelle Gruppe der Alkanole.

Indikatoren: Farbige organische (schwache) Säuren oder Basen, deren korrespondierende Basen bzw. Säuren eine andere Farbe besitzen.

Induktiver Effekt: Atome und Atomgruppen beeinflussen die Reaktivität einer funktionellen Gruppe in einem Molekül.

Ionenbindung: Bindung zwischen Metall und Nichtmetall. Sie kommt dadurch zustande, dass das Metall Elektronen abgibt, das Nichtmetall Elektronen aufnimmt.

Isoelektrischer Punkt: Der pH-Wert, bei dem die Aminosäure als Zwitterion vorliegt und nicht im elektrischen Feld wandert.

Isolierte Doppelbindung: Mindestens zwei Einfachbindungen zwischen zwei Doppelbindungen,

Isomerie: Unterschiedliche Verbindungen mit gleicher Molekülformel.

Katalysatoren: Stoffe, die eine Reaktion beschleunigen, am Ende aber wieder in der ursprünglichen Form vorliegen. Sie erniedrigen die benötigte Aktivierungsenergie.

Kathode: Elektrode, an der eine Reduktion stattfindet.

Kation: Positiv geladenes Teilchen.

Keto-Enol-Tautomerie: Isomerieart mit unterschiedlicher Position eines Protons im Molekül.

Ketose: Monosaccharid mit doppelt gebundenem Sauerstoff am C_2 der Kette.

Kohlenhydrate: Bestehen neben Kohlenstoff aus Sauerstoff und Wasserstoff, welche in der Regel im Verhältnis 1:2 stehen.

Konformations-Isomerie: Unterschiedliche Atompositionen durch Drehung um Einfachbindungen.

Konjugierte Doppelbindung: Alternierende Anordnung von Einfach- und Doppelbindungen.

Konstitutions-Isomere: Isomere mit unterschiedlicher Verknüpfung in der Reihenfolge ihrer Atome.

Konzept des chemischen Gleichgewichts: Chemisches Basiskonzept; reversible chemische Reaktionen können in geschlossenen Systemen zu einem Gleichgewichtszustand führen, der mathematisch mithilfe des Massenwirkungsgesetzes (MWG) beschreibbar ist.

Korrespondierendes Säure/Base-Paar: Zwei Teilchen, die sich nur durch ein Proton unterscheiden.

Korrosion: Zerstörung von Metallen von der Oberfläche her durch elektrochemische Reaktionen mit ihrer Umgebung.

Kumulierte Doppelbindung: Die Doppelbindungen befinden sich unmittelbar nebeneinander.

LEWIS-Formel: = Valenzstrichformel = Strukturformel.

Lokalelement: Ein Lokalelement ist eine kurzgeschlossene galvanische Zelle, bei der Anode und Kathode nicht räumlich voneinander getrennt sind sondern sich berühren.

Löslichkeitsprodukt (K_L): Gleichgewichtskonstante für das Löslichkeitsgleichgewicht schwerlöslicher Salze.

Magnetquantenzahl (m): Gibt die Lage des Orbitals im Raum an.

Massenwirkungsgesetz (MWG): Bei einem homogenen System im chemischen Gleichgewicht ist das Produkt der Konzentrationen der rechts stehenden Teilchen dividiert durch das Produkt der Konzentrationen der links stehenden Teilchen bei einer bestimmten Temperatur konstant.

Mesomerie: Elektronenverteilung in einem Molekül wird durch mehrere (fiktive) LEWIS-Formeln (Grenzformeln) beschrieben.

Mesomerieenergie: Energiedifferenz zwischen den Verbindungen mit delokalisierten Elektronen und der hypothetischen Form mit lokalisierten Doppelbindungen.

Mesomeriestabilisiert: Teilchen mit delokalisierten π-Elektronen sind energiearm (= stabil), da den delokalisierten π-Elektronen mehr Raum zur Verfügung steht.

Molekül: Verbindung aus Nichtmetall-Atomen, die auf der Bildung gemeinsamer Elektronenpaare beruht.

Molekülorbitale: Entstehen durch Überlappen benachbarter Atomorbitale.

Mutarotation: Die Änderung des Drehwinkels einer Lösung aus α- und β-Isomeren bis zur Gleichgewichtseinstellung.

Nebenquantenzahl (ℓ): Gibt die Form des Orbitals an.

NERNST-Gleichung: Stellt den quantitativen Zusammenhang zwischen der Elektrolytkonzentration c und dem Elektrodenpotential her. Mit der NERNST-Gleichung lässt sich die Konzentrationsabhängigkeit des Redoxpotentials eines Redoxpaares beschreiben, das heißt, man kann das Potential einer Halbzelle mit beliebiger Elektrolytkonzentration berechnen.

Nitroverbindungen: Derivate aliphatischer oder aromatischer Kohlenwasserstoffe mit einer oder mehreren Nitrogruppen im Molekül,

Nucleophil: Teilchen mit Elektronenüberschuss.

Oktettregel: Jedem Atom werden in der LEWIS-Formel vier Elektronenpaare zugeordnet.

Oligopeptide: Weniger als 10 Aminosäuren sind miteinander verknüpft.

Oligosaccharide: Durch Verknüpfung von zwei bis zehn Monosacchariden entstanden.

Optisch aktive Verbindungen: Drehen die Schwingungsebene von linear polarisiertem Licht.

Orbital: Aufenthaltsbereich in einem Atom bzw. Molekül, in dem ein Elektron mit großer Wahrscheinlichkeit anzutreffen ist.

Oxidation: Abgabe eines Elektrons oder mehrerer Elektronen an einen Reaktionspartner bzw. Teilreaktion, bei der die Oxidationszahl eines Atoms erhöht wird; historisch: Reaktion, bei der sich ein Stoff mit Sauerstoff verbindet .

Oxidationsmittel: Reaktionsteilnehmer, dessen Oxidationszahl durch Elektronenaufnahme erniedrigt wird. Das Oxidationsmittel ist Elektronenakzeptor und wird aufgrund dessen bei der Redoxreaktion reduziert.

Oxidationszahl: Fiktive Ladung eines Atoms in einer Verbindung. Für die Ermittlung der Oxidationszahl werden die Bindungselektronen jeweils den elektronegativeren Atomen zugeordnet.

Passivierung: Bildung einer schwer angreifbaren Deckschicht auf unedlen Metallen meistens durch Bildung einer lückenlosen, festhaftenden

Metalloxidschicht. Beispiel: Aluminiumoxidschicht bei Aluminium.

PAULING-Schreibweise: Orbitalschreibweise, bei der das Orbital als Kästchen dargestellt, die Elektronen durch Pfeile symbolisiert werden.

PAULI-Prinzip: Alle Elektronen eines Orbitals müssen sich in mindestens einer der vier Quantenzahlen unterscheiden.

Pentose: Monosaccharid mit fünf C-Atomen.

Periode: Horizontale Reihe des Periodensystems der Elemente. Elemente einer Periode besitzen dieselbe Schalenzahl.

Phenole: Verbindungen, bei denen eine oder mehrere OH-Gruppen unmittelbar an einen Benzolring gebunden sind.

pH-Wert: Der negative dekadische Logarithmus des Zahlenwertes der Hydronium-Ionen (H_3O^+).

Pigmente: Anorganische oder organische Farbmittel, die im Anwendungsmedium unlöslich sind.

Polare Atombindung: Bindung zwischen Atomen mit unterschiedlicher Elektronegativität.

Polyaddition: Verknüpfung bifunktioneller Monomere über Endgruppen, die Additionsreaktionen eingehen.

Polykondensation: Zusammenschluss von Monomeren mit je zwei funktionellen Gruppen.

Polymerisation: Zusammenlagerung von ungesättigten Monomeren unter Aufspaltung der Doppelbindungen.

Polypeptide: 10 bis 100 Aminosäuren sind miteinander verknüpft.

Polysaccharide: Mehr als 10 Monosaccharide dienen als Bausteine.

Primärer Alkohol: Die Hydroxylgruppe sitzt an einem primären Kohlenstoff-Atom.

Primärstruktur der Proteine: Reihenfolge der Aminosäuren (Aminosäuresequenz).

Primärzelle: Galvanische Zellen, deren Zellreaktion nicht umkehrbar ist, das heißt, sie lassen sich nur entladen, aber nicht mehr aufladen.

Prinzip von LE CHATELIER: (= Prinzip vom kleinsten Zwang); jede Störung eines Gleichgewichts durch die Änderung der äußeren Bedingungen (Temperatur-, Druck- oder Konzentrationsänderung) führt zu einer Verschiebung des Gleichgewichts, die der Störung entgegenwirkt.

Promotion: Energetische Anhebung eines Elektrons.

Proteine (Eiweißstoffe): Sind aus den 20 natürlich vorkommenden α-Aminosäuren aufgebaut, die über Peptidbindungen miteinander verknüpft sind.

Puffer: Eine wässrige Lösung, deren pH-Wert sich bei Zusatz nicht allzu großer Mengen an Säuren oder Basen oder bei Verdünnung nur unwesentlich ändert.

Quantenzahl: Charakterisiert den Zustand des Elektrons im Atom.

Quartärstruktur der Proteine: Zwei oder mehrere Polypeptidketten lagern sich zu einem funktionsfähigen Protein zusammen.

Reaktionsenergie ΔU: Wärme, die ein System bei einer chemischen Reaktion unter konstantem Volumen abgibt oder aufnimmt.

Reaktionsenthalpie ΔH: Wärme, die ein System bei einer chemischen Reaktion unter konstantem Druck abgibt oder aufnimmt. Sie ist unabhängig vom Reaktionsweg und hängt nur vom Ausgangs- und Endzustand des Systems ab.

Reaktionsgeschwindigkeits-Konzept: Chemisches Basiskonzept; Stoffe reagieren unterschiedlich schnell miteinander. Ausschlaggebend für die Reaktionsgeschwindigkeit sind (neben der Natur der beteiligten Stoffe) Faktoren wie Zerteilungsgrad, Temperatur, Konzentration und Katalysator.

Redoxpaar, korrespondierendes: Reduktionsmittel und Oxidationsmittel gehen bei Redoxreaktionen ineinander über.

Redoxreaktion: Elektronenaustauschreaktion, chemische Umsetzung bei der gleichzeitig Oxidation und Reduktion, also ein Elektronenübergang stattfindet; historisch: Sauerstoffaustauschreaktion.

Reduktion: Aufnahme eines Elektrons oder mehrerer Elektronen vom Reaktionspartner bzw. Teilreaktion, bei der die Oxidationszahl ei-

nes Atoms erniedrigt wird; historisch: Reaktion, bei der ein Stoff Sauerstoff abgibt.
Reduktionsmittel $\underset{\text{Reduktion}}{\overset{\text{Oxidation}}{\rightleftharpoons}}$ Oxidationsmittel + $z\,e^-$;
z: Anzahl der pro Formelumsatz ausgetauschten Elektronen

Reduktionsmittel: Reaktionsteilnehmer, dessen Oxidationszahl durch Elektronenabgabe erhöht wird. Das Reduktionsmittel ist Elektronendonator und wird deswegen bei der Redoxreaktion oxidiert.

Regel von KOSSEL: Die Reaktionsfähigkeit von Atomen beruht auf deren Bestreben, durch Abgabe oder Aufnahme von Elektronen in der Reaktion mit anderen Atomen Edelgaskonfiguration zu erreichen.

RGT-Regel: Die Reaktionsgeschwindigkeit steigt auf das Doppelte bis Vierfache, wenn man die Temperatur um 10 °C erhöht.

Salzartige Stoffe: Ionenverbindungen.

Sauerstoff-Korrosion: Unter Sauerstoff-Korrosion versteht man die Zerstörung von Metallen, bei der in der Elektrolytlösung gelöster Sauerstoff kathodisch zu Hydroxid-Ionen reduziert wird.

Säure (nach BRÖNSTED): Protonendonator.

Säureamide: Derivate von Carbonsäuren bzw. der Kohlensäure, bei denen die Hydroxyl-Gruppe durch eine Amino-Gruppe ersetzt ist.

Säurekonstante K_S: Maß für die Säurestärke.

Säure-Korrosion: Unter Säure-Korrosion versteht man die Zerstörung von Metallen durch die Hydronium-Ionen einer Elektrolytlösung unter Wasserstoffentwicklung.

Sekundärer Alkohol: Die Hydroxylgruppe sitzt an einem C-Atom, welches mit zwei weiteren C-Atomen Bindungen eingeht.

Sekundärstruktur der Proteine: Die regelmäßige räumliche Anordnung von Peptidketten

Sekundärzelle: Stellen galvanische Zellen dar, deren Zellreaktion umkehrbar ist. Sie lassen sich mehrfach entladen und mit einer fremden Stromquelle wieder aufladen. Sie werden auch als Akkumulatoren oder „Akkus" bezeichnet.

Spannungsreihe: Zusammenstellung der Standard-Elektrodenpotentiale, nach Größe geordnet, in einer Tabelle.

sp-Hybridisierung: Ein s- und ein p-Orbital mischen sich.

sp^2-Hybridisierung: Ein s- und zwei p-Orbitale mischen sich.

sp^3-Hybridisierung: Ein s- und drei p-Orbitale mischen sich.

Spinquantenzahl (s): gibt die Eigenrotation des Elektrons im Orbital an.

Standard-Bildungsenthalpie, molare $\Delta_f H_m^0$: Die molare Standard-Bildungsenthalpie einer Verbindung entspricht der bei der Bildung von einem Mol der Verbindung bei Standardbedingungen (p = 1013 hPa, T = 298 K) aus den Elementen freigesetzten oder aufgenommenen Wärme. Einheit: $kJ \cdot mol^{-1}$.

Standard-Bildungsentropie ΔS_m^0: Ist die Entropieänderung, die mit der Bildung von einem Mol einer Verbindung bei Standardbedingungen aus den Elementen einhergeht.

Standard-Bindungsenthalpie, molare $\Delta_B H_m^0$: Die Energie, die man unter Standardbedingungen (p = 1013 hPa, T = 298 K) zur Spaltung von einem Mol Atombindungen benötigt. Einheit: $kJ \cdot mol^{-1}$.

Standard-Elektrodenpotentiale: Halbzellenpotentiale, die auf die Standard-Wasserstoff-Halbzelle bezogen sind.

Standard-Reaktionsenthalpie, molare $\Delta_R H_m^0$: Die bei einer chemischen Reaktion unter konstantem Druck pro Formelumsatz abgegebene ($\Delta H < 0$) oder aufgenommene Wärme ($\Delta H > 0$) bei Standardbedingungen (p = 1013 hPa, T = 298 K).

Standard-Reaktionsentropie, molare $\Delta_R S_m^0$: Ergibt sich aus der Differenz der Standard-Bildungsentropien der Produkte und der Edukte:
$\Delta_R S_m^0 = \Sigma\, \Delta S_m^0$ (Produkte) $- \Sigma\, \Delta S_m^0$ (Edukte)

Stellungs-Isomerie: Unterschiedliche Verknüpfungsstellen bei gleichen funktionellen Gruppen.

Stoff-Teilchen-Beziehungen: Chemisches Basiskonzept; die erfahrbaren Phänomene der stofflichen Welt sind auf der Teilchenebene deutbar. Stoffebene und Teilchenebene müssen dabei immer konsequent unterschieden werden.

Struktur-Eigenschafts-Beziehungen: Chemisches Basiskonzept; Strukturmerkmale, Art, Anordnung und Wechselwirkung der Teilchen bestimmen die Eigenschaften und somit auch das Reaktionsverhalten eines Stoffes.

Substitution: Austausch einzelner Atome oder Atomgruppen im Molekül einer organischen Verbindung gegen andere Atome oder Atomgruppen.

Synproportionierung: (auch Komproportionierung) nennt man einen Vorgang, bei dem Verbindungen höherer und niedrigerer Oxidationsstufen desselben Elements miteinander unter Bildung von Verbindungen mittlerer Oxidationsstufe reagieren.

System (& Umgebung): „System" ist in der Energetik ein genau begrenzter Teil der Welt, der Gegenstand einer Beobachtung oder Messung ist (z. B. Messung eines Energieumsatzes bei einer chemischen Reaktion). Alles, was sich außerhalb des Systems befindet wird als Umgebung bezeichnet

System, geschlossenes: Kann mit seiner Umgebung nur Energie austauschen (z. B. geschlossene Sprudelflasche).

System, isoliertes (abgeschlossenes): Kann mit seiner Umgebung weder Energie noch Materie austauschen (z. B. Flüssigkeit in Thermoskanne).

System, offenes: Kann mit seiner Umgebung sowohl Energie als auch Materie austauschen. (z. B. offene Sprudelflasche).

Tertiärstruktur der Proteine: Charakteristische dreidimensionale Teilchengestalt.

Thermoplaste: Makromoleküle, die kettenförmig linear oder wenig verzweigt angeordnet und untereinander nicht vernetzt sind.

Titration: Ein maßanalytisches Verfahren zur quantitativen Bestimmung der in einer Probelösung enthaltenen Stoffmenge. Die Säure/Base-Titration beruht auf einer Neutralisationsreaktion.

Triphenylmethan-Farbstoffe: Synthetische, brillante Farbstoffe, die sich von Triphenylmethan ableiten. Triphenylmethan weist ein Ringsystem mit chinoider Struktur auf, das als Chromophor fungiert.

Überspannung: Differenz zwischen der theoretischen Zellspannung und der an den Elektroden gemessenen Zersetzungsspannung bei einer Elektrolyse. Der Überspannungsanteil einer Elektrodenreaktion hängt von der Stromdichte, der Temperatur, vom abzuscheidenden Stoff, der Elektrolytkonzentration, vom Elektrodenmaterial und dessen Oberflächenbeschaffenheit ab.

Valenzelektronen: Elektronen der äußeren Schale eines Elements.

VAN-DER-WAALS-Kraft: Schwache Anziehungskräfte zwischen den induzierten Dipolen.

Veresterung: Reaktion zwischen Alkohol und Säure unter Wasserabspaltung.

Verseifung: Die alkalische Hydrolyse von Fetten.

Vollsynthetische Kunststoffe: Durch Synthese aus Monomeren (Einzelbausteinen) hergestellt.

Wärme: Energie, die aufgrund einer Temperaturdifferenz zwischen einem System und seiner Umgebung übertragen wird.

Wärmeenergie: Energie, die ein Objekt aufgrund seiner Temperatur besitzt.

Wasserstoffbrückenbindung: Starke zwischenmolekulare Kraft zwischen Molekülen, bei denen H unmittelbar an F, O oder N gebunden ist.

Zellspannung: Die elektrische Spannung, die man zwischen den Polen einer galvanischen Zelle misst. Die Zellspannung U zwischen verschiedenen Halbzellen einer galvanischen Zelle kann aus den Standardpotentialen U_H^0 berechnet werden: $U = U_H^0$ (Akzeptorhalbzelle) − U_H^0 (Donatorhalbzelle)

Zersetzungsspannung: Spannung, die man bei einer Elektrolyse anlegen muss, damit sich Stoffe in nennenswerter Konzentration abscheiden.

Zwischenmolekulare Kraft: Elektrostatische Anziehung zwischen Molekülen bzw. isolierten Atomen.

Periodensystem der Elemente

Hauptgruppenelemente

	I. Gruppe	II. Gruppe	III. Gruppe	IV. Gruppe	V. Gruppe	VI. Gruppe	VII. Gruppe	VIII. Gruppe
1. Periode	1 H Wasserstoff							2 He Helium
2. Periode	3 Li Lithium	4 Be Beryllium	5 B Bor	6 C Kohlenstoff	7 N Stickstoff	8 O Sauerstoff	9 F Fluor	10 Ne Neon
3. Periode	11 Na Natrium	12 Mg Magnesium	13 Al Aluminium	14 Si Silicium	15 P Phosphor	16 S Schwefel	17 Cl Chlor	18 Ar Argon
4. Periode	19 K Kalium	20 Ca Calcium	31 Ga Gallium	32 Ge Germanium	33 As Arsen	34 Se Selen	35 Br Brom	36 Kr Krypton
5. Periode	37 Rb Rubidium	38 Sr Strontium	49 In Indium	50 Sn Zinn	51 Sb Antimon	52 Te Tellur	53 I Iod	54 Xe Xenon
6. Periode	55 Cs Caesium	56 Ba Barium	81 Tl Thallium	82 Pb Blei	83 Bi Bismut	84 Po Polonium	85 At Astat	86 Rn Radon
7. Periode	87 Fr Francium	88 Ra Radium						

Nebengruppenelemente (Übergangsmetalle)

	III. Gruppe	IV. Gruppe	V. Gruppe	VI. Gruppe	VII. Gruppe	VIII. Gruppe			I. Gruppe	II. Gruppe
4. Periode	21 Sc Scandium	22 Ti Titan	23 V Vanadium	24 Cr Chrom	25 Mn Mangan	26 Fe Eisen	27 Co Cobalt	28 Ni Nickel	29 Cu Kupfer	30 Zn Zink
5. Periode	39 Y Yttrium	40 Zr Zirconium	41 Nb Niob	42 Mo Molybdän	43 Tc Technetium	44 Ru Ruthenium	45 Rh Rhodium	46 Pd Palladium	47 Ag Silber	48 Cd Cadmium
6. Periode	57 La Lanthan	72 Hf Hafnium	73 Ta Tantal	74 W Wolfram	75 Re Rhenium	76 Os Osmium	77 Ir Iridium	78 Pt Platin	79 Au Gold	80 Hg Quecksilber
7. Periode	89 Ac Actinium	104 Rf Rutherfordium	105 Db Dubnium	106 Sg Seaborgium	107 Bh Bohrium	108 Hs Hassium	109 Mt Meitnerium	110 Ds Darmstadtium	111 Rg Roentgenium	

Lanthaniden

6. Periode	58 Ce Cer	59 Pr Praseodym	60 Nd Neodym	61 Pm Promethium	62 Sm Samarium	63 Eu Europium	64 Gd Gadolinium	65 Tb Terbium	66 Dy Dysprosium	67 Ho Holmium
	68 Er Erbium	69 Tm Thulium	70 Yb Ytterbium	71 Lu Lutetium						

Actiniden

7. Periode	90 Th Thorium	91 Pa Protactinium	92 U Uran	93 Np Neptunium	94 Pu Plutonium	95 Am Americium	96 Cm Curium	97 Bk Berkelium	98 Cf Californium	99 Es Einsteinium
	100 Fm Fermium	101 Md Mendelevium	102 No Nobelium	103 Lw Lawrencium						

Stichwortverzeichnis